（彩色版）

氢农业
前沿技术应用与实操指南

HYDROGEN AGRICULTURE:
Cutting-Edge Technology Applications
and Practical Guide

戴 宇 ◎ 主编

天津出版传媒集团

天津科学技术出版社

图书在版编目（CIP）数据

氢农业前沿技术应用与实操指南 / 戴宇主编.
天津：天津科学技术出版社，2025.3. -- ISBN 978-7-5742-2627-2

Ⅰ.S-62

中国国家版本馆 CIP 数据核字第 2025WJ3629 号

氢农业前沿技术应用与实操指南
QINGNONGYE QIANYAN JISHU YINGYONG YU SHICAO ZHINAN

责任编辑：李荔薇
责任印制：赵宇伦

出　　版：	天津出版传媒集团
	天津科学技术出版社
地　　址：	天津市西康路 35 号
邮　　编：	300051
电　　话：	（022）23332390
网　　址：	www.tjkjcbs.com.cn
发　　行：	新华书店经销
印　　刷：	文畅阁印刷有限公司

开本 787×1092　1/16　印张 18　字数 380 000
2025 年 3 月第 1 版第 1 次印刷
定价：99.80 元

《氢农业前沿技术应用与实操指南》
编委会

·主 编·
戴 宇

·副主编·
申 槟　林永春　陈福平　高 源
阮志祥　杨 悦　程旺大　张英爱

·编 委·
（按姓氏笔画顺序）

马 良　邓 军　朱岳明　闫 海
杨继锋　吴嘉维　陈 轶　陈 贵
陈 越　周雪娥　赵 绮　费洪标

推荐序
RECOMMENDATION

在这个科技日新月异、知识爆炸的时代，农业也正经历着前所未有的变革。作为一名在农业和环境科学领域的一名普通的研究者，我深感荣幸为《氢农业前沿技术应用与实操指南》撰写序言。这本书不仅全面剖析了氢农业的科学原理和实际操作，更展现了这一领域的无限潜力。

回顾人类文明的发展史，农业始终是其基石。从最初的刀耕火种到如今的集约化、机械化和智能化，每一次农业技术的突破都推动了社会的进步。然而，随着人口的增长和资源的日益紧张，传统农业正面临前所未有的挑战：如何在有限的土地上实现更高效、更环保的生产，已成为全球关注的焦点，也是决定人类社会可持续发展的关键之一。

在此背景下，氢农业应运而生。作为宇宙中最丰富的元素，氢以其独特的清洁、高效特性，为现代农业注入了新的活力。它不仅能提高作物产量和品质，还能有效减少化肥、农药的使用，从而大幅降低对环境的负面影响。

本书由戴宇博士领衔撰写，系统性地探讨了氢气在农业中的应用。从科学原理到田间实操，从单一作物的实验数据到农业生产体系的优化，每一章节都饱含深度与实用性。书中涵盖了氢气在谷类、豆类、蔬菜、水果等多种作物中的应用效果，并详细阐述了氢气如何根据作物生长阶段优化使用方法和浓度。这些研究成果为农业从业者提供了切实可行的指导，也为科研人员指明了新的研究方向。

氢农业的探索，让我不禁回想起自己在实验室和试验田中工作的岁月。那时，我们对氢的认知还极为初步，但对其潜力已有所憧憬。如今，氢气作为一种信号分子，在调节植物光合作用、物质转运和信号传导等方面的作用已被广泛验证。这一技术的应用，无疑将在全球气候变化和环境退化的背景下，发挥更重要的作用。

戴宇博士团队的辛勤付出，为我们呈现了一幅氢农业的未来图景。这不仅是一本实用指南，更是一本激发思考和启发创新的著作。我相信，随着氢农业技术的不断完善，我们有望迈向一个更加绿色、高效、可持续的农业新时代。

在此，我诚挚希望本书能引发更多人对氢农业的兴趣，共同为全球粮食安全和生态环境保护贡献力量。让我们携手前行，用科学的力量照亮全球可持续食物系统的未来。

中国科学院院士，发展中国家科学院院士
中国科学院生态环境研究中心主任

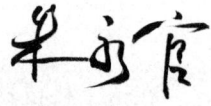

2024年9月22日，中国农民丰收节，北京

前言
Preface

农业自古以来就是人类社会的基石。从原始的刀耕火种到今天的智慧农业，每一项技术进步都推动着文明的跃升。然而，在全球人口持续增长和资源日益紧缺的双重压力下，现代农业正面临如何在有限资源条件下实现高效、可持续生产的挑战。在这一背景下，一种曾被认为与农业相距甚远的气体——氢气，逐渐成为农业创新的重要动力。

氢气的研究最初起源于医学领域，其在抗氧化、抗炎及调节细胞信号通路等方面的作用已经得到广泛验证。然而，科学的魅力正是跨界创新。近年来，农业科学家们逐渐发现氢气的生物学效应，并应用于作物生产。研究表明，氢气能够促进作物生长，提高抗逆性，并改善农产品品质。这些发现催生了一个新兴领域——氢农学。

氢农学的发展与应用

氢农学研究氢气在作物生长中的作用机制及其实际应用。从实验室到田间，从单一作物到多种类覆盖，这一学科的快速发展见证了氢气在农业中的广泛适应性。例如，在谷类作物中，氢气处理可以提升稻谷、小麦和玉米的产量，同时增强抗病性。虽然某些数据可能因实验条件不同而有所变化，但氢气对作物的增产潜力已经初步显现。

在水果产业中，氢气处理被发现可以提升草莓和蓝莓等高附加值作物的品质。研究显示，这些果实的糖分、维生素C含量显著提高，货架期也有明显延长。这种延长货架期的效果，为果农提供了更广阔的市场空间，增加了经济收益。

同样，对花卉、菌菇和草地作物，氢气的作用也不容小觑。它不仅能延长花卉的花期，提高观赏价值，还能加快菌菇的生长速度，缩短生产周期。通过优化这些高价值作物的生长条件，氢农学展示了其在现代农业中的多样化应用。

挑战与未来方向

尽管氢气技术展示出广阔前景，其在农业中的普及仍面临挑战。氢气供给设备和应用技术需要进一步优化，以降低成本、提高可操作性。此外，不同作物对氢气浓度的响应机制尚未完全明确，如何精准调控氢气浓度以获得最佳效果仍是一个关键研究方向。

未来展望

展望未来，氢农学的潜力令人振奋。在提高作物产量、改善品质、增强抗逆性以及推动农业可持续发展方面，氢气有望带来深刻变革。随着氢气应用技术的不断成熟，其商业化潜力将进一步释放，为全球农业科技注入新的活力。

本书旨在为广大科研人员、农业从业者以及相关领域的学者提供一份系统性的参考。无论是理论研究还是实践探索，氢农学都将为现代农业的发展注入创新力量。让我们共同期待这一新兴领域为全球农业带来更多的突破和变革。

本书编者

目录
Contents

第一章　氢气在实际生产中的应用 / **001**

第一节　氢气在各领域的应用 / 002

第二节　氢农学的发展史 / 004

参考文献 / 008

第二章　氢气在农业中的使用方式和作用机制 / **011**

第一节　农业的供氢方式 / 012

第二节　氢对作物生理作用的影响机制 / 013

参考文献 / 020

第三章　谷类作物 / **025**

第一节　外源性氢气对稻谷的影响 / 027

第二节　外源性氢气对小麦的影响 / 036

第三节　外源性氢气对玉米的影响 / 040

第四节　外源性氢气对大麦的影响 / 043

第五节　粮食作物的应用 / 055

参考文献 / 056

第四章　豆类作物 / **059**

第一节　大豆 / 060

第二节　绿豆 / 061

参考文献 / 062

第五章　蔬菜作物　/ 063

第一节　叶菜类　/ 064

第二节　秋葵　/ 080

第三节　番茄　/ 082

第四节　黄瓜　/ 089

第五节　西葫芦种子　/ 094

第六节　彩椒　/ 094

第七节　黄花菜　/ 095

第八节　多种蔬菜的研究　/ 097

参考文献　/ 098

第六章　水果产业　/ 101

第一节　草莓　/ 104

第二节　猕猴桃　/ 112

第三节　荔枝　/ 120

第四节　蓝莓　/ 123

第五节　苹果　/ 126

第六节　香蕉　/ 128

第七节　无籽刺梨　/ 131

第八节　氢农业与水果产业的未来　/ 134

参考文献　/ 135

第七章　花卉作物　/ 137

第一节　小苍兰　/ 138

第二节　月季　/ 140

第三节　康乃馨　/ 144

第四节　洋桔梗　/ 146

第五节　万寿菊　/ 149

参考文献　/ 150

第八章　草地作物 / **153**

第一节　苜蓿 / 154

第二节　草地早熟禾 / 161

参考文献 / 162

第九章　菌菇作物 / **163**

第一节　斑玉蕈 / 164

参考文献 / 168

第十章　水产行业 / **169**

第一节　虹鳟鱼和马鲛鱼 / 171

参考文献 / 173

第十一章　畜牧业 / **175**

第一节　山羊 / 179

第二节　肉鸡 / 180

第三节　仔猪 / 182

第四节　畜牧业的氢未来 / 184

参考文献 / 185

第十二章　其他农产品 / **187**

第一节　药用作物 / 188

第二节　农副产品 / 197

第三节　模式生物 / 217

第四节　食虫植物 / 227

参考文献 / 228

第十三章　不同作物最佳氢浓度响应 / **231**

第一节　谷类作物 / 232

第二节　豆类作物 / 233

第三节　蔬菜作物　/　233

第四节　水果作物　/　235

第五节　花卉作物　/　236

第六节　草地作物　/　237

第七节　菌菇作物　/　238

第八节　其他作物　/　238

第九节　不同作物最佳氢响应浓度一览表　/　239

参考文献　/　244

第十四章　氢气在农业生产领域中的未来　/　251

第一节　氢气在农业生产应用中的痛点　/　252

第二节　氢气在农业生产应用中的未来　/　254

附件1　长三角健康农业研究院（浙江）有限公司富氢水相关科研进展　/　257

附件2　缩略语　/　267

卷后语　/　275

第一章
CHAPTER 1

氢气在实际生产中的应用

第一节　氢气在各领域的应用

氢，这一宇宙中最为丰富的元素，其单质氢气自古以来就与人类的发展息息相关。从早期的宇宙大爆炸理论到现代的能源探索，氢气始终扮演着关键角色。20世纪中叶，科学家们发现了氢气的能源潜力，期待通过微生物和藻类的生产能力解决能源危机。如今，氢气已在工业、交通等多个领域实现了较为成熟的应用。接下来，本文将简要概述氢气在工业、电力、建筑和交通等领域的应用现状。

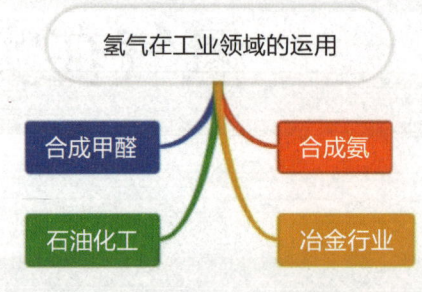

图1-1-1　氢气在工业领域的应用

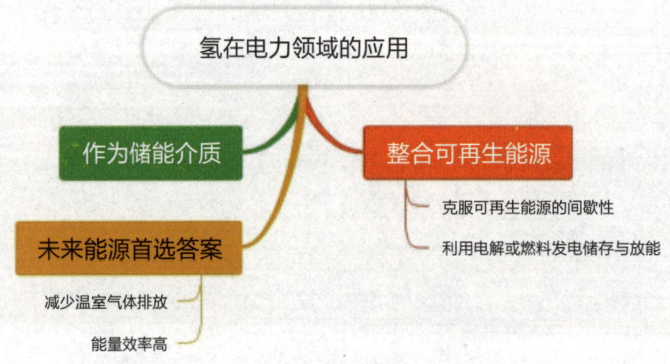

图1-1-2　氢气在电力领域的应用

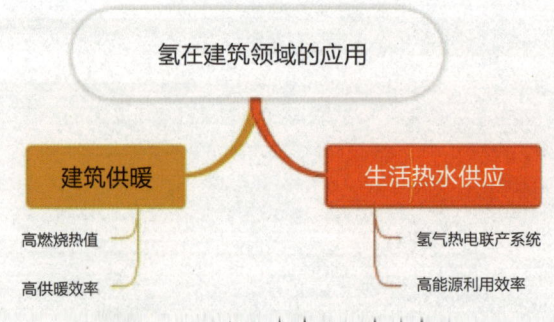

图1-1-3　氢气在建筑领域的应用

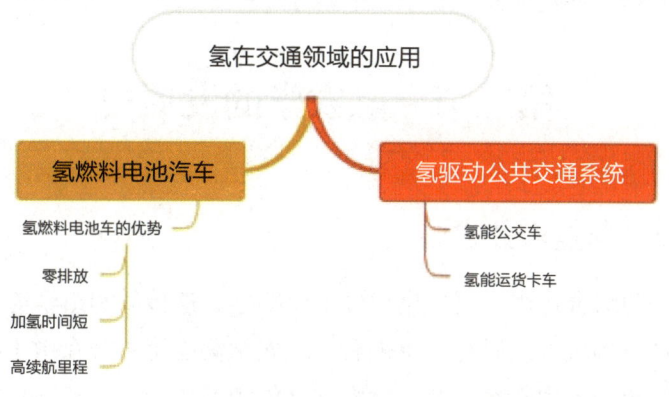

图1-1-4 氢气在交通领域的应用

尽管利用氢气解决能源危机的梦想尚未完全实现，但氢气的另一重大发现已经为人类健康带来了革命性的影响。2007年的突破性研究揭示了氢气的医学价值，其抗氧化特性为治疗多种疾病开辟了新的途径。

随着科技工作者在医学领域对氢气应用研究的不断深入，人们开始认识到这一物质的潜力远超预期。氢气应用的研究逐渐扩展到植物领域，对植物的生物学效应的研究表明，氢气在促进种子萌发、提高作物抗逆性、增加作物产量、延长采后储藏等方面均展现出积极作用，氢气的应用前景在农业领域展现出前所未有的广阔前景。这不仅有望减少农作物对化肥和农药的依赖，提高作物品质，保障食品安全，还对环境保护产生积极影响。

展望未来，氢气在农业上的潜在影响不容忽视。随着研究的不断深入，我们可能会见证一个全新的"氢农业时代"。在这个时代中，氢气将作为一种清洁、高效的农业投入品，推动农业生产方式的转型，促进农业的可持续发展。通过氢水处理，农作物的生长周期可能得到优化，产量和营养价值均有所提升，而对环境的负担则大幅降低。这将是氢气对人类历史的又一次深远影响，它将在维系全球粮食安全和推动绿色发展的农业领域中发挥重大作用。

图1-1-5 氢气在农业领域的应用

第二节 氢农学的发展史

一、氢农学与氢农业之始

氢农学是一门综合运用生理生化、分子生物学、遗传学和组学等方法，研究氢农业相关规律的科学领域。从研究对象来看，氢农学涵盖了氢气在微生物、植物和动物中的作用效应。由于氢农学还涉及新材料和新能源的应用，它呈现出跨学科和综合性的显著特点。

氢农业是氢农学的实践分支，它通过使用氢气或产氢材料，采用HRW①施用或氢气熏蒸等技术，旨在提升农林牧副渔产品的产量和品质，其应用范围从田间延伸至餐桌。

根据应用场景的不同，氢农业可以进一步细分为设施园艺氢农业、大田氢农业和家庭氢农业等类别。鉴于氢农业的绿色和环保特性，它也被视为一种综合应用于种植业、畜牧业和水产业的新生态农业模式。

追溯到20世纪30至40年代，科学家们已经发现多种能够产生氢气的细菌和藻类。随着第一次世界大战后经济繁荣的结束，世界逐渐笼罩在新的战争阴霾之下。面对日益增长的能源需求，科学家们开始探索和深入研究基于生物的制氢技术。

有证据显示，从1939年开始就有已经有不少科学家尝试利用发酵和光化学过程从藻类或者产氢细菌中制备氢气[1,2]。1961年苏联光-生物现象学家吉维·亚历山德罗维奇·萨纳泽（G. A. Sanadze）通过实验证明了高等植物的绿色叶片在特定光照下确实可以吸收和利用氢分子[3]。

在探索植物如何参与氢气代谢的旅程中，萨纳泽的开创性工作为我们打开了一扇窗。这一发现不仅挑战了传统观念，也为后续的研究奠定了基础。紧随其后的1964年，美国生物能源学者伦威克（G.M. Renwick）等通过实验认为，高等植物的种子中往往寄生着相当多种类和数量的产氢细菌。但进一步研究发现，当研究人员人为杀灭这类产氢细菌后，在完全无菌的密闭情况下，这些高等植物的种子仍旧能够在萌发过程中产生氢气。此外，研究还发现，在存氢环境下生长的冬麦种子，其萌发速度要高于作为对照组的氩气组。因此，他们猜测，一些高等植物的种子中存在着某种氢化酶[4]。1986年，美国学者西奥多·迈恩（Theodore E. Maione）和马丁·吉布斯（Martin Gibbs）通过实验发现，莱茵衣藻（*Chlamydomonas reinhardii*）的完整叶绿体可以在氢

---

① 富氢水（Hydrogen-Rich Water, HRW）

气环境下实现二氧化碳的光还原过程。这个实验证明了植物的叶绿体之中可能存在着某种氢化酶，也就是说，氢气的生产和利用可以通过植物的叶绿体来完成[5]。同年西班牙学者托雷斯（V.Torres）等通过实验发现，经过无氧处理的大麦种子能够产生大量的氢气，这一过程的核心就是"氢化酶的激活"，研究人员确定了这种酶的活性提升并非是由外部的微生物污染所导致，而是植物自身在面对缺氧挑战时的一种内部反应机制。通过进一步的研究，他们发现氢化酶的诱导并非均匀分布于整个植物体，而是在根部呈现出特别强烈的活性。相比之下，下胚轴中的活性则较为温和，而叶片中则几乎检测不到氢化酶的存在。这一分布模式暗示着植物在不同组织中对无氧胁迫的响应策略可能存在差异，根部的这种高度适应性可能是保障其在土壤缺氧环境下仍能维持生命活动的关键[6]。

以上一系列发现不仅增进了我们对植物无氧耐受性的理解，也为未来在农业生产中利用这一特性提供了新的视角。例如，通过调控氢化酶的活性，或许能够增强作物在淹水等逆境下的生存能力，从而提高农作物的整体适应性和产量。此外，这一过程中产生的氢气作为一种清洁能源，也可能成为可持续能源开发的一个新方向。可是，由于时代的局限，尤其是受限于微观观测能力的缺乏，对相关领域的进一步研究，在很长一段时间内没有太多进展。

二、从氢医学到氢农学

在1975年，M·道尔（M. Dole）及其同事将患有鳞状皮肤癌的无毛小鼠暴露于富含氧气和大量氢气的环境中，进行了为期两周的观察。他们的目的是探究氢气这一自由基衰变催化剂是否能够促进皮肤肿瘤的退化。不幸的是，实验结果并不理想，小鼠的皮肤肿瘤反而出现了显著恶化。尽管如此，这篇文章被科学界公认为是医用氢气研究的早期重要文献。随后，越来越多的研究者投入到医用氢气的研究中，大量的动物模型研究和初步的临床试验已经证实了氢气作为医用抗氧化剂、抗炎剂和抗凋亡剂的巨大潜力，并为人类治疗癌症、帕金森病、阿尔茨海默病和动脉粥样硬化等疾病提供了新的研究方向。尽管学术界对于氢气在动物体内的具体作用机制仍存在广泛争议，但随着研究的不断推进，人们开始意识到氢气在农业领域同样具有重要的应用潜力。

在2003年的研究中，中国学者发现氢气可能在增强土壤肥力和促进作物生长方面发挥着潜在的作用。在固氮过程中，氢气作为固氮酶与氮气反应的副产品出现。在某些豆科植物的根瘤内，细菌共生体能够产生一种名为吸氢酶（Hydrogen uptake hydrogenase，HUP）的酶，该酶能够氧化氢气，从而回收部分能量。但在大多数情况下，这些细菌共生体并不具备HUP（HUP-），因此产生的氢气会扩散到土壤中并被消耗，这导致了氢气氧化动力学的变化，并促进了根瘤菌生物量的增长。由于作物的进化和育种过程往往倾向于HUP-共生模式，氢气在土壤中的释放可能对植物生长有益。此外，这一过程不仅适用于豆科植物，非豆科植物在与豆科植物轮作后，也能从土壤中获益。基于这些发现，"氢肥"的概念应运而生。研究已经证实，使用经过氢气处理的土壤能够改善小麦、油菜、大麦以及非共生大豆的生长性能。在4至7周龄的生长阶段，与对照组相比，这些植物的干重有了显著的增加。

正是在同一时期，氢医学领域也取得了显著进展。日本的研究人员在探索利用氢气减轻脑缺血导致的氧化损伤时，成功研发了富氢水。对于动物实验来说，富氢水是一种非常安全的氢气传递介质。对氢农学研究者而言，这一水基制剂的问世极大地促进了他们的研究工作。过去，研究者们仅能在封闭环境中直接向土壤中通入氢气，这种做法不仅危险，而且限制了实验规模，使得研究成果难以应用于实际农业生产。富氢水的发明为氢农学研究者打开了通往新领域的大门，仿佛是最后一把解锁新世界的钥匙。随着越来越多杰出的农业科学家加入这一领域，氢农学的研究不断深入，氢农业的前景开始逐渐明朗。

三、蓬勃发展的氢农业

酸性土壤会限制植物的生长，这一现象的主要原因之一就是铝毒性。2012年，中国的研究人员用50%饱和度的富氢水处理了紫花苜蓿幼苗后将之种植在了模拟受过酸雨和铝离子污染的土壤中。实验结果显示[7]，相较于对照组而言，紫花苜蓿幼苗的根系发育有了明显的改善，换言之，植物的铝中毒症状有了明显的减轻。研究人员们基于此设计了进一步的实验，发现富氢水在土壤中的作用类似于氮氧化物的清除剂，换言之，富氢水很可能是通过减少氮氧化物的产生从而缓解了植物的铝中毒。这一系列发现提出了一个新的设想，即富氢水可以用来在酸性土壤地区提高作物产量，改善农作物逆境耐受性，甚至减缓或抑制某地土壤的酸化。某种角度上讲，正是这篇文章拉开了轰轰烈烈的氢农业研究大门。从当年开始，在农产品生产端利用氢处理改良的研究如雨后春笋般蓬勃发展。

一些学者深入研究了富氢水对植物适应汞毒性的调节作用[8]，而其他学者则探讨了不同处理水浸种对西葫芦种子发芽的生理效应[9]。从蔬菜到水果，从花卉到主粮，几乎全国所有大规模种植的作物都已有学者进行研究或发表了相关成果。

在2014至2018年期间，一位中国学者对富氢水在延长猕猴桃货架期及其潜在机制方面的影响进行了评估[10]。该研究揭示了富氢水在延长水果保质期方面的潜力，尤其是对于易腐烂的猕猴桃。实验结果表明，富氢水处理能够减缓果实成熟和衰老过程，从而延长其货架销售期限。该实验的成果标志着中国氢农业研究已从农产品的培育和生产阶段，正式拓展至全链条覆盖。

到2019年，中国已经有42家科研机构参加了氢生物学的研究，其中的一个里程碑事件是上海交通大学成立了氢科学中心。该中心是全球首个聚焦氢能源、氢医学和氢农学的综合性交叉平台，也是全中国第一家氢科学的重点实验室。2024年首个氢农业标准《富氢水灌溉水稻种植技术规程团体标准》在上海发布。

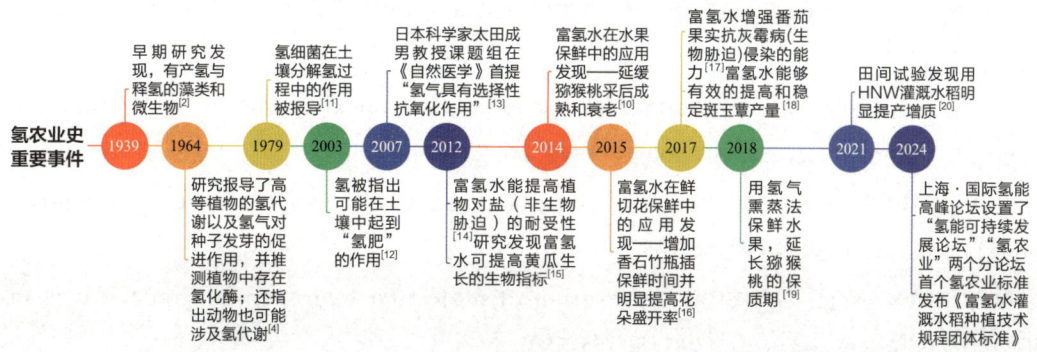

图1-2-1　氢农业发展过程中的里程碑事件

在中国广袤的土地上，氢农学的种子正在悄然生根发芽，预示着一个绿色、高效、可持续农业新时代的到来。随着科研人员不懈的努力和创新思维的火花碰撞，氢在农业领域的应用正逐步从理论走向实践，展现出巨大的潜力。展望未来，我们可以预见，中国的氢农学和氢农业将在多个维度上实现突破。

在技术创新与研发方面，科研机构和企业将加大投入，深入研究氢如何促进植物生长、增强作物的抗逆性以及提升农产品品质的内在机制。通过持续的实验和验证，预计将开发出新型的氢农业技术，包括高效的氢气施肥技术与精准的氢气调控系统等。这些技术的发展有望显著提高农业生产效率和产品质量。

在产业链整合与发展方面，氢农业技术的成熟预示着相关产业链的整合与进步。从氢气的生产、储存、运输，到氢农业设施的建立与运营，再到氢农产品的加工与销售，整个产业链将构建一个完整的闭环，推动农业经济的转型与升级。

在环境保护与可持续发展方面，氢农业的普及和应用将有助于减少化学肥料和农药的使用量，从而减轻农业生产对环境的压力。此外，氢作为一种清洁能源，在农业领域的应用将有助于降低温室气体的排放，对抗全球气候变化，进而促进农业的绿色可持续发展。

在政策支持与市场培育方面，政府将推出一系列政策措施，以支持氢农业的研究与示范项目，并激励农民采纳新技术，从而培育氢农产品市场。借助政策的引导和市场的激励机制，氢农业有望成为推动农业现代化的重要推动力。

在国际合作与交流方面，中国在氢农业领域的发展有望促进国际合作与交流。通过共享研究成果、技术交流和人才培养，中国将与世界各国携手，共同推动氢农业的进步，为全球粮食安全和农业可持续发展贡献中国的智慧和方案。

在这幅充满希望的未来图景中，氢农学与氢农业将崛起为中国农业发展的新动力，引领农业生产方式的根本变革。它们将使每一片土地焕发新生，为人类社会的繁荣与进步做出贡献。

● 参考文献

[1] GAFFRON H, et al. Fermentative and photochemical production of hydrogen in algae[J]. Journal of General Physiology, 1942, **26**: 219-240.

[2] GAFFRON H, et al. Reduction of carbon dioxide with molecular hydrogen in green algae[J]. Nature, 1939, **143**: 204-205.

[3] SANADZE GA, et al. Absorption of molecular hydrogen by green leaves in light[J]. Fiziologiya Rastenii, 1961, **8**: 555-559.

[4] RENWICK GM, et al. Hydrogen metabolism in higher plants[J]. Plant Physiology, 1964, **39**(3): 303-306.

[5] MAIONE TE, et al. Hydrogenase-mediated activities in isolated chloroplasts of *Chlamydomonas reinhardii*[J]. Plant Physiology, 1986, **80**(2): 360-363.

[6] TORRES V, et al. Expression of hydrogenase activity in barley roots (*Hordeum vulgare* L.) after anaerobic stress[J]. Archives of Biochemistry and Biophysics, 1986, **245**: 174-178.

[7] XIE YJ, et al. H_2 enhances *Arabidopsis* salt tolerance by manipulating *ZAT10/12*-mediated antioxidant defence and controlling sodium exclusion[J]. PLoS ONE, 2012, **7**(11): e49800.

[8] CUI WT, et al. Hydrogen-rich water confers plant tolerance to mercury toxicity in alfalfa seedlings[J]. Ecotoxicology and Environmental Safety, 2014, **105**: 103-111.

[9] 孔繁荣, 等. 不同处理水浸种对西葫芦种子发芽的生理效应[J]. 种子科技, 2023, **41**(2): 20-23.

[10] HU HL, et al. Hydrogen-rich water delays postharvest ripening and senescence of kiwifruit[J]. Food Chemistry, 2014, **156**: 100-109.

[11] RALF Conrad, et al. The role of hydrogen bacteria during the decomposition of hydrogen by soil[J]. FEMS Microbiology Letters, 1979, **6**(3): 143-145.

[12] Dong Z, et al. Hydrogen fertilization of soils – is this a benefit of legumes in rotation?[J]. Plant, Cell and Environment, 2003, **26**(12): 1875-1879.

[13] OHSAWA I, et al. Hydrogen acts as a therapeutic antioxidant by selectively reducing cytotoxic oxygen radicals[J]. Nature Medicine, 2007, **13**(6): 688-694.

[14] XIE Y, et al. H_2 enhances *Arabidopsis* salt tolerance by manipulating *ZAT10/12*-

mediated antioxidant defence and controlling sodium exclusion[J]. PLoS ONE, 2012, **7**(11): e49800.

[15] 林玉婷. HO-1/CO信号系统参与H_2S、β-CD-hemin和H_2诱导的黄瓜不定根发生[D]. 南京农业大学, 2012.

[16] 蔡敏, 杜红梅. 富氢水预处理对香石竹切花瓶插寿命的影响[J]. 上海交通大学学报（农业科学版）, 2015, **33**(6): 41-45.

[17] 卢慧, 等. 富氢水处理对采后番茄果实灰霉病抗性的影响[J]. 河南农业科学, 2017, **46**(2): 64-68.

[18] 郝海波. 富氢水对斑玉蕈工厂化生产中产量与品质的作用研究[D]. 南京农业大学, 2017.

[19] HU H, et al. Hydrogen gas prolongs the shelf life of kiwifruit by decreasing ethylene biosynthesis[J]. Postharvest Biology and Technology, 2018, **135**: 123-130.

[20] CHENG P, et al. Molecular hydrogen increases quantitative and qualitative traits of rice grain in field trials[J]. Plants, 2021, **10**(11): 2331.

第二章
CHAPTER 2

氢气在农业中的使用方式和作用机制

第一节　农业的供氢方式

实验室研究与田间实践构成了氢气在农业领域应用的两大主要场景。在实验室环境中，由于规模较小且设施完备，氢气的供应相对简单，目前已有众多关于实验室氢气供应方法的研究报道。相对而言，田间实践则面临不同的挑战，由于其规模较大且缺乏相应的配套设施，使得田间氢气供应方法更为复杂。

一、实验室研究常用供氢方式

实验室研究常用供氢方式主要有五种，分别是富氢水给氢，氢化镁给氢，纳米储氢材料给氢，纳米气泡氢水给氢和氢气熏蒸。实验室一般采用氢气发生器制纯氢，再通过调整氢气流速及通入时间得到特定浓度HRW，因其便捷、高效、安全、即时性纯度高，HRW被广泛应用于大田作物和模式植物相关研究中。氢化镁（MgH_2）是一种安全无毒、成本低廉的白色结晶体，同时也是一种高效的储氢材料。它可以通过水的分解或热分解来释放氢气，其中水解制氢因其不需要高温而更为方便。然而，水解过程中产生的副产品氢氧化镁可能会限制水解反应的持续进行，因此在实际应用中，根据需要会添加酸或盐来调节制氢效率。氢化镁曾经在医学领域备受青睐，现在也成了农学领域的热门研究对象。纳米储氢材料，通过物理或化学方法将氢气与多孔纳米材料结合，一直是医学和药学研究的焦点，并且现在也受到了农学领域的重视。HNW[①]是HRW的升级版，通过将氢气溶解在纳米气泡水中制得，显著延长了氢气在水中的停留时间，并有效提高了氢气浓度，为农业应用提供了新的思路。氢气熏蒸则与其他四种供氢方式不同，它通常在密闭环境中先抽出适量空气，然后注入低于爆炸极限的氢气，并需要定时换气以保持氢气的作用效果，同样为农业应用领域开辟了新的途径。

表2-1-1　五种供氢（给氢）方式的特点

供氢（给氢）方式	特点
富氢水（Hydrogen-rich water, HRW）	制氢工艺简单，高效、安全，所得的HRW氢气纯度极高，但溶解度低、易逸散，不易长时间保存[1]
氢化镁[2]（MgH_2）	高效、安全、无毒、价格低廉、储氢密度极高[3,4]，储氢能力强，便于运输，干燥的条件下可长期储存[5]
纳米储氢材料[6]	因其特殊性质（比表面积大、易修饰、微孔多等）极大地提高了其吸附和储存能力[6]

---

① 纳米气泡氢水（Hydrogen-rich Nanobubble Water, HNW）

续表

供氢（给氢）方式	特点
纳米气泡氢水[7]（Hydrogen-rich nanobubble water, HNW）	显著提高了氢浓度与氢气在水中的保存时间[7,8]
氢气熏蒸[9]	操作简单、安全、快捷

二、田间实践常用供氢方式

氢农业的田间实践涵盖了露天农业、大棚农业以及种养一体化的田间农业，其适用场景极为广泛。王飞娟[10]及其研究团队在药用植物园地探究了不同浓度的HRW对当归生长的影响。李强[11]等人在网室栽培试验中，研究了不同浓度HRW灌溉对各类叶菜产量的潜在影响。鉴于我国田间灌溉主要依赖传统方法，如滴灌和喷灌，并且使用量较大，因此在田间种植灌溉中，通常选择HRW和HNW这两种供氢灌溉方式。这两种方式的制氢技术通常也分为两种，其一是制氢机的使用，现制HRW；其二是工业制H_2经储运到达目的地，经加压等手段将H_2溶解于水得到HRW。HRW一般使用管道喷洒、皮管浇灌、滴灌条滴灌等手段作用于植物。尽管田间实践使用场景广泛，但有关氢农业的田间实践并不多，研究大多还停留于实验室，大量田间实践等待着学者们的挑战。

第二节 氢对作物生理作用的影响机制

一、影响作物的生长发育

（一）种子萌发

种子萌发阶段是植物生长过程中最脆弱、易被客观条件干扰却十分重要的一环。早在1964年，氢被指出能提高黑麦种子发芽率，促进种子萌发[8][12]；有中国研究者[13]发现，水稻种子经50%HRW（0.11 mM）浸泡处理后，α/β-淀粉酶被激活，总可溶性糖与还原糖的形成得到加速，增加了总同工酶活性或相应的抗氧化酶转录物，包括CAT①、SOD②和POD③等抗氧化酶的活性，且茎、根的K^+/Na^+值也有所提高，缓解了盐胁迫给种子、幼苗带来的生长抑制，有效促进了种子萌发。另有研究表明，0.39 mM HRW有

---

① 过氧化氢酶（Catalase, CAT）
② 超氧化物歧化酶（Superoxide Dismutase, SOD）
③ 过氧化物酶（Peroxidase, POD）

助于增强种子耐铝性，氢气预处理通过提高GA[①]/ABA[②]比值，改变miRNA[③]调控及其靶基因表达，增强抗氧化系统，加快柠檬酸盐外排，从而减轻铝胁迫对水稻种子萌发的抑制及早期幼苗的发育[14]。还有研究发现50%HRW（0.11 mM）参与了对种子生理活动的调节以及环境条件的改变，可减弱水稻种子萌发过程中的硼毒性[15]。一般在较低浓度下，氢气可通过改变细胞膜的流动性，加快氧气和营养物质的转运，提高种子内部酶的活性和代谢过程，从而有效提高种子萌发率。然而，过高的氢气浓度可能会对种子产生抑制作用，影响其正常生长。在实际农业应用中，需要精准把控氢气的浓度，以保证其对种子萌发的正向调控。

（二）根茎叶发育

根系作为植物抵御土壤逆境的第一道防线，是吸收水分与营养元素的重要部位，整个植株生命体的生长发育受根系发育状况的影响。多项研究证实氢气对植物根系发育有积极作用。用外源氢供体50%HRW（0.11 mM）处理黄瓜（陆丰）幼苗时，发现不定根数量与长度均显著增加，该促进作用通过血红素加氧酶-1/CO系统上调 *CsDNAJ1*、*CsCD-PK1/5*、*CsCDC6*和*CsAUX22B/D*靶基因来实现[16]。还有学者表示一氧化氮（NO）可能在氢诱导的黄瓜不定根器官发生过程中作为下游信号分子，在不定根形成过程中，氢经NO途径介导细胞周期激活[17]。0.39 mM外源氢处理番茄可提升植株体内NO水平，诱导番茄幼苗侧根形成。氢对侧根形成的正调控与硝酸还原酶产生的NO密切相关，NO作为信号分子参与了由氢触发的侧根形成过程，并且这一过程涉及细胞周期调控基因的表达变化。因此，氢被认为可通过调节NO的合成来促进番茄幼苗侧根的形成[18]。绿豆幼苗经0.48 mM HRW处理提高了IAA[④]和GA$_3$[⑤]水平，从而导致下胚轴长度和根长增加[19]。

（三）品质与产量

富氢处理对农产品（农作物）品质与产量的改良在当下也是十分火热。研究发现0.83 mM HRW（12 h后，氢气浓度仍维持在0.15 mM左右）在UV-A辐射的条件下，能有效促进萝卜芽下胚轴中花青素的生物合成[20]。HRW增加了细胞质中的钙离子（Ca^{2+}）浓度，这一增加的钙离子浓度对花青素的积累起到了关键作用。HRW显著激活了多个与花青素生物合成密切相关的酶，包括PAL[⑥]、CHS[⑦]、CHI[⑧]、DFR[⑨]和尿苷二

---

① 赤霉素（Gibberellin, GA）
② 脱落酸（Abscisic Acid, ABA）
③ 微核糖核酸（microRNA, miRNA）
④ 吲哚-3-乙酸（Indole-3-acetic Acid, IAA）
⑤ 赤霉素A$_3$（Gibberellin A$_3$, GA$_3$）
⑥ L-苯丙氨酸解氨酶（L-phenylalanine ammonia-lyase, PAL）
⑦ 查尔酮合酶（Chalcone Synthase, CHS）
⑧ 查尔酮异构酶（Chalcone Isomerase, CHI）
⑨ 二氢黄酮醇4-还原酶（Dihydroflavonol 4-Reductase, DFR）

磷酸葡萄糖：UFGT①，上调与花青素生物合成相关的一系列基因表达，如*PAL*、*CHS*、*CHI*、*F3H*、*F3'H*、*DFR*、*LDOX*、*UFGT*、*PAP1*和*PAP2*等。研究还提出了肌醇三磷酸（Inositol trisphosphate, IP3）依赖的钙信号通路可能参与了HRW调节的花青素生物合成。在UV-A辐射下，HRW通过增加细胞质钙浓度和激活花青素生物合成相关酶和基因，促进了花青素的积累，这为提高作物中花青素含量提供了新的策略，并为进一步研究HRW在植物生理中的作用机制奠定了基础。还有研究发现HRW处理能够显著提高斑玉蕈子实体中的多糖、总糖、蛋白质和总氨基酸含量，特别是50% HRW（0.45 mM）处理能够提高这些营养成分的含量，从而可能改善斑玉蕈的品质和风味[21,22]。100% HRW（0.9 mM）处理具有显著的增产效果，这或许是HRW对搔菌过程中损伤菌丝的Ca^{2+}信号通路、ROS②信号通路、丝裂原激活蛋白激酶（Mitogen-Activated Protein Kinase, MAPK）信号通路等有影响，通过激活这些信号通路来促进菌丝的恢复与再生[21,22]。

以上证据表明，氢能促进植物的生长与提高作物品质。若它能作为"氢肥"，提高植物对养分的利用效率，甚至替代某些营养成分，这将在农业中释放出无限潜力。

二、影响作物的抗逆性

盐度、重金属、强光、温度、干旱、农药等都是影响植物生理生化过程的主要的非生物胁迫。世界上45%的农田常遭受水资源匮乏问题，约占两成的可耕地和超三成的农业灌溉区遭受盐胁迫[23,24]。这最终将导致作物减产，成为满足世界粮食需求的主要限制因素[25]。人们致力于探索提高植物对非生物胁迫的响应和适应机制。这些发现对作物增产具有重大价值。

研究发现，氢作为一种新颖的细胞保护调节因子，通过耦合ZAT10/12介导的抗氧化防御和离子稳态的维持，提高了拟南芥的耐盐性。遗传学证据表明，*SOS1*和*cAPX1*可能是H_2信号转导的靶基因[26]。另外，通过与褪黑激素的相互作用调节氧化还原和离子稳态可以增加内源氢气[27]。在玉米苗期，50%HRW（0.39 mM）处理提高了质膜H^+-ATP酶和Ca^{2+}-ATP酶以及液泡膜H^+-ATP酶和H^+-PP酶的活性，提高了质子跨膜梯度，减少离子积累对细胞的损害，导致电化学梯度增加膨压，扩大气孔开度。HRW可促进玉米幼苗叶绿素合成，从而提高光合作用。HRW还能提高可溶性蛋白含量，维持渗透平衡，以减缓玉米苗生长发育期盐胁迫带来的抑制[28]。

土壤中的重金属元素会被植株吸收和积累，这不仅会导致作物产量下降，还会带进食物链，对动物和人类健康构成威胁[29]。10%HRW（0.02 mM）在转录水平上提高

---

① 类黄酮3-O-葡萄糖基转移酶（Uridine Diphosphate Glucose: Flavonoid Glucosyltransferase, UFGT）
② 活性氧（Reactive Oxygen Species, ROS）

了POD、SOD、APX[①]和CAT的活性，提高了非酶抗氧化系统GSH[②]和hGSH[③]的含量，减轻了紫花苜蓿幼苗的汞毒性[30]。50%（0.11 mM）HRW处理黄瓜降低了镉胁迫引起的MDA[④]、H_2O_2、O_2^-、TBARS[⑤]、AsA[⑥]和GSH的含量，以及REC[⑦]和LOX[⑧]的活性，提高了DHA[⑨]和GSSG[⑩]的含量，降低了AsA/DHA和GSH/GSSG的比例[31]。从分子学角度看，HRW调控了与重金属转移相关的基因和蛋白，减轻了重金属对植物的胁迫。10% HRW（0.02 mM）提高了苜蓿的镉耐受性，通过氢气调控与硫代谢相关基因的表达，尤其是参与GLDH[⑪]代谢的基因表达，提高了GSH代谢，并激活抗氧化和镉螯合作用。此外，10% HRW（0.02 mM）通过ABC transporter[⑫]介导的分泌减少了镉在根部的积累，从而减轻了镉的毒性[32]。蛋白质组学研究发现，苜蓿经10% HRW（0.02 mM）处理可通过改变与氧化损伤相关的基因表达、促进硫化合物代谢、维持营养平衡等多种机制缓解镉胁迫[33]。蛋白质组学研究发现，苜蓿经10%HRW（0.02 mM）处理可通过改变与氧化损伤相关的基因表达、促进硫化合物代谢、维持营养平衡等多种机制缓解镉胁迫[33]。黄瓜经50% HRW（0.11 mM）作用显著提高了抗氧化酶相关基因的表达，缓解其镉胁迫下的生长抑制[31]。白菜机制研究发现，50% HRW（0.11 mM）抑制了将镉转运到木质部的*HMA2*和*HMA4*基因的表达，提高了调控镉进入根液泡的*HMA3*基因的表达，抑制了负责上调吸收镉的*IRT1*和*Nramp1*基因，最终减少了白菜对镉的吸收，减轻了镉的毒害[34]。

强光胁迫会导致植物体内ROS水平上升，50% HRW（0.11 mM）外源性氢气预处理能够提高包括CAT、SOD、GR和APX的抗氧化酶活性，有助于清除植物体内的ROS，通过保持高水平的抗氧化能力，使玉米植株表现出很强的光氧化耐受性[35]。

相关研究显示，冷胁迫导致ROS（如H_2O_2和O_2^-）的积累增加，50%HRW（0.39 mM）预处理显著抑制了这种积累，并通过增强抗氧化酶（如SOD、POD和CAT）的总和同工酶活性来重新建立氧化还原平衡。氢气还可通过调节miRNAs（miRNA398和miRNA319）的表达，提高水稻幼苗的叶绿素含量和光合活性，恢复氧化还原稳态，缓解低温胁迫[36]。此外，添加氨硼进一步促进了冷胁迫引发的内源硫化氢生物合

---

① 抗坏血酸过氧化物酶（Ascorbate Peroxidase, APX）
② 谷胱甘肽（Glutathione, GSH）
③ 还原型谷胱甘肽（Reduced Glutathione, hGSH）
④ 4,4'-二氨基二苯基甲烷（4,4'-Methylenedianiline, MDA）
⑤ 硫代巴比妥酸反应物（TBARS）
⑥ 抗坏血酸（Ascorbic Acid, AsA）
⑦ 相对电导率（Relative Electrical Conductivity, REC）
⑧ 脂氧合酶（Lipoxygenase, LOX）
⑨ 脱氢抗坏血酸（Dehydroascorbate, DHA）
⑩ 氧化型谷胱甘肽（Glutathione Oxidized, GSSG）
⑪ 谷氨酸脱氢酶（Glutamate Dehydrogenase, GLDH或GDH）
⑫ 腺苷三磷酸结合盒转运蛋白（ATP-binding Cassette Transporter, ABC transporter）

成，对甘蓝型油菜的耐寒性有正向调节作用[37]。

研究发现，外源50% HRW（0.11 mM）提高了苜蓿细胞外液的pH值，调节了气孔对ABA的敏感性，从而影响了苜蓿的抗旱性[38]，而苜蓿ABA信号通路或许还参与了0.39 mM外源氢介导的苜蓿抗渗透胁迫过程[39]。南京农业大学的学者[40]发现CO通过增加RWC①、叶片叶绿素含量与荧光参数、代谢组分含量、激活抗氧化酶、降低TBARS和ROS水平，参与干旱胁迫下50% HRW（0.225 mM）诱导黄瓜不定根的发育，减轻氧化损伤。更多的研究则表明，氢作用下作物的干旱适应性增强还与植物抗氧化系统的活性和渗透调节系统的强度密切相关[41]。

人们发现，氢气可能以气体信号分子的形式参与苜蓿的抗百草枯②胁迫响应。外源50% HRW（0.11 mM）的应用减轻了百草枯的过度使用引发的氧化损伤，这一过程是由血红素加氧酶-1/CO系统介导的[42]。有研究表明，一定浓度氢气可以提高CHT③在植物中的降解，而不会降低其抗真菌作用。拟南芥中氢化酶1基因（Hydrogenase 1 gene from Chlamydomonas reinhardtii，CrHYD1）的过表达会增加内源氢气，因而提高BRs④水平，促进CHT的降解，该过程在白菜、黄瓜、萝卜、苜蓿、水稻和油菜籽中也均有发现[43]。研究还报道了75% HRW（0.17 mM）处理可通过提高水稻抗氧化酶的活性和促进除草剂的降解来提高水稻对除草剂BS⑤的耐受能力[44]。不少研究者还指出，氢气可以正向刺激叶片中多菌灵的降解。这些研究结果或许为氢农业在环保领域的应用开辟了崭新窗口[45]。

生物胁迫对植物的生长也有影响。灰霉病是农业生产中常见的病害之一，严重影响了植物的品质、产量。研究发现，50% HRW（0.13 mM）和75% HRW（0.19 mM）能提高番茄果实多酚氧化酶活性，减少病害面积。进一步研究发现，在上述过程中，NO含量随氢气浓度的改变而变化，这表明氢气可能作为一种气体信号分子参与了植物胁迫响应，提高了番茄果实对灰霉病的抗性[46]。

氢在农业中的应用优势同样体现在帮助提高植物的抗逆性，在节能减排减污、缓解气候变化压力、扩大农业种植面积以缓解城市化带来的耕地减少等方面也同样具有广阔潜力。

---

① 相对含水量（Relative Water Content, RWC）
② "百草枯（Paraquat）是一种联吡啶类广谱除草剂，化学式为$C_{12}H_{14}N_2$，因高毒性和不可逆肺纤维化作用，2016年起我国已全面禁止其生产与销售¹。"本书旨在说明所涉及的实验中用到此成分，无不良引导。
（¹数据来源：国家农业农村部公告，2016年）
③ 杀菌剂百菌清（Chlorothalonil, CHT）
④ 油菜素内酯（Brassinosteroids, BRs）
⑤ 双草醚（Bispyribac-sodium, BS）

三、影响作物采后品质及货架期

农产品供应链的采后损耗率在产品供至消费者之前较高,如何延长农产品(农作物)的保质期以减少采后损失显得尤为重要[47]。来自甘肃农业大学的学者们[48]表示1%外源HRW(0.005 mM)处理可以提高百合切花的花瓶寿命和品质,外源氢气的应用或通过维持水平衡和膜的稳定性,缩小气孔,降低MDA含量、减少电解质渗漏和氧化损伤,从而延长了切花的花瓶寿命、提高了采后品质。南京农业大学的专家[49]指出,外源0.078 mM HRW可以通过改变内源氢气来增加内源性抗氧化能力,维持氧化还原稳态,从而延长切花花瓶寿命。采后氢处理可以延缓植物组织的衰老,而采前处理也有类似的效果,南京农业大学的胡花丽等人[50]研究发现,采前0.8 μmol/L HRW(0.0008 mM)灌溉提高了黄花菜花蕾产量,缓解了花萼褐变等冷害症状,这与ROS含量、渗漏率、脂质过氧化的降低及不饱和/饱和脂肪酸比、内源H_2含量的提高有关。HRW处理的芽中苯丙氨酸解氨酶和多酚氧化酶活性显著降低,这导致芽中总酚积累量高于对照,因此,采前HRW处理可作为提高黄花菜芽耐冷性的有效技术,进而延长其贮藏货架期。

氢对猕猴桃采摘后的保藏也有重要作用。80% HRW(0.176 mM)通过减弱呼吸强度、降低脂质过氧化水平、提高SOD活性、降低自由基含量和维持线粒体内膜完整性来延缓果实在贮藏过程中的成熟和衰老[51]。除了减弱呼吸强度和改善抗氧化系统外,4.5 μL/L氢气处理还可以通过限制内源乙烯的合成来延长猕猴桃的采后货架期[9]。过量摄入亚硝酸盐有害于人体健康。然而,植物中的氮同化使得果蔬的摄取成为人类间接摄入亚硝酸盐的主要途径之一。研究发现0.585 mM HRW处理不仅延缓了番茄衰老,延长了番茄的货架期,还降低了亚硝酸盐含量[52]。在食用菌(斑玉蕈)中,0.1 mM HRW通过对减弱氧化应激,降低相对EL①、MDA含量和超氧自由基(O_2^-)活性以及对抗氧化防御能力的调节,延缓了食用菌在贮藏过程中腐烂现象的发生,提高了食用菌的品质[53]。2%和3% H_2处理有效延长了韭菜的货架期,显著抑制了小葱总酚、VC、总黄酮的下降趋势[54],这些天然抗氧化剂对于保护植物免受氧化损伤至关重要,同时降低了植物体内ROS和H_2O_2的积累,增强了多种抗氧化酶的活性,包括SOD、POD、CAT和APX,还影响了非酶抗氧化剂物质的水平,特别是增加了还原型GSH的含量,并提高了还原型GR的活性。GSH和GR作为重要的抗氧化剂,参与维持细胞内的氧化还原状态,对保持韭菜的品质和营养具有显著影响。另有研究指出,0.7 ppm(0.35 mM)HRW通过激活抗氧化系统(包括O_2^-清除活性、GSH、MDHAR②、PPO③和总黄酮类化

---

① 电解质渗透率(Electrolytic Leakage, EL)
② 单脱氢抗坏血酸还原酶(Monodehydroascorbate Reductase, MDHAR)
③ 多酚氧化酶(Polyphenol Oxidase, PPO)

合物）在储存期间的水平，将CAT、GSSG、AAO[①]和总酚类化合物维持在储存的第一天的水平，以及储存后期较高水平的APX、总花青素、GR和GPX，调节次生代谢物合成、维持谷胱甘肽水平和控制ROS的平衡，从而减缓荔枝果皮的褐变，保持果实的新鲜度和营养价值，延长其货架寿命[55]。氢气在农产品的品质提升、采后运输、保鲜、货架期延长等方面均发挥着有益作用，使农产品从采后到上桌前都保持了较高的品质，这些发现不仅体现了氢在农业中的应用优势与潜力，也为未来氢能的综合、大规模应用提供了不可或缺的铺垫。

四、关于作物最佳氢浓度的机制假说

在相同的生长阶段，不同作物对氢气的需求差异可能与它们内部多种有机物质（如淀粉、蛋白质、脂肪）的构成比例密切相关。这些有机物质作为植物细胞中的主要能量来源，其含量和代谢状态会直接影响植物的能量消耗、氧化还原状态以及生长发育。不同有机物质的代谢强度不同，可能导致不同农作物在产生能量的同时产生不同量的ROS，进而影响对氢气的需求量。因为氢气作为一种还原剂，能够与ROS发生反应，维持细胞内的氧化还原平衡。此外，氢气还可能参与植物的信号传导过程，影响其生长发育和环境响应，而农作物中不同有机物质的代谢状态可能会进一步影响信号分子的产生和传递，因此氢气或许能够帮助植物适应不同的环境条件。氢气也可能调节植物的代谢途径，不同农作物的代谢途径和效率的差异，可能需要不同浓度的氢气来优化这些代谢过程。同时，氢气对细胞结构和功能的保护作用也可能与农作物中有机物质构成比例和状态相关，这可能会影响细胞对氢气的敏感性和需求。因此，通过理解农作物中有机物的代谢差异与氢气需求之间的关系，我们可以了解不同作物的最佳氢稳态，更精确地调控氢气的供给，以满足不同农作物在特定生命阶段的需求，优化植物的生产效率和产品质量。未来的研究需要进一步探索这一机制，以根据农作物的代谢状态来调整氢气的应用。

在分析不同农作物在各自生命阶段对氢气需求差异的机制时，耗氧量作为一个关键指标，反映了植物的呼吸作用，与生长速度、代谢活动强度及能量需求紧密相关。在生长旺盛期，如幼苗期和开花期，植物的呼吸作用加剧，耗氧量升高，以支持其快速的生物合成和能量需求，此时ROS的增加可能对细胞造成损伤。氢气作为一种有效的抗氧化剂，能够与ROS反应，减少氧化损伤，保护细胞。因此在耗氧量高的生命阶段，植物对氢气的需求量可能增加，以维持氧化还原平衡和细胞完整性。此外，氢气还可能参与植物的信号传导，调节生长发育和环境响应，影响代谢途径，如光合作用和呼吸作用。不同农作物在不同生命阶段对氢气的需求不同，需要根据耗氧量和生理

[①] 抗坏血酸氧化酶（Ascorbate Oxidase, AAO）

状态来调整氢气供给浓度，以促进健康生长，提高产量和质量，延长保鲜期。环境因素如光照、温度和水分等也会影响植物的耗氧量和氢气需求，因此实际应用中需要综合考虑这些因素。

此外，尽管氢气在特定条件下对植物生长有正面效应，但是过量的氢气或不当的氢气管理方式可能会打破植物与其微生物群落之间的平衡，影响其他微生物的代谢活动和生存条件，导致一些有益微生物受到抑制，而有害微生物则可能趁机繁殖，从而破坏土壤的生态平衡，对植物生长产生负面影响。并且已有研究表明，氢气能延长秀丽线虫的寿命，虽然秀丽线虫本身是无害的非寄生线虫，但该结果意味着氢气可能有利于某些土壤病虫害的繁殖。已有研究表明，适量的氢气可以通过调节植物体内的信号通路和代谢过程来促进植物生长。然而，过量的氢气可能会干扰这些正常的生理机能，导致植物生长受阻、抗逆性下降等问题。同时，氢气还可能与其他环境因素（如光照、温度、水分等）产生交互作用，进一步加剧对植物的不利影响。

因此深入理解最佳氢浓度这一机制，我们可以更精确地调控氢气供给，优化植物生产和保鲜，而未来研究将进一步探索氢气在植物生理中的作用机制，以及如何根据不同作物和生长阶段优化氢气利用。

在植物生长和保鲜过程中，氢气的独特作用，如抗氧化、信号传导和代谢调节等，是氮气、二氧化碳等其他气体不能同时具备的。因此，在当下的实际应用中，用氮气等气体替换氢气不太可能产生与氢气相同的效果。不同气体在植物生理中的作用机制大不相同，无法相互替代。但未来的研究可以进一步探索氢气如何与氮气等其他气体协同作用，以优化植物的生长。同时，也需要关注气体使用的安全性和实用性，确保植物生产的可持续性和高效性。

● 参考文献

[1] 田纪元, 等. 富氢水对植物的生长效应及在芽苗菜生产中的应用前景[J]. 中国蔬菜, 2016, (9): 31-34.

[2] LI L, et al. Magnesium hydride-mediated sustainable hydrogen supply prolongs the vase life of cut carnation flowers via hydrogen sulfide[J]. Frontiers in Plant Science, 2020, 11: 595376.

[3] 钱跃言, 等. MgH_2 的制备技术及其用途[J]. 浙江化工, 2012, 43(12): 33-36.

[4] CHEN Z, et al. Perspectives and challenges of hydrogen storage in solid-state hydrides[J]. Chinese Journal of Chemical Engineering, 2021, 29: 1-12.

[5] HANAOKA T, et al. Molecular hydrogen protects chondrocytes from oxidative stress and indirectly alters gene expressions through reducing peroxynitrite derived from nitric

oxide[J]. Medical Gas Research, 2011, **1**(1): 18.

[6] MORRIS R, WHEATLEY P. Gas storage in nanoporous materials[J]. Angewandte Chemie International Edition, 2008, **47**(27): 4966-4981.

[7] TAN B, AN H, OHL C. Stability of surface and bulk nanobubbles[J]. Current Opinion in Colloid & Interface Science, 2021, **53**: 101428.

[8] KIM D, HAN J. Remediation of copper contaminated soils using water containing hydrogen nanobubbles[J]. Applied Sciences, 2020, **10**(6): 2185.

[9] HU H, et al. Hydrogen gas prolongs the shelf life of kiwifruit by decreasing ethylene biosynthesis[J]. Postharvest Biology and Technology, 2018, **135**: 123-130.

[10] 丁芳芳, 王飞娟. 富氢水浇灌对当归生长性能的影响[J]. 陕西农业科学, 2019, **65**(04): 54-56.

[11] 杨瑞怡, 等. 富氢水浇灌在网室叶菜栽培中的应用试验[J]. 农业工程技术, 2019, **39**(35): 29+31.

[12] RENWICK GM, GIUMARRO C, SIEGEL SM. Hydrogen metabolism in higher plants[J]. Plant Physiology, 1964, **39**(3): 303-306.

[13] XU S, et al. Hydrogen-rich water alleviates salt stress in rice during seed germination[J]. Plant and Soil, 2013, **370**(1/2): 47-57.

[14] XU D, et al. Linking hydrogen-enhanced rice aluminum tolerance with the reestablishment of GA/ABA balance and miRNA-modulated gene expression: A case study on germination[J]. Ecotoxicology and Environmental Safety, 2017, **145**: 303-312.

[15] WANG Y, et al. Linking hydrogen-mediated boron toxicity tolerance with improvement of root elongation, water status and reactive oxygen species balance: a case study for rice[J]. Annals of Botany, 2016, **118**(7): 1279-1291.

[16] LIN Y, et al. Hydrogen-rich water regulates cucumber adventitious root development in a heme oxygenase-1/carbon monoxide-dependent manner[J]. Journal of Plant Physiology, 2014, **171**(2): 1-8.

[17] ZHU Y, et al. Nitric oxide is involved in hydrogen gas-induced cell cycle activation during adventitious root formation in cucumber[J]. BMC Plant Biology, 2016, **16**(1): 146.

[18] CAO Z, et al. Hydrogen gas is involved in auxin-induced lateral root formation by modulating nitric oxide synthesis[J]. International Journal of Molecular Sciences, 2017, **18**(10): 2084.

[19] WU Q, et al. Hydrogen-rich water promotes elongation of hypocotyls and roots in plants through mediating the level of endogenous gibberellin and auxin[J]. Functional Plant Biology, 2020, **47**(9): 771-778.

[20] ZHANG X, et al. Increased cytosolic calcium contributes to hydrogen-rich water-promoted anthocyanin biosynthesis under UV-A irradiation in radish sprouts hypocotyls[J]. Frontiers in Plant Science, 2018, **9**: 1020.

[21] 郝海波. 富氢水对斑玉蕈工厂化生产中产量与品质的作用研究[D].南京农业大学, 2017.

[22] ZHANG J, et al. Hydrogen-rich water alleviates the toxicities of different stresses to mycelial growth in *Hypsizygus marmoreus*[J]. AMB Express, 2017, **7**(1): 107.

[23] RHAMAN M, et al. 5-aminolevulinic acid-mediated plant adaptive responses to abiotic stress[J]. Plant Cell Reports, 2021, **40**(8): 1451-1469.

[24] AHMED R, et al. Differential response of nano zinc sulphate with other conventional sources of Zn in mitigating salinity stress in rice grown on saline-sodic soil[J]. Chemosphere, 2023, **327**: 138479.

[25] LOWRY G, AVELLAN A, GILBERTSON L. Opportunities and challenges for nanotechnology in the agri-tech revolution[J]. Nature Nanotechnology, 2019, **14**(6): 517-522.

[26] XIE Y, et al. H_2 enhances *Arabidopsis* salt tolerance by manipulating *ZAT10/12*-mediated antioxidant defence and controlling sodium exclusion[J]. PLoS ONE, 2012, **7**(11): e49800.

[27] SU J, et al. Molecular hydrogen-induced salinity tolerance requires melatonin signalling in *Arabidopsis thaliana*[J]. Plant, Cell & Environment, 2021, **44**(2): 476-490.

[28] 田婧芸, 等. 外源氢气对玉米幼苗耐盐性的影响[J]. 湖南师范大学自然科学学报, 2018. **41**(6): 23-30.

[29] CHEN X, et al. When nanoparticle and microbes meet: The effect of multi-walled carbon nanotubes on microbial community and nutrient cycling in hyperaccumulator system[J]. Journal of Hazardous Materials, 2022, **423**(Pt A): 126947.

[30] CUI W, et al. Hydrogen-rich water confers plant tolerance to mercury toxicity in alfalfa seedlings[J]. Ecotoxicology and Environmental Safety, 2014, **105**: 103-111.

[31] WANG B, et al. Hydrogen gas promotes the adventitious rooting in cucumber under cadmium stress[J]. PLoS ONE, 2019, **14**(2): e0212639.

[32] CUI W, et al. Transcriptome analysis reveals insight into molecular hydrogen-induced cadmium tolerance in alfalfa: the prominent role of sulfur and (homo)glutathione metabolism[J]. BMC Plant Biology, 2020, **20**(1): 58.

[33] DAI C, et al. Proteomic analysis provides insights into the molecular bases of hydrogen gas-induced cadmium resistance in *Medicago sativa*[J]. Journal of Proteomics, 2017, **152**: 109-120.

[34] WU Q, et al. Hydrogen-rich water enhances cadmium tolerance in Chinese cabbage by reducing cadmium uptake and increasing antioxidant capacities[J]. Journal of Plant Physiology, 2015, **175**: 174-182.

[35] ZHANG X, et al. Protective effects of hydrogen-rich water on the photosynthetic apparatus of maize seedlings (*Zea mays* L.) as a result of an increase in antioxidant enzyme activities under high light stress[J]. Plant Growth Regulation, 2015, **77**: 43-56.

[36] XU S, et al. Hydrogen enhances adaptation of rice seedlings to cold stress via the reestablishment of redox homeostasis mediated by miRNA expression[J]. Plant and Soil, 2016, **414**: 53-67.

[37] CHENG P, et al. Ammonia borane positively regulates cold tolerance in *Brassica napus* via hydrogen sulfide signaling[J]. BMC Plant Biology, 2022, **22**: 585.

[38] JIN Q, et al. Hydrogen-modulated stomatal sensitivity to abscisic acid and drought tolerance via the regulation of apoplastic pH in *Medicago sativa*[J]. Journal of Plant Growth Regulation, 2015, **35**: 565-573.

[39] FELIX K, et al. Hydrogen-induced tolerance against osmotic stress in alfalfa seedlings involves ABA signaling[J]. Plant and Soil, 2019, **445**: 409-423.

[40] CHEN Y, et al. Carbon monoxide is involved in hydrogen gas-induced adventitious root development in cucumber under simulated drought stress[J]. Frontiers in Plant Science, 2017, **8**: 128.

[41] SU J, et al. Hydrogen-induced osmotic tolerance is associated with nitric oxide-mediated proline accumulation and reestablishment of redox balance in alfalfa seedlings[J]. Environmental and Experimental Botany, 2018, **147**: 249-260.

[42] JIN Q, et al. Hydrogen gas acts as a novel bioactive molecule in enhancing plant tolerance to paraquat-induced oxidative stress via the modulation of heme oxygenase-1 signalling system[J]. Plant Cell & Environment, 2013, **36**(5): 956-69.

[43] Wang Y, et al. Regulation of chlorothalonil degradation by molecular hydrogen[J]. Journal of Hazardous Materials, 2022, **424**(Pt A): 127291.

[44] Gu T, et al. Hydrogen-rich water pretreatment alleviates the phytotoxicity of bispyribac-sodium to rice by increasing the activity of antioxidant enzymes and enhancing herbicide degradation[J]. Agronomy, 2022, **12**(11): 2821.

[45] Zhang T, et al. Degradation of carbendazim by molecular hydrogen on leaf models[J]. Plants, 2022, **11**(5): 621.

[46] Dong W, et al. Effects of hydrogen-rich water treatment on defense responses of postharvest tomato fruit to botrytis cinerea[J]. Food Chemistry, 2023, **399**: 133997.

[47] Duan Y, et al. Postharvest precooling of fruit and vegetables: A review[J]. Trends in Food Science & Technology, 2020, **100**: 278-291.

[48] Ren P, et al. Effect of hydrogen-rich water on vase life and quality in cut lily and rose flowers[J]. Horticulture, Environment, and Biotechnology, 2017, **58**: 576-584.

[49] Su J, et al. Endogenous hydrogen gas delays petal senescence and extends the vase life of lisianthus cut flowers[J]. Postharvest Biology and Technology, 2019, **147**: 148-155.

[50] HU H, LI P, SHEN W. Preharvest application of hydrogen-rich water not only affects daylily bud yield but also contributes to the alleviation of bud browning[J]. Scientia Horticulturae, 2021, **287**: 110267.

[51] HU H, et al. Hydrogen-rich water delays postharvest ripening and senescence of kiwifruit[J]. Food Chemistry, 2014, **156**: 100-109.

[52] ZHANG Y, et al. Nitrite accumulation during storage of tomato fruit as prevented by hydrogen gas[J]. International Journal of Food Properties, 2019, **22**(1): 1425-1438.

[53] CHEN H, et al. Hydrogen-rich water increases postharvest quality by enhancing antioxidant capacity in *Hypsizygus marmoreus*[J]. AMB Express, 2017, **7**(1): 221.

[54] JIANG K, et al. Molecular hydrogen maintains the storage quality of Chinese chive through improving antioxidant capacity[J]. Plants, 2021, **10**(6): 1095.

[55] YUN Z, et al. Effects of hydrogen water treatment on antioxidant system of litchi fruit during the pericarp browning[J]. Food Chemistry, 2021, **336**: 127618.

第三章
CHAPTER 3

谷类作物

截至2024年6月，根据相关调查研究数据，我国已经不再是世界人口第一大国。但是，随着世界范围内最大规模的城镇化和脱贫，我国将会在可预见的将来成为世界第一大市场。这势必意味着，广大人民群众对于生活资料的消费量将进一步提升。但放眼全球，地区对抗愈加激烈，全球变暖带来的极端气候和蝗灾等突发灾害也在影响着国际粮食的供求平衡。如何保卫我国的粮食安全是一个永不过时的课题。

以《中国统计年鉴》和《中国农村统计年鉴》为主要数据来源，笔者对近20年（2000—2020）来我国31个省、市、自治区的三种主要粮食（稻类、玉米、麦类）的作物总产量、播种面积、进出口量以及花费的投入量等进行了一定研究。

纵观这20年来的数据，我们可以发现，上述几种作物的单产水平呈上升趋势，表现为以稻谷单产最高，以小麦单产增产率最高。从上述几种作物的种植面积来看，近20年来，我国主要粮食作物中玉米的种植面积提高幅度最大，稻谷的种植面积提高幅度最小，麦类的种植面积降低。

从2003年开始，对我国粮食安全做出最大贡献的因素就已经从种植面积变为了粮食作物的平均单产。结合20年来总体来看，由粮食播种面积增大所带来的增产只占总增产的20%不到，超过80%的增产是由单产提升带来的。

同时，我国对这三种粮食作物和大豆的进口数量也一直呈现增加态势。2020年，我国五种粮食的进口量已经达到了2000年进口量的十倍。换句话说，我国粮食进出口已经从最初的调剂余缺变成了大规模进口。

与此同时，我国的化肥总投入量也呈现出先增后减的变化规律。这一数字在2015年达到了最高点，目前正在缓缓下降。相较于2015年，2020年中国的氮肥、磷肥和钾肥总用量分别降低了22.4%，22.5%和15.6%。

通过上述数据我们不难得知，就目前客观规律而言，我国存在着相当大程度的粮食缺口，好消息是农业研究者和广大种植户也扎实地响应了"藏粮于地，藏粮于技"的号召。而目前，我们所能依赖的只是粮食单产的提高。这一方面意味着市场需要更好的作物品种，另一方面也意味着，精耕细作仍旧会在相当长的一段时间内成为我国粮食生产的主旋律。就近二十年来的增产而言，我国农业科技进步的贡献率业已超过60%，良种对粮食的增产贡献率将近50%。此外，我国粮食产量的总提升也和高产作物替代种植低产作物，提高加权平均单产有关。具体表现为，我国的玉米种植量逐年攀升，而相对比较低产的豆类、小麦和薯类的种植比例持续下降。

有不少学者也调查了不同阶段化肥使用量对我国粮食产量的影响分析。目前，在中国学界得到广泛认同的是，我们的绝大多数耕地已经在事实上进入了化肥投入量和农业产量的边际报酬递减阶段，化肥对粮食的增产效应已经不再明显。

这意味着，我们一方面要大力发展、推广新作物品种的同时，也要开发化肥之外的，能辅助作物生长的新肥料和新方法。而"氢肥"正是一个相当有竞争力的选项。下文中，笔者将分别讨论，实验室或试验田条件下，外源性氢供应分别对稻谷、小麦、玉米和大麦的影响。

第一节　外源性氢气对稻谷的影响

水稻作为世界上最重要的粮食作物之一，对于中国这个人口众多的国家来说，其产量具有极其重要的意义。首先，水稻是中国的主要粮食作物，其产量直接关系到国家的粮食安全和人民的基本生活需求。中国拥有悠久的水稻种植历史，水稻种植面积广泛，产量丰富，是保障国家粮食供应的基石。

其次，水稻产量的稳定增长对于维护社会稳定和促进经济发展具有重要作用。粮食价格的稳定是社会稳定的重要保障，而水稻作为主要的粮食来源，其产量的稳定可以避免粮食价格的剧烈波动，减少社会动荡的风险。水稻产业的发展能够带动农业技术的进步和相关产业的发展，为经济增长提供动力。水稻产量的提高有助于提高农民的收入和生活水平。水稻种植是许多农民的主要经济来源，产量的增加可以提高农民的收益，改善他们的生活质量。此外，水稻产业的发展还能够吸纳更多的劳动力，为农村地区的就业提供机会。

在国际层面，中国作为世界上最大的水稻生产国，其产量的稳定和增长对于全球粮食市场具有重要影响。在全球粮食安全面临挑战的背景下，中国水稻产量的稳定增长有助于缓解全球粮食供应的压力，为世界粮食安全做出贡献。

然而，水稻产量的提高也面临着诸多挑战。首先，种植品种的多样性导致管理上的复杂性，影响产业化的进程。其次，水稻种植面积的稳定性面临挑战，种植与需求之间的对接存在难度，突破性品种较少，种粮效益偏低，同时轻简型高产技术储备不足。此外，选种不当、播种时间不当以及育苗技术水平较差也是影响水稻质量和产量的重要因素。部分农民文化水平有限，缺少科学的水稻种植知识，导致在选种、播种和育苗过程中出现技术不合理、不科学的问题，影响水稻的健康生长和产量。

尽管面临挑战，中国水稻种植业也在不断创新和进步。可以说，水稻是中国人精耕细作精神和传统的最直观体现。长期以来，中国农民在有限的土地上，通过细致的耕作方式，提高了土地的产出效率。这种耕作模式要求农民对土地有深入的了解和精心的管理，包括土壤的改良、水分的控制、病虫害的防治等，以确保水稻的健康生长和高产。

正是基于此，已经有不少氢农业研究者把目光投射到水稻身上。

一、富氢水改善冷胁迫下稻秧生长的负面效应

由于水稻起源于热带和亚热带地区，对低温更为敏感，因此冷胁迫对水稻的影响尤为显著。

冷胁迫影响植物的多种生理和生化过程，包括光合作用、呼吸作用、营养吸收和运输等。这些过程的损害会导致植物生长受阻。

研究者制备了不同氢气浓度的富氢水[1]，对实验所用的水稻种子表面消毒处理后，在28 ℃的黑暗条件下发芽，发芽后转移到生长箱中继续生长。在生长到一定阶段后，幼苗被转移到含有不同浓度氢气的MS溶液①中进行16小时的预处理。预处理完成后，一部分幼苗被转移到0 ℃的冷胁迫条件下，另一部分则继续在28 ℃的条件下生长。

在冷胁迫处理24小时后，幼苗被恢复到28 ℃的条件下，继续生长一段时间，以便观察和测量各种生理指标的变化。实验中测量了幼苗的鲜重和干重，以评估生长情况；测定了电解质泄漏率，以评估细胞膜的完整性；测定了内源氢气含量，以了解氢气在植物体内的水平；测定了叶绿素含量和光合速率，以评估光合作用的影响；测定了H_2O_2含量和TBARS含量，以评估氧化损伤的程度；进行了组织化学染色，以直观显示H_2O_2和O_2^-的积累；测定了抗氧化酶的活性，以评估抗氧化系统的响应；通过凝胶电泳分析了抗氧化酶的同工酶活性；通过qRT-PCR分析了抗氧化酶基因和miRNA的表达水平。

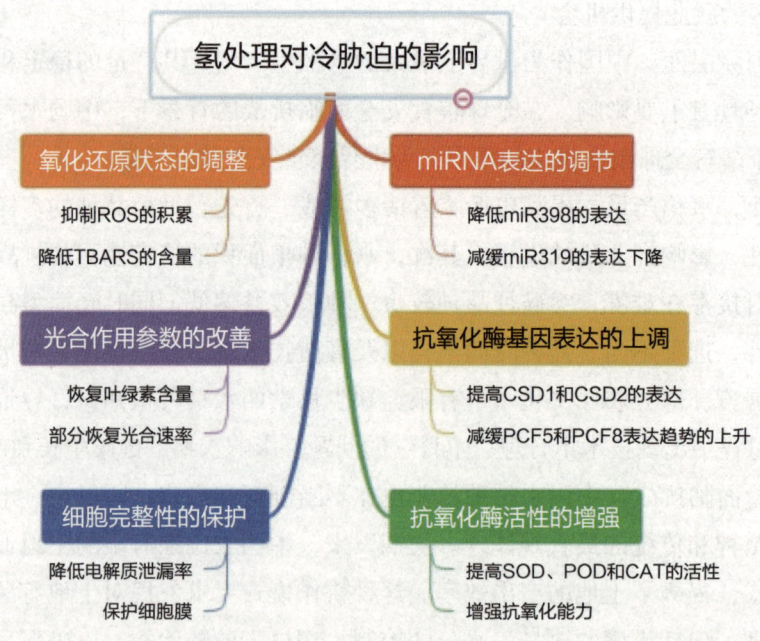

图3-1-1　富氢水改善冷胁迫下稻秧生长的负面效应总结效果图

---

① MS溶液（Murashige and Skoog Solution, MS）

实验结果揭示了氢气对水稻幼苗在冷胁迫下的积极作用，具体表现在以下几个方面：

1. 生长抑制的缓解：实验观察到，经过冷胁迫处理的水稻幼苗出现了生长抑制现象，表现为叶片卷曲、萎蔫和衰老。而经过0.4 mM的富氢水预处理的幼苗在冷胁迫后的生长状态得到了明显改善，生长参数得到了恢复。

2. 细胞膜完整性的保护：冷胁迫导致细胞膜损伤，表现为电解质泄漏率的增加。氢气预处理有效降低了电解质泄漏率，表明其对细胞膜的保护作用。

3. 内源氢气含量的变化：冷胁迫刺激了水稻幼苗内源氢气的产生。外源氢气预处理进一步增强了这一生理反应，表明内源氢气可能在调节冷胁迫响应中发挥作用。

4. 光合作用参数的改善：冷胁迫导致叶绿素含量下降和光合速率降低。氢气预处理显著缓解了这些负面影响，叶绿素含量和光合速率得到了部分恢复。

5. 氧化还原状态的调整：冷胁迫引起的ROS积累和脂质过氧化反应被氢气预处理有效抑制，表现为H_2O_2含量和TBARS含量的降低。

6. 抗氧化酶活性的增强：氢气预处理提高了抗氧化酶如SOD、POD和CAT的活性，并通过凝胶电泳显示了同工酶活性的变化，这有助于增强植物的抗氧化能力。

7. 抗氧化酶基因表达的上调：qRT-PCR分析显示，氢气预处理提高了抗氧化酶基因*Mn-SOD*、*CATA*和*CATB*的表达水平，这与抗氧化酶活性的提高相一致。

8. miRNA表达的调节：冷胁迫导致miR398和miR319的表达下调，而氢气预处理进一步降低了miR398的表达水平，并减缓了miR319表达下降的趋势。同时，miR398和miR319的靶基因*CSD1*、*CSD2*、*PCF5*和*PCF8*的表达水平也受到氢气预处理的影响，*CSD1*和*CSD2*的表达增强，而*PCF5*和*PCF8*的表达上升趋势被减缓。

这些结果表明，氢气通过调节抗氧化酶系统和miRNA的表达，增强了水稻幼苗对冷胁迫的适应能力，从而在分子层面上揭示了氢气缓解冷胁迫的机制。

二、富氢水处理通过提高抗氧化酶活性和促进除草剂降解来减轻双草醚钠盐对水稻的植物毒性

除草剂BS一种广泛应用于水稻田控制杂草的除草剂，它通过抑制ALS①的活性来发挥作用，ALS是植物合成支链氨基酸所必需的[2]。然而，BS的使用不仅可能导致除草剂抗性杂草的进化，还可能对水稻等非靶标作物造成药害，影响其生长和发育，减少谷物产量和质量。随着BS抗性杂草的出现，BS的使用量增加，对水稻的植物毒性损害也相应增加。

因此，作者开展了对氢气作为一种潜在的缓解剂在提高植物抗逆性方面的应用前

---

① 乙酰乳酸合成酶（Acetolactate Synthase, ALS）

景研究[3]。研究旨在探索富氢水是否能够缓解BS对水稻的植物毒性，以及其潜在的作用机制。

选取了两种水稻品种——印度香米（O. sativa spp. Indica）和日本香米（O. sativa spp. Japonica），这些种子经过表面消毒、清洗后在25 ℃的黑暗条件下发芽。发芽的种子被均匀放置在直径12 cm的玻璃培养皿中，并在25 ℃的恒温箱中培养。

当水稻幼苗长到2～3叶阶段时，将它们转移到塑料培养箱中，并在1/2剂量Hoagland溶液（植物营养液中最常用的一种配方）中培养。这些幼苗在具有特定光照和温度条件下的光照培养箱中生长。在实验中，幼苗被分别用不同浓度的HRW（0.4 mM，0.6 mM，和0.8 mM）处理24小时，或者用BS单独处理，或者两者结合处理。对于组合处理，幼苗首先用指定浓度的HRW处理24小时，然后喷洒BS。

实验测量了根长、植物高度和鲜重等生长指标，这些指标在处理后五天进行测量。此外，还评估了与抗氧化防御系统相关的指标变化，包括ALS酶活性的变化，以及BS在水稻叶片中的残留量。整个实验在完全随机设计的条件下进行，每个处理都有三次重复，每次实验都进行了三次。

实验结果表明，除草剂BS对两种水稻品种生长具有显著抑制作用，尤其是对日本香米品种的影响更为严重。具体来看，BS的使用导致了水稻幼苗的身高和重量显著下降，并且叶片颜色变黄，这反映出植物生长受到了阻碍，组织受到了损伤。不过，值得注意的是，BS对水稻根部的长度并没有明显的影响。

幸运的是，HRW的预处理能够显著减轻BS对水稻生长的负面影响。在印度香米品种中，使用0.6 mM的HRW预处理可以有效地缓解BS对植株大小的抑制效果，而0.4 mM和0.8 mM的HRW则效果不明显。对于日本香米品种，实验中使用的三种不同浓度的HRW（0.4 mM，0.6 mM，和0.8 mM）都能够有效地逆转BS引起的植株大小减少。此外，HRW的补充还能够提高过氧化氢酶CAT、SOD和POD等抗氧化酶的活性，有助于有效清除对植物有害的ROS。进一步的实验发现，在经过HRW预处理的水稻幼苗中，BS对ALS的抑制作用在五天内较弱，与仅用BS处理的幼苗相比，HRW预处理能够加速BS在水稻中的降解速率。这表明HRW预处理可能通过提高抗氧化酶活性和促进除草剂降解，增强水稻对BS的耐受性。

由此我们可以得出结论，HRW预处理可能是一种有前景且有效的方法，可以提高水稻对BS的耐受能力，并且为减少除草剂对作物的负面影响提供了新的策略。

三、富氢水可缓解水稻种子萌发过程中的盐胁迫

还有研究者将重点放在了水稻种子萌发过程中的盐胁迫上。盐分胁迫通常抑制种子萌发并延迟幼苗生长，这对作物产量构成了严重威胁。盐分胁迫会影响植株的光合作用、蛋白质合成以及能量和脂质代谢等主要生理过程。在细胞层面，盐分胁迫会扰

乱植物的细胞内离子平衡，引起高渗透胁迫，尤其是由于盐胁迫导致的ROS的过量产生，如果不加以控制，会对脂质等大分子造成氧化损伤，导致脂质过氧化和细胞死亡。

基于这些背景，研究者探讨了HRW在缓解水稻种子萌发过程中盐胁迫的分子机制[4]。研究者们使用了生理和分子方法相结合的手段，研究了HRW对缓解盐胁迫的影响，包括减轻种子萌发和生长的抑制、降低脂质过氧化、上调抗氧化酶表达，以及在盐胁迫下增加水稻幼苗的K^+/Na^+比例。这些研究结果有助于我们理解HRW如何影响植物对盐胁迫的耐受性，并为提高农业产量提供了可能的解决方案。

研究人员选用水稻（*Oryza sativa* L., Wuyunjing 7）种子作为实验材料，这些种子经过表面消毒、清洗和干燥后，在不同浓度的HRW中预浸泡16小时，然后转移到含有蒸馏水或100 mM NaCl溶液的培养皿中。所有种子在28 ℃的条件下，保持12/12小时的日夜周期和150 $\mu mol\ m^{-2} \cdot s^{-1}$的光照强度，用于进一步的实验。

实验中对种子进行了萌发和生长分析，记录了在不同处理下的萌发率、根长和芽长。同时，测定了在NaCl胁迫下α-淀粉酶和β-淀粉酶的活性，以及总糖和还原糖的含量。为了评估HRW对盐胁迫诱导的氧化损伤的细胞保护作用，测量了TBARS的含量，这是脂质过氧化的一个指标。

此外，实验还涉及了抗氧化酶的测定，包括SOD、CAT和APX的活性。通过PAGE①分析了SOD和APX的同工酶活性。并通过RT-PCR②分析了抗氧化酶基因的表达。

最后，为了测试HRW对水稻幼苗在盐胁迫下离子平衡的影响，测定了Na^+和K^+在幼苗根和芽组织中的含量。

实验结果表明，100 mM NaCl胁迫显著增加了稻米种子萌发过程中内源性氢气（H_2）的产生。与仅用100 mM NaCl处理的样本相比，外源性HRW预处理能够不同程度地减轻盐分胁迫对种子萌发和幼苗生长的抑制作用。特别是50%（0.4 mM）和100%（0.8 mM）浓度的HRW预处理，能够显著激活α/β-淀粉酶活性，加速还原糖和总可溶性糖的形成。

HRW还增强了包括 SOD、CAT和APX的抗氧化酶的总活性、同工酶活性，上调相应的转录本。这些结果通过减少TBARS的氧化损伤得到了证实。此外，HRW处理的幼苗在根和芽部分的K^+/Na^+也有所增加。

具体来说，50%（0.4 mM）的HRW在存在NaCl的情况下显著提高了种子的萌发率和根长，但对芽长的增长没有显著作用。100%（0.8 mM）HRW虽然也能缓解盐胁迫对种子萌发的抑制作用，但效果不如50%（0.4 mM）的HRW明显。在α-淀粉酶和β-淀粉酶活性以及总糖和还原糖含量方面，50%（0.4 mM）和100%（0.8 mM）HRW预处理

---

① 非变性聚丙烯酰胺凝胶电泳（Non Denaturing Polyacrylamide Gel Electrophoresis, PAGE）
② 逆转录聚合酶链反应（Reverse Transcription Polymerase Chain Reaction, RT-PCR）

均能显著增加这些指标，尤其是在盐胁迫条件下。

在氧化损伤方面，50%（0.4 mM）和100%（0.8 mM）HRW预处理显著降低了NaCl胁迫下萌发稻米种子的TBARS含量，表明HRW具有减轻氧化应激的保护作用。抗氧化酶活性的测定结果显示，50%（0.4 mM）HRW预处理显著提高了Cu/Zn-SOD和Mn-SOD的转录水平和总SOD活性。同时，50%和100%浓度的HRW预处理显著提高了APX和CAT的总活性。

在离子平衡方面，50%（尤其是）和100%浓度的HRW预处理后，NaCl胁迫的稻米幼苗根和芽部分的K^+/Na^+比率显著增加，表明外源性HRW能够调节离子平衡，以适应盐胁迫。

综上实验结果表明，外源性HRW处理可能是缓解水稻种子在盐胁迫下萌发和幼苗生长的有效方法。HRW通过激活抗氧化酶系统和调节离子平衡，增强了水稻对盐胁迫的耐受性。这些发现为提高农业产量和应对盐碱地种植挑战提供了新的策略。

四、在田间试验中，氢分子提高了水稻籽粒的数量和质量性状

上述实验都将注意力集中于水稻的幼苗和种子，并且取得了良好的进展。那么，这种氢气的应用是否可以扩展到水稻的全生命周期呢？是否可以在试验田环境下取得良好的中试结果呢？

研究者专门选用的水稻品种是 Huruan1212，这是一种对鞘枯病和稻瘟病敏感的软米品种。实验在中国江苏省句容市的农田中进行，于2020年6月初将三十天大的水稻秧苗移植到水田中，并在自然条件下生长[5]。

实验分为两组处理，一组使用HNW灌溉，另一组使用普通沟渠水（对照组）。每块水田约150 m^2，整个生长季节中不使用任何化学肥料和农药。在水稻抽穗期至收获期期间，每周一次用HNW灌溉，每次灌溉量约为3吨水。HNW是由电解系统产生的氢气通过纳米气泡发生器注入沟渠水中形成的。在灌溉前，使用便携式溶解氢计测定H_2的浓度，实验中HNW中的H_2饱和度约为75%（0.5 mM），溶解H_2的半衰期至少为3小时，氢气纳米气泡的直径约为60~550 nm。

在田间试验期间，记录了每天的最高和最低温度。水稻在HNW灌溉下生长，直到收获阶段。收获后，对稻谷进行拍照记录，并将其加工成白米进行进一步分析。随机选择至少1000粒稻米/白米进行尺寸记录，测量种子的结实率和千粒重。每份重复样本包括1000粒稻米/白米，总样本量为3000粒（1000×3）。最后，随机选择约15 g白米磨成粉末，用于进一步分析。

实验对稻米的一系列生理生化指标进行了测定，包括总蛋白含量、直链淀粉含量、凝胶一致性、米粒的糊化温度、米粒的直链淀粉含量和金属离子含量等。与

qPCR①相结合,分析了水稻叶片、幼穗和根部的基因表达,以探究HNW对水稻生理和分子机制的影响。

实验结果详细地揭示了HNW对水稻生长和稻米品质的多方面积极影响:

1. 稻米尺寸的增加:实验观察到,与使用普通沟渠水灌溉的对照组相比,HNW灌溉显著增加了稻米的长度、宽度和厚度。具体来说,HNW处理组的平均粒长和粒宽分别比对照组长约11.4%和15.1%,粒厚增加了37.5%。

2. 千粒重的提升:由于稻米尺寸的增加,HNW处理组的千粒重也显著提高,增幅约为23.8%,这直接关联到种子产量的增加。

3. 基因表达的变化:HNW灌溉与调控水稻种子大小的关键基因表达水平的变化相匹配。实验中发现,与细胞增殖相关的异源三聚体G蛋白β亚基基因(*RGB1*)、控制谷物长度和宽度的小粒1(*SMG1*)、谷物宽度5(*GS5*)和谷物重量8(*GW8*)的表达水平上调,而与谷物长度负相关的谷物大小3(*GS3*)表达水平下调。

4. 营养元素的吸收:HNW灌溉提高了水稻对氮、磷、钾等主要营养元素的吸收,这些元素对于提高作物产量至关重要。实验结果显示,HNW处理的水稻根中的相关基因表达水平显著增加,这可能有助于提高营养元素的利用效率。

5. 稻米品质的改善:HNW灌溉的白米在凝胶一致性上有所增加,直链淀粉含量下降了31.6%,而总淀粉含量未受影响。这些变化有助于改善稻米的食用品质。

6. 重金属含量的降低:HNW灌溉显著降低了白米中镉的积累,降幅达到52%,而对土壤中镉含量没有显著影响,表明HNW可能通过调节植物内部的镉转运和积累机制来减少镉的吸收。

7. 其他营养成分的变化:尽管HNW灌溉降低了白米中的总蛋白含量,但对谷蛋白(水稻中的主要储存蛋白)含量的影响不显著。其他谷物储存蛋白,如醇溶蛋白、球蛋白和白蛋白的含量则受到了影响。

8. 分子机制的探究:通过分析根部组织中与镉吸收和积累相关的基因表达水平,发现HNW灌溉显著下调了这些基因的表达,这可能部分解释了镉含量降低的分子机制。

---

① 实时荧光定量技术(Realtime Fluorescence Quantitative PCR, qPCR)

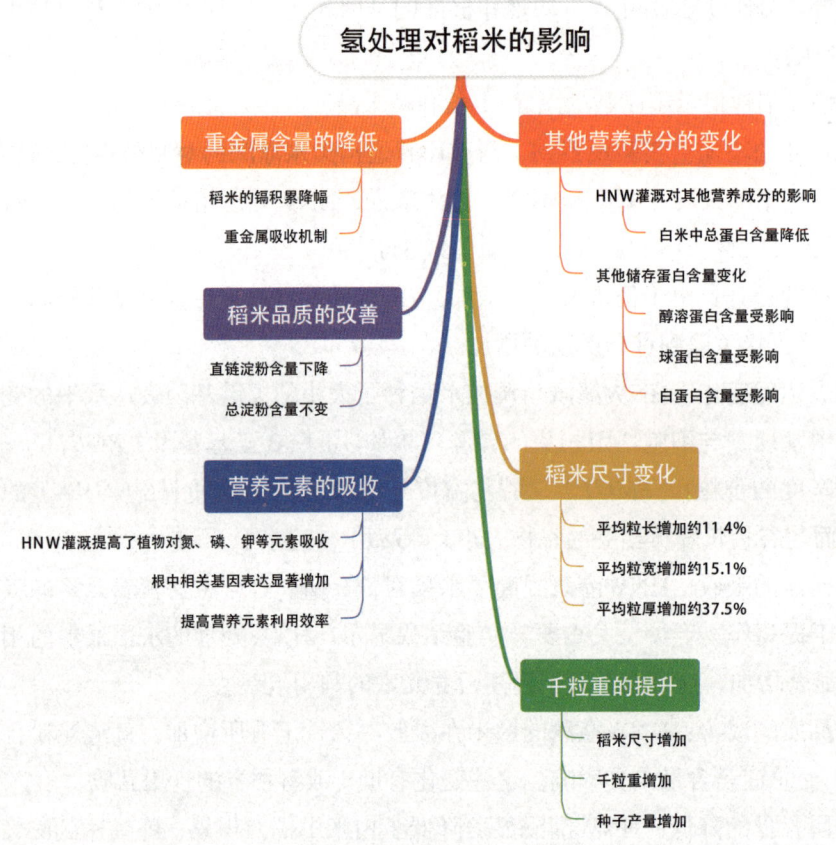

图3-1-2 氢处理对大田稻米的影响

综上所述，HNW灌溉是一种有效的农业实践，能够在不增加环境负担的情况下，提高水稻的产量和品质，同时减少对人类健康有害的重金属含量。上述研究涵盖了稻米从种子到收获的全过程，当然，是时候把目光投射到已经收获的大米上了。

五、分子氢在植物病害抗性中的作用

有一篇文章的实验背景是探索分子氢（H_2）在植物病害抗性中的作用，尤其是在水稻抗RSV①方面的潜力[6]。尽管分子氢已被发现在动物中具有潜在的治疗效应，但其在植物病害抗性中的功能尚未被充分阐明。RSV被认为是对水稻最具破坏力的植物病毒之一，它在东亚地区尤为严重，能够引起严重的产量损失。该病毒通过小褐飞虱（Small Brown Planthopper，SBPH）以循环增殖的方式在植物间传播，受感染的植株会出现黄化条纹、叶片卷曲下垂、过早枯萎等不良表型。在植物体内，水杨酸（Salicylic Acid，SA）是调节局部和系统获得性抗病性的关键信号分子。研究发现，在RSV感染期间，水稻中与防御反应相关的过程被激活，而水杨酸的代谢和信号转导在植物对RSV

---

① 条纹病毒（Rice Stripe Virus，RSV）

的抗性中扮演了重要角色。

在这项研究中，学者们首先选取了水稻品种中的抗病品种"镇稻88"和易感品种"武育粳3号"作为实验材料，以探究分子氢对水稻条纹病毒（RSV）感染的影响。实验过程中，研究者们通过气相色谱（GC）测定了RSV感染后两种水稻品种内源分子氢的产生情况。结果发现，在感染RSV后，"镇稻88"中内源分子氢的产生显著增加，特别是在接种后3天达到高峰。为了进一步研究分子氢在水稻防御RSV中的作用，研究者们使用了HRW作为分子氢的供体，对水稻幼苗进行处理，同时进行RSV接种。通过预实验，研究者们确定了含0.585 mM H_2的HRW对易感品种"武育粳3号"的效果最佳，能够显著降低RSV的发病率。此外，为了评估内源分子氢在RSV抗性中的作用，研究者们还采用了2,6-二氯酚靛酚（DCPIP）作为分子氢合成的抑制剂，与RSV接种一起处理水稻幼苗。通过这些实验处理，研究者们旨在揭示分子氢在调节水稻对RSV抗性中的潜在机制，以及水杨酸信号通路是否参与了这一过程。实验中，通过测定不同处理下水稻幼苗的内源分子氢含量、RSV外壳蛋白（CP）的转录水平以及水杨酸的积累，研究者们探索了分子氢对水稻抗病毒反应的影响。

学者们的实验结果显示，外源分子氢的供应显著降低了RSV引起的病害症状和RSV外壳蛋白（CP）水平，特别是在易感品种"武育粳3号"中效果显著。通过气相色谱测定，发现在RSV感染后，"镇稻88"品种的内源分子氢产生明显增加，且其基础水平也比"武育粳3号"更高。此外，当使用富含0.585 mM H_2的氢水处理水稻幼苗时，与对照组相比，两种水稻品种的黄绿条纹症状都有所减少，且RSV CP的表达水平在接种后7、14和21天均显著降低。特别是"镇稻88"品种，即使在没有H_2处理的情况下，RSV CP的表达也保持在较低水平。进一步的遗传学证据表明，过表达来自莱茵衣藻（*Chlamydomonas reinhardtii*）的氢化酶基因（*CrHYD1*）的转基因拟南芥植物，也显示出提高的对RSV的抗性。这些结果表明，分子氢可能通过水杨酸（SA）依赖的途径增强水稻对RSV感染的抗性。研究还发现，水杨酸合成基因的表达水平在H_2存在时被刺激，而水杨酸葡萄糖基转移酶的活性受到抑制，从而促进了SA的积累。此外，两个拟南芥中SA合成突变体（*sid2-2*和*pad4*）比野生型（WT）更易感染RSV，且H_2处理未能提高这两种SA合成突变体对RSV的抗性。这些发现为利用分子氢改善植物病害抗性提供了新的视角，并可能为氢基农业的发展开辟新的道路。

六、通过分子氢提高大米贮藏品质缓解脂质恶化和维持营养价值

在稻谷收获之后，研究人员将其存放在实验室内，确保环境温度恒定在25 ℃，相对湿度保持在70%。在这段时间里，研究人员对稻谷进行了全面的品质检测[7]。他们收集并分析了稻谷中的挥发性化合物，如醛、醇、酮和酯等，利用固相微萃取技术结合气相色谱-质谱联用系统来识别和测量这些物质。此外，他们还测量了稻谷中的脂肪酸

值（FAV）和TBARS含量，以评估油脂的氧化程度。

为了了解HNW对抗氧化能力的影响，研究人员检测了稻谷中几种抗氧化酶的活性，包括SOD、CAT、POD和APX。同时，他们还研究了LOX的活性及其相关基因的表达水平，这些因素与油脂氧化和不良风味的形成有直接联系。

在营养品质方面，研究人员分析了稻谷中的氨基酸含量，特别是必需氨基酸，如赖氨酸。他们使用水解氨基酸分析仪来测定稻谷粉中的氨基酸含量，以评估HNW处理对稻谷营养价值的影响。

最后，研究人员运用了相关性分析、偏最小二乘-判别分析（PLS-DA）和层次聚类分析（HCA）等统计方法，对稻谷的储存特性数据进行了综合分析，以探究HNW处理与稻谷储存品质之间的联系。

实验结果显示，使用HNW灌溉的水稻在储存一年后，其储存品质与用普通沟渠水灌溉的水稻相比有了显著的提升。具体来说，HNW灌溉的水稻在储存期间产生的不良风味化合物，如戊醛、己醛、庚醛、辛醛、1-辛烯-3-醇和2-庚酮等挥发性物质的含量明显减少。这些化合物的减少与油脂氧化过程的减缓有关，HNW灌溉的水稻显示出更低的自由脂肪酸值和TBARS含量，表明油脂过氧化的程度有所降低。

此外，HNW灌溉的水稻在储存期间展现出更强的抗氧化能力，这与抗氧化酶活性的提高有关，如SOD、CAT、POD和APX。这些酶活性的提升有助于减缓油脂氧化的启动，从而延长植物食品的储存期限。

在营养品质方面，HNW灌溉的水稻在储存后含有更高水平的必需氨基酸，尤其是赖氨酸，这表明HNW灌溉可能提高了稻米的营养价值，使其更有益于健康。同时，HNW灌溉还显著降低了稻米中直链淀粉与总淀粉的比例，这可能有助于改善稻米的风味品质。

总体而言，这项研究揭示了HNW灌溉作为一种提高水稻储存品质的有效方法，通过减少油脂氧化、增强抗氧化能力、保持必需氨基酸含量和改善风味品质，为农业和粮食储存提供了新的策略。

第二节　外源性氢气对小麦的影响

小麦在中国具有深远的农业和文化意义，它是中国北方地区的主要粮食作物，对于保障国家粮食安全和满足人民的基本营养需求发挥着不可替代的作用。作为全球人口最多的国家，中国对小麦的需求量巨大，小麦的稳定生产直接关系到国家的粮食供应和价格稳定，是维护社会稳定和人民福祉的重要基础。

在农业生产方面，小麦的种植不仅为农民提供了稳定的收入来源，还促进了农业技术和农业机械的发展。小麦的种植面积和产量是衡量中国农业发展水平的重要指标，其生产效率的提升和产量的增加，有助于提高农业的整体生产力和农村经济的繁荣。

小麦还是中国食品加工行业的重要组成部分，其加工产品如面粉、面包、面条等，不仅丰富了人民的饮食结构，也推动了食品工业的发展和创新。小麦的深加工和综合利用，为食品工业提供了多样化的原料来源，促进了食品产业的多元化和高值化发展。

营养健康方面，小麦富含的蛋白质、碳水化合物、维生素和矿物质等营养成分，对提高人民的营养水平和健康水平具有重要作用。随着生活水平的提高，人们对于营养均衡和健康饮食的需求日益增长，小麦及其制品的营养价值得到了更广泛的认可和重视。

科技进步在小麦育种方面表现得尤为明显，传统的育种方法与现代生物技术相结合，加速了新品种的培育和优良性状的改良。这不仅提升了小麦的产量和抗逆性，还有助于应对气候变化带来的挑战，确保了农业生产的可持续性。

在国际贸易中，小麦作为重要的农产品，其生产和贸易状况影响着中国在全球粮食市场中的地位和影响力。通过提高小麦的产量和品质，中国能够更好地参与国际粮食贸易，提升国家粮食的国际竞争力。

文化上，小麦及其制品在中国的饮食文化中占有举足轻重的地位，与中国的传统饮食习俗和文化紧密相连，成为中华文化的重要组成部分，体现了中国悠久的农业文明和饮食传统。

综上所述，小麦在中国的经济社会发展、人民生活改善、农业科技进步、国际贸易竞争力以及文化传承中扮演着关键角色，其重要性不容忽视。

中国小麦育种和种植面临的挑战包括气候变化带来的不确定性、病虫害的威胁、土地资源的限制、水资源短缺以及环境污染等问题。气候变化可能导致小麦生长季节的不稳定，增加了干旱、洪涝等极端天气事件的发生，对小麦产量和品质构成威胁。病虫害如小麦条锈病、白粉病等严重影响小麦的生长发育，增加了小麦生产的风险。土地资源的限制和水资源短缺限制了小麦种植面积和灌溉条件，对提高小麦产量形成制约。此外，环境污染，特别是土壤污染，也会影响小麦的安全生产。

未来中国小麦育种和种植行业的发展趋势将集中在以下几个方面：首先，高产多抗育种将继续是小麦育种的核心目标，育种者将通过传统育种技术与现代生物技术相结合，培育出适应不同生态环境和具有较强抗病虫害能力的小麦品种。其次，优质小麦育种将越来越受到重视，育种者将关注小麦的加工品质和营养价值，以满足市场和消费者对健康食品的需求。此外，育种目标将更加适应市场经济的发展，育种者需要紧跟市场需求和消费者偏好的变化，培育出符合市场多样化需求的小麦品种。

可持续发展也是未来小麦育种和种植的重要方向，包括采用环保的种植技术，如轮作、间作和套作等，以及使用缓释肥和长效肥料减少化肥挥发损失，降低氧化亚氮排放，提高农田氮肥利用率。也正是因此，研究者们开始了利用HRW改良小麦的探索。

一、富氢水处理对铜胁迫下小麦幼苗生长及其细胞结构的影响

有一位研究者的实验主要关注于重金属铜（Cu^{2+}）对植物生长的影响以及HRW在缓解铜胁迫方面的潜在作用[8]。铜虽然是植物生长和代谢必需的微量元素，但过量的铜会破坏植物细胞膜的完整性，影响细胞器的结构与功能，导致植物光合速率下降、水分吸收减少以及营养物质的缺乏。此外，铜的过量积累还可能诱导产生活性氧，破坏植物体内的抗氧化系统，从而抑制植物生长。随着全球经济的快速发展，工业废水的排放和工业矿藏的开采加剧了农业生态环境的污染，土壤中的铜含量远高于正常水平，严重影响作物生长，并对人类和动物健康构成威胁。

本实验选用的小麦品种为"临8161"，由山西省农科院小麦研究所提供。实验开始时，研究者选择了饱满且大小均匀的小麦种子，首先用5.5%次氯酸钠进行消毒25分钟，然后用蒸馏水冲洗4～5次，并在蒸馏水中浸泡4小时。之后，将种子放置在铺有湿润滤纸的培养皿中，每皿放置30粒种子，分别置于不同浓度的Cu^{2+}（10 $mg·L^{-1}$，30 $mg·L^{-1}$，50 $mg·L^{-1}$ $CuSO_4$）溶液中进行培养。

之后实验者将制备好的HRW分别加入不同浓度的$CuSO_4$溶液中，制成最终浓度为10 $mg·L^{-1}$，30 $mg·L^{-1}$，50 $mg·L^{-1}$的Cu^{2+}溶液，并保证富含50%的HRW（0.4 mM），对照组使用等量的蒸馏水。

在实验过程中，研究者们测定了多个指标，包括种子萌发率、发芽势、小麦幼苗的株高与根长，以及对小麦叶肉细胞气孔和根尖细胞进行观察。种子萌发率和发芽势的测定是在小麦胚根长度达到种子一半时进行的，通过统计数量来计算比率。小麦幼苗的株高与根长测定则是在生长14天后，随机选取20株幼苗进行测量。小麦叶肉细胞气孔和根尖细胞的观察在生长20天时进行，随机选取20株小麦幼苗，使用蒸馏水或HRW冲洗后制成装片进行观察。

实验结果显示，随着Cu^{2+}质量浓度的增加，小麦种子的萌发和幼苗的生长受到了显著的抑制。具体来说，Cu^{2+}胁迫对种子萌发、根尖生长以及幼苗的株高都有明显的负面影响。实验中观察到，高质量浓度的Cu^{2+}破坏了根尖细胞膜的完整性，导致细胞核结构受损，叶片气孔直径减小，这些变化都对小麦的正常生长构成了威胁。

HRW处理在一定程度上缓解了这些负面效应。实验中发现，HRW处理的小麦幼苗在相同Cu^{2+}质量浓度下，其根尖细胞和细胞核的完整性得到了更好的保持，叶片气孔的直径也变得更大，排列更加规则。这表明HRW通过增大气孔直径和保持细胞完整性，

来减少铜胁迫对小麦生长的抑制作用。

在具体的数据上，实验中记录了不同处理下的小麦萌发率和发芽势。结果显示，在无Cu^{2+}的情况下，蒸馏水处理和HRW处理对种子萌发没有显著差异。但是，在Cu^{2+}质量浓度为10 $mg·L^{-1}$时，与蒸馏水处理相比，HRW处理显著提高了小麦种子的萌发率，而在30 $mg·L^{-1}$和50 $mg·L^{-1}$的Cu^{2+}质量浓度下，HRW对小麦种子萌发的促进作用不显著。

在幼苗生长方面，随着Cu^{2+}质量浓度的增加，蒸馏水处理的小麦幼苗根系和株高受到的抑制更为明显。相比之下，HRW处理的幼苗在Cu^{2+}质量浓度为50 $mg·L^{-1}$时，株高显著高于蒸馏水处理组。此外，HRW处理还促进了侧根的生长，增加了根系的吸收能力。

在叶片气孔方面，随着Cu^{2+}质量浓度的升高，蒸馏水处理组的叶片气孔直径变小，分布密度变大，而HRW处理组的叶片气孔直径变大，分布密度变小且均匀。这表明HRW能够调节Cu^{2+}胁迫下叶片气孔的大小及分布。

最后，在细胞结构方面，高质量浓度的Cu^{2+}导致小麦根尖细胞核的形态不规则，细胞膜破坏严重。但在HRW处理下，即使在相同的Cu^{2+}质量浓度下，根尖细胞核的规则性和完整性也得到了更好的保持。

综上所述，HRW通过维持细胞结构的完整性和调节气孔功能，有效地缓解了铜胁迫对小麦幼苗生长的负面影响。

二、外源氢气对干旱胁迫下小麦幼苗生理特性的影响

小麦作为全球重要的粮食作物之一，在中国的播种区域多数位于干旱或半干旱地带，这些区域的干旱条件是限制小麦生产的主要逆境因素。在干旱胁迫下，植物体内的细胞膜可能会发生脂质过氧化反应，导致丙二醛等有害物质的产生，影响植物的正常生理功能。

整个实验从选择小麦品种"临优2069"开始，研究者选取了饱满均匀的种子作为实验材料[9]。种子在实验前经过0.1% NaClO（次氯酸钠，是一种无机化合物，化学式为NaClO，是一种次氯酸盐，是最普通的家庭洗涤中的氯漂白剂的主要成分）。表面消毒8~10分钟，然后用蒸馏水清洗3次，并放置在25 ℃的恒温培养箱中进行浸种，直至种子露白。

在种子露白之后，将它们均匀地摆放在培养皿中，每盘45粒种子。接着，将培养皿放置在光照培养箱中，设置温度为25 ℃，湿度为75%，进行光照培养8小时，暗培养16小时。在预实验阶段，发现49%饱和度的HRW（0.4 mM）对小麦生长具有促进作用。

正式实验分为四组：对照组、干旱组、氢水组和干旱与氢水复合组（干旱复合

组）。在小麦第二片叶子完全展开后，对照组和干旱组浇灌蒸馏水，而氢水组和干旱复合组则浇灌HRW，每隔一天浇水30 mL。干旱处理开始于第二片叶子完全展开后，干旱组和干旱复合组停止浇水，持续干旱处理48小时。

实验中对小麦幼苗叶片中的丙二醛含量、可溶性蛋白含量、可溶性糖含量和脯氨酸含量进行了测定。具体表现如下：在非干旱胁迫条件下，与对照组相比，氢水组的小麦幼苗叶片中的丙二醛含量显著降低，可溶性糖和脯氨酸含量则显著升高。这表明正常生长条件下，HRW对这些渗透物质的含量具有调节能力。当施加干旱胁迫时，与对照组相比，干旱组和干旱复合组的小麦幼苗叶片中丙二醛、可溶性糖和脯氨酸的含量都显著增高，且干旱复合组的增幅显著低于干旱组。这说明HRW预处理能有效降低干旱胁迫下对渗透物质积累的需求，缓解干旱胁迫诱导的叶肉细胞膜脂过氧化，减轻干旱对植物膜系统的损害。

综合以上结果，可以得出结论，HRW预处理能提高了小麦幼苗的抗旱能力。这为使用HRW作为提高小麦抗旱性的潜在方法提供了实验依据。

第三节　外源性氢气对玉米的影响

玉米是近20年来中国主要粮食作物中种植面积和产量增长最迅速的作物，截至2023年，我国政府仍旧在出台相关政策，保障和补贴玉米种植，切实降低了农户的种植风险，提高了种植积极性，促进着玉米产量的增长。其原因在于，随着居民收入的提高，我国的饮食结构开始产生了变化，从过去的以精制碳水为主，逐渐转变为更加多样化和均衡的膳食结构。这其中的一大表现就是人们对肉、蛋、奶等高蛋白质食物需求不断增加，这些食物在饮食中所占的比例显著提升，进而推动了饲料粮的需求。而玉米正是最主要的饲用谷物。它的增产能够更好地满足畜牧业的发展需求，支撑农业产业链的延伸和价值提升。再次，玉米也是非常重要的工业原料，在食品加工、医药和化工多个领域都有广泛运用。同时，我国在玉米生产方面的机械化水平也正在稳步提升。截至2022年，玉米的耕种收综合机械化率已经达到了90.6%。据此可以认为，玉米将在我国粮食生产中扮演越发重要的角色。

玉米幼苗的生长和发育中易受到强光和离子胁迫，其具体表现为玉米根和叶中的ROS大量积累，进而引起细胞壁和细胞质膜的破坏、细胞信号转导途径的不畅等不良影响。而外源性富氢水对胁迫下的玉米幼苗有显著的防护作用。

一、富氢水能够降低玉米幼苗叶片所受强光胁迫

中国研究人员在实验室中模拟了玉米幼苗受到强光胁迫的极端环境，并以HRW

的氢含量为自变量，分别进行了对照实验[10]。作者分别使用了0、25%（0.2 mM）、50%（0.4 mM）、75%（0.6 mM）和100%（0.8 mM）浓度的HRW对玉米幼苗进行了预处理。该实验的结论是，一定浓度的HRW处理能够降低玉米幼苗叶片中光系统Ⅱ（PSⅡ）对光抑制的敏感性。实验结果证实，外源氢气（H_2）通过在高光胁迫下增加抗氧化酶活性，对玉米幼苗的光合器官起到了保护作用。具体来说，HRW预处理能够显著提高SOD、CAT、APX和GR的活性，这些抗氧化酶活性的提升有助于部分预防氧化损伤对膜的影响，评估为高光胁迫下玉米幼苗的MDA形成减少。此外，实验还推测H_2可能通过在体内激活抗氧化酶直接减少ROS，这一点在动物实验中已得到证实，表明H_2作为一种治疗性抗氧化剂发挥作用。

根据研究团队提供的实验数据，表现最好的HRW浓度是0.4 mM。在这个浓度下，HRW预处理显著提高了玉米幼苗的株高和净光合速率，同时显著增强了抗氧化酶的活性，包括SOD、CAT、APX和GR，这些活性的增加有助于减轻高光胁迫对光合器官的负面影响。表现最差的HRW浓度是0.8 mM。在0.8 mM HRW预处理的幼苗中观察到植物生长受到明显抑制。这表明，尽管HRW在一定浓度下对植物有益，但过高的浓度可能会产生不利影响。同时，实验也指出，HRW预处理植物中是否还有其他途径来缓解光系统氧化应激，仍需要进一步的研究。这表明虽然HRW显示出了保护效果，但是对于其确切的作用机制和可能的其他影响因素，还需要更深入的研究来探究。

二、富氢水显著提高铝胁迫下玉米幼苗的生长速度和光合效率

另一位中国学者则在实验室模拟了土壤酸化环境下，铝胁迫所带来的主要问题[11]。在酸性土壤中，铝的毒性形式对植物根系的损害导致水分和养分吸收受阻，进而影响整个植物的生长。根据作者的实验，HRW处理显著提高了铝胁迫下玉米幼苗的生长速度和光合效率。特别是75%的HRW（0.6 mM）处理，对植物生长的促进效果最为显著，这可能是通过增强叶绿素合成、提高光能捕获能力和增强光合电子传递效率实现的。此外，HRW还通过提高抗氧化酶活性，而不是通过增加热耗散，显著降低了铝胁迫下玉米根和叶中的ROS积累。HRW处理还有助于维持玉米体内的营养元素吸收平衡。在铝胁迫下，玉米幼苗的钙、镁、钾、磷、铁和锰等营养元素的吸收受到抑制，而HRW的共处理则显著提高了这些元素的含量，表明HRW能够缓解铝对营养元素吸收的抑制作用。

三、富氢水改善缺铁胁迫下玉米幼苗的负面效应

还有学者深入讨论了玉米幼苗根系生长发育中，可能面临的缺铁胁迫问题。实验结果表明[12]，缺铁显著抑制了玉米幼苗的生长，导致植株矮小、叶片黄化，叶绿素含量降低，进而影响了光合作用的正常进行。HRW的应用显著改善了这些负面效应，促

进了玉米幼苗的生长，提高了叶绿素含量，增强了光合气体交换参数，从而提升了整体的光合作用能力。

在生理层面，HRW显著提高了玉米体内的活性铁和总铁含量，这表明HRW可能通过促进铁的吸收和转运来增强玉米对缺铁环境的适应性。此外，HRW还对玉米叶片的叶绿素荧光参数产生了积极影响，提高了PSⅡ的最大光化学效率和光合性能指数，这反映出HRW对光合机构的保护作用。

抗氧化系统的分析显示，缺铁胁迫下玉米的抗氧化酶活性受到影响，而HRW处理能够提高这些酶的活性，增强了清除活性氧的能力，从而保护玉米免受氧化损伤。此外，HRW还调节了玉米体内的矿质元素含量和分布，恢复了植物体内元素的平衡。

超微结构观察结果显示缺铁处理导致玉米幼苗叶片叶绿体结构受损，而HRW处理则能显著保护叶绿体的完整性，维持了叶绿体的正常发育。这些结果表明，HRW不仅在生理层面上恢复了玉米植株因缺铁受到的损伤，而且在分子和细胞层面上也显示出了积极的调节作用，为农业上缺铁的缓解措施提供了理论依据和应用潜力。

四、富氢水改善盐胁迫下玉米幼苗的负面效应

还有学者就HRW对盐胁迫下的玉米幼苗的影响进行了研究[13]。研究发现，HRW作为一种潜在的调节剂，对于缓解盐胁迫下玉米幼苗的生长抑制具有积极作用。实验结果表明，HRW能够促进玉米幼苗根系的生长发育，具体表现为总根长、总表面积、总体积和根平均直径的增加。在根系解剖结构方面，HRW处理使得后生木质部导管直径变大，中柱直径变长，内皮层薄壁组织变宽，这些变化有助于根系水分和营养的运输。

此外，HRW处理还提高了盐胁迫下玉米叶片单位面积的气孔数量，增加了气孔的张开度，并提高了叶绿素含量、可溶性糖和可溶性蛋白含量，这些生理活性的提升对盐胁迫下的幼苗生长发育及生物量的积累起到了积极作用。

在抗氧化方面，HRW显著提高了根系ATPase活性，为细胞内的离子转运提供了能量支持，有利于植物营养的运输和生物量的积累。同时，HRW处理还提高了*MHA1*和*CDPK21*基因的表达，这可能有助于促进离子转运，维持离子平衡，从而在一定程度上提高了玉米幼苗对盐胁迫的耐受性。

综合以上结果，HRW通过改善根系结构、增强抗氧化能力、提高生理活性以及调节相关基因表达，有效缓解了盐胁迫对玉米幼苗的不良影响。这为寻找和开发改善植物耐盐性的方法提供了理论支持。

第四节　外源性氢气对大麦的影响

在广袤的农田中，大麦以其独特的地位和价值，成为全球粮食市场的重要组成部分。尽管在中国，大麦并未被列为主要的粮食作物，但这并不妨碍它在世界范围内发挥着关键作用。中国作为世界上最大的粮食生产和消费国之一，虽然以稻米、小麦和玉米为主要粮食作物，但大麦在酿造业、饲料生产以及食品加工等领域的应用，仍然显示出其不可忽视的经济价值和市场潜力。

大麦，学名 *Hordeum vulgare* L.，是一种耐寒、耐旱的禾本科作物，其起源可追溯至新石器时代。它不仅是啤酒生产的主要原料，还在饲料加工、食品制造等领域发挥着重要作用。全球范围内，大麦的种植面积和产量均居于前列，尤其在欧洲、亚洲和北美地区，大麦的种植和消费量尤为显著。大麦的多功能性使其在全球粮食安全和经济中占据着不可替代的地位。

然而，大麦产业的发展并非一帆风顺。气候变化带来的极端天气，如干旱、洪水和温度波动，严重影响了大麦的生长周期和产量。水资源的匮乏，特别是在干旱频发的地区，更是对大麦生产构成了严峻挑战。此外，土壤退化、病虫害的侵袭以及农业化学品的过度使用，也对大麦的可持续生产构成了威胁。这些问题不仅影响了大麦的产量和品质，也对农民的生计和粮食供应链的稳定性带来了挑战。

在这样的背景下，科学家们一直在探索提高作物抗逆性的有效途径。富氢水（外源性氢气）作为一种新兴的农业技术，近年来在植物抗逆性研究中显示出了显著的潜力。研究表明，富氢水能够通过调节植物体内的生理生化过程，增强作物对干旱等非生物胁迫的耐受性。具体来说，富氢水可以通过提高植物的渗透调节能力、增强抗氧化酶活性以及调节植物内源激素的水平，来提升作物在逆境条件下的生长表现。

在大麦的种植中，富氢水的应用可能带来革命性的变化。通过富氢水处理，大麦种子在萌发阶段的抗旱性得到了显著提升。富氢水能够提高大麦种子的发芽率、发芽势和发芽指数，同时降低丙二醛的积累，减少氧化损伤。此外，富氢水还能增加大麦幼苗中的可溶性糖、可溶性蛋白和游离脯氨酸的含量，这些物质在植物的渗透调节和抗氧化防御中起着关键作用。这些发现为大麦的抗旱育种和栽培管理提供了新的策略，有望在提高大麦产量和品质的同时，增强其对环境变化的适应能力。

在接下来的篇幅中，我们将详细探讨大麦在全球粮食市场中的地位，分析当前大麦产业面临的挑战，并深入介绍富氢水如何作为一种创新的解决方案，帮助提升大麦的抗旱能力和生产效率。通过这些科研成果的分享，我们希望能够为农业可持续发展提供新的视角，并促进科学知识在农业生产实践中的应用。

一、富氢水对干旱胁迫下大麦种子萌发及幼苗生物量分配的影响

干旱胁迫对大麦种子和幼苗造成了一系列的负面影响,这些影响贯穿了从种子萌发到幼苗生长的整个早期发育阶段。首先,干旱条件显著降低了大麦种子的发芽率,因为缺水的环境抑制了种子内部的生理活动,包括酶的活性,这对于种子成功萌发至关重要。随着发芽过程的受阻,幼苗的生长也受到了限制,表现为根和芽的长度增长受到抑制,这直接影响了幼苗对养分和水分的吸收能力。

在生理层面,干旱胁迫导致大麦幼苗的水分状态恶化,表现为相对含水量和绝对含水量的下降,以及水分饱和亏的增加,这些生理指标的变化反映了植物体内水分状况的紧张。此外,干旱还影响了植物的渗透调节能力,尽管植物会通过积累渗透调节物质如可溶性糖和可溶性蛋白来适应水分亏缺,但在持续的干旱压力下,这种调节能力可能会受到限制。

干旱胁迫下,抗氧化系统的平衡受到严重影响。干旱增加了活性氧的产生,如过氧化氢和超氧阴离子,这些高活性的分子能够损伤细胞膜、蛋白质、脂质和DNA。抗氧化酶系统,包括超氧化物歧化酶、过氧化物酶和过氧化氢酶,是植物清除这些有害ROS的主要防线,但在干旱胁迫下,这些酶的活性可能会受到影响,导致氧化损伤的累积。

MDA含量的增加是细胞膜氧化损伤的一个明显标志,在干旱条件下,大麦幼苗的MDA含量显著升高,这表明干旱对细胞膜造成了损伤。光合作用作为植物生长的基础,在干旱胁迫下也会受到影响,叶绿素含量的降低直接影响了植物的光能转换效率和生长速率[14]。

最后,干旱胁迫还可能改变大麦幼苗的生物量分配,影响根冠比,这不仅影响了植物对水分和养分的吸收,也影响了植物的生长结构和能量分配。这些负面影响凸显了提高大麦抗旱性在农业生产中的重要性,以及探索如富氢水等新型农业技术在缓解干旱胁迫中的潜在应用价值。

在下文中,笔者将为读者君介绍来自中国学者的最新研究成果。

在这篇科学研究报告中[15],宋瑞娇及其团队探究了HRW对干旱胁迫下大麦种子萌发及其幼苗生物量分配的影响。实验过程详尽且系统,具体步骤如下:

试验材料准备:选择大麦品种"新啤6号"作为试验材料,由石河子大学农学院提供。

HRW的制备:使用AK-H300氢气发生器制备纯度为99.994%的氢气,将氢气以150 mL/min的速率向500 mL蒸馏水中持续鼓泡1小时,按照特定方法测量并确保氢气在水中的饱和度,然后按比例稀释至所需浓度。

种子预处理:选取健康、大小均匀一致的大麦种子,用10%次氯酸钠消毒10分

钟，再用蒸馏水冲洗3次，最后将种子置于不同浓度（0 mM、0.2 mM、0.4 mM、0.6 mM和0.8 mM）的HRW中暗培养24小时，期间每隔12小时更换一次处理液。

种子发芽及幼苗生长试验：将经过HRW处理的种子采用纸上发芽法，转移至含有40 mL 20% PEG-6000的发芽盒中，每盒放置50粒种子，在25 ℃、光暗比12 h/12 h、光照强度为400 μmol/($m^2 \cdot s$)条件下培养，每个处理重复3次。记录发芽率，并在7天后选取幼苗进行干重测定。

测定指标：包括幼苗干重、根干重、芽干重、根冠比、干物质转运量、干物质转移率、干物质转化效率和呼吸消耗干物质量等。这些指标通过特定的公式计算得出。

生理指标测定：在萌发7天后，测定幼苗的可溶性糖含量、可溶性蛋白含量和叶绿素含量，分别使用蒽酮比色法、Bradford方法和Arnon方法进行测定。

数据处理：使用SPSS 19.0软件进行统计分析，采用Microsoft Excel 2010绘制图表。

通过这一实验过程，研究人员能够评估不同浓度HRW对大麦种子在干旱条件下萌发的影响，以及对幼苗生物量分配的作用。实验结果表明，适宜浓度的HRW处理显著提高了大麦种子的发芽率和幼苗的生长指标，降低了干旱胁迫的不利影响，这为大麦的耐旱性研究提供了重要的理论和实践依据。

实验结果表明，适宜浓度的HRW处理对干旱胁迫下大麦种子的萌发及其幼苗生物量分配有显著的正面影响。具体结果如下：

发芽率提升：与对照组（CK）相比，0.2 mM、0.4 mM和0.6 mM浓度的HRW处理能显著提高大麦种子的发芽率，其中0.2 mM浓度的处理效果最佳。

干物质转移和转化效率提高：适宜浓度的HRW浸种显著增加了大麦种子的干物质转移量、转移率和转化效率，同时减少了呼吸作用消耗的干物质量。

生物量分配改善：与对照组相比，0.2 mM、0.4 mM和0.6 mM浓度的HRW浸种极显著提高了幼苗的干重，特别是根和芽的干重，同时降低了干旱胁迫下的根冠比。

渗透调节物质含量变化：HRW处理显著提升了大麦幼苗根和芽中的可溶性糖和可溶性蛋白含量，这些物质在渗透调节中起着重要作用，如图3-4-1所示。

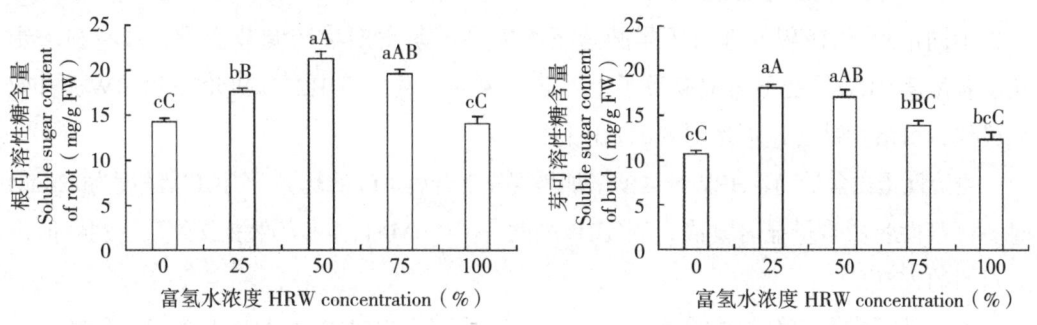

图3-4-1　干旱胁迫下不同浓度HRW浸种对大麦幼苗根和芽可溶性糖含量的影响

叶绿素含量增加：HRW处理提高了干旱胁迫下大麦幼苗的叶绿素a和叶绿素b含量，以及叶绿素总含量，0.2 mM浓度的处理在提升叶绿素含量方面效果最为显著。

抗氧化酶活性变化：HRW处理对幼苗根和芽中的抗氧化酶活性有不同程度的影响，包括SOD、POD和CAT活性的变化，这些酶在清除活性氧和保护植物免受氧化损伤中起着关键作用。

丙二醛含量变化：HRW预处理显著降低了干旱胁迫下大麦幼苗不同部位的丙二醛含量，表明外源氢气能有效降低由干旱引起的氧化损伤。

综合评价：通过主成分分析法对HRW的作用效果进行评价，结果显示0.2 mM和0.4 mM的HRW预处理的处理得分最高，表明这两种浓度的HRW在提升大麦幼苗抗旱性方面最为有效。

综上所述，适宜浓度的HRW通过多种生理机制提高了大麦种子在干旱胁迫下的萌发率和幼苗的生长状况，增强了植株的渗透调节能力和抗氧化能力，从而提高了大麦的抗旱性。

二、HRW对干旱胁迫下大麦种子萌发的影响

基于同样的实验，学者详细研究了HRW对干旱胁迫下大麦种子萌发的影响，学者利用聚乙二醇-6000（PEG-6000）模拟了大麦种子在面对干旱胁迫时的情景，其具体的结果如下[16]：

1. 发芽特性的影响

研究表明，随着PEG-6000浓度的增加，大麦种子的发芽率逐渐下降。当PEG-6000浓度达到10%时，种子的萌发受到显著抑制；当浓度为20%时，发芽率约为对照的一半；当浓度达到35%后，发芽率低于10%，萌发进程几乎被完全抑制。

0.2 mM、0.4 mM和0.6 mM的HRW处理显著提高了干旱胁迫下大麦种子的发芽率，相比于对照分别高出13.3、9.3和7.3个百分点。而0.8 mM的HRW虽表现出一定的促进效应，但作用并不显著。

2. 渗透调节物质含量的影响

不同浓度的HRW处理对干旱胁迫下大麦种子萌发期渗透调节物质含量有显著影响。各浓度HRW均能显著提高种子中可溶性糖的含量，其中25%和50%的HRW提升效果最佳，可溶性糖含量可达对照的1.36和1.31倍。

可溶性蛋白含量随着HRW浓度的增加呈现先上升后下降的趋势。当HRW浓度为0.2 mM时，可溶性蛋白含量显著升高；当HRW浓度为0.4 mM后，可溶性蛋白含量达到峰值，为对照的1.20倍。

大麦种子中游离脯氨酸含量在0.4 mM与0.6 mM HRW处理下显著增加，分别达到对照的1.33和1.05倍。

3. 氧化还原平衡的影响

MDA是衡量氧化胁迫程度的指标。0.2 mM、0.4 mM和0.6 mM的HRW处理显著降低了干旱胁迫下大麦种子中的丙二醛含量，分别降低了14.5%、8.4%和8.6%。0.8 mM HRW中丙二醛含量虽有所降低，但与对照无显著性差异。

SOD、POD和CAT是重要的抗氧化酶。在HRW处理下，这三种酶的活性均有所升高。SOD活性在25%和75%时显著性差异，POD活性在50%时最高，CAT活性在50%时最高。

4. 抗氧化酶活性和丙二醛含量的具体数据

在浓度为0的HRW处理（对照）下，丙二醛含量为4.77 ± 0.04 μmol/g FW，SOD活性为229.33 ± 10.00 U/g FW，POD活性为36.36 ± 1.69 U/g FW，CAT活性为212.95 ± 12.63 U/g FW。

在0.2 mM HRW处理下，丙二醛含量降低至4.08 ± 0.07 μmol/g FW，SOD活性显著增加至343.23 ± 18.28 U/g FW，POD活性为46.45 ± 2.66 U/g FW，CAT活性为337.26 ± 52.20 U/g FW。

在0.4 mM HRW处理下，丙二醛含量为4.37 ± 0.21 μmol/g FW，SOD活性为290.17 ± 3.04 U/g FW，POD活性显著增加至50.76 ± 4.43 U/g FW，CAT活性显著增加至467.44 ± 8.20 U/g FW。

5. 结论

20% PEG-6000胁迫对大麦种子萌发造成较大程度的抑制，而0.2 mM和0.4 mM HRW浸种可以显著改善萌发质量，提高发芽势、发芽率和发芽指数。

HRW通过增加可溶性蛋白、可溶性糖和游离脯氨酸含量，调节细胞和组织的水势平衡，增强萌发期大麦种子的抗旱能力。

HRW还能促进大麦种子内SOD、POD和CAT活性的升高，及时清除活性氧并降低丙二醛含量，缓解干旱胁迫对大麦种子造成的氧化伤害。

这些结果表明，适宜浓度的HRW能够通过提升渗透调节能力和抗氧化能力，增强大麦种子对干旱胁迫的耐受性。

根据这两个实验，宋瑞娇及其团队提出了HRW增强大麦种子对干旱胁迫的耐受性可能涉及的多种机制。综合两篇文献来看，学者团队认为，是这些机制共同作用以提高种子在缺水条件下的生存和萌发能力。

首先，HRW能够显著提高种子中的可溶性糖、可溶性蛋白和游离脯氨酸含量。这些物质在植物体内起到渗透调节剂的作用，有助于维持细胞内外的水势平衡，减少因干旱引起的细胞脱水和损伤。

其次，HRW处理能够增强抗氧化酶系统的活性，包括SOD、POD和CAT。这些酶在清除植物体内过量活性氧（如过氧化氢和超氧阴离子）中发挥关键作用，从而减轻氧化应激对细胞膜和组织的损伤。MDA含量的降低表明HRW有效减少了膜脂过氧化的程度，保护了细胞膜的完整性。

此外，HRW还可能通过调节植物内源激素的水平，如赤霉素和脱落酸，来增强植物对干旱的适应性。这些激素在调节植物生长、发育以及对环境胁迫的响应中起着重要作用。例如，氢气能够调控这些激素的动态平衡，维持根尖细胞及细胞核的完整性，减轻重金属胁迫对种子萌发的抑制。

最后，HRW对植物的渗透调节和抗氧化防御系统的增强作用，可能与其作为外源气体信号分子的特性有关。氢气作为一种新型气体信号分子，能够激活植物体内的信号传导途径，改善渗透调节能力、氧化还原平衡，从而缓解非生物胁迫对植物正常生长发育的抑制。

综上所述，HRW通过多种生理和分子层面的调节机制，增强了大麦种子对干旱胁迫的耐受性，这些机制包括但不限于渗透调节物质的积累、抗氧化酶活性的提升、内源激素平衡的调节以及信号传导途径的激活。这些发现为利用HRW作为一种潜在的农业技术手段，以提高作物在干旱条件下的生产力和生存能力提供了科学依据。

三、富氢水改善大麦耐盐性的机理基础

在宋瑞娇及其团队的研究结果的影响和启发下，另一个优秀的中国科研团队就HRW对大麦耐盐性的影响进行了研究[17]。同其他已经提到过的作物和将要提到的作物一样，盐胁迫对大麦的影响是复杂且多方面的，包括生长抑制、细胞损伤、离子平衡失调和抗氧化系统的变化。

首先，盐胁迫会显著抑制大麦根的生长，导致细胞活力下降。这是因为高盐环境会增加细胞外的渗透压，使得细胞内的水分向外流失，进而影响细胞的正常生长和分裂。

通过使用HRW处理，可以显著缓解盐胁迫对大麦的负面影响。富氢水通过提高Na^+的外排率和改善K^+的保留能力，帮助大麦维持更有利的Na^+/K^+比率，从而提高其耐盐性。此外，富氢水还能通过增加抗氧化酶如SOD、POD、APX和CAT的活性，帮助清除过量的ROS，减少氧化损伤。

接下来我们将介绍学者们的实验过程。

在这篇论文中，学者们通过一系列精心设计的实验，探究了HRW对大麦耐盐性的改善机制。实验过程如下：

1. 植物材料和生长条件

实验使用了大麦（*Hordeum vulgare* L. *cv CM72*）种子。种子首先用10%的商业漂白剂进行表面消毒10分钟，然后用自来水彻底冲洗30分钟。用于离子通量分析的植物在四分之一强度的Hoagland溶液中生长，在24 ± 1 ℃的充气水培系统里持续培养4天。对于表型实验、细胞活力、H_2O_2染色以及叶片和根部的Na^+和K^+分析，植物在四分之一强

度的Hoagland溶液中生长，光照周期为12小时光照/12小时黑暗，温度为24±1℃，持续20天。

2. HRW 的制备

使用H_2气体发生器（SHC-500；赛克赛斯氢能源有限公司，中国山东）产生纯化氢气（99.99%，体积比）。将H_2气体以150 mL/min的速率通入1.0 L的四分之一强度Hoagland溶液中，持续15分钟，直到达到100%饱和。在实验条件下，新鲜制备的HRW中H_2浓度为830±10 μM。

3. 全植物生理评估

植物在四分之一强度Hoagland溶液中生长5天后，转移到0 mM、100 mM或200 mM NaCl溶液中，添加或不添加H_2，持续15天后测量每株植物的鲜重和干重，并测量叶绿素含量。使用SPAD计（SPAD-502，美能达，日本）。测量叶绿素含量。为了确定PSⅡ的最大光化学效率（Fv/Fm），将幼苗在黑暗条件下适应6小时，然后使用OS-30p叶绿素荧光计（Opti-Sciences，美国）进行测量。

4. 活性测定

使用荧光素二乙酸酯（FDA）和碘化丙啶（PI）进行双重染色方法，评估大麦根细胞的活性。FDA可以通过完整的质膜，在荧光显微镜下在活细胞中经过内部酯酶水解后显示绿色。PI通过质膜上的大孔进入死亡或垂死细胞，并在形成PI-核DNA共轭物时显示红色。对照和100 mM NaCl处理的根用新鲜制备的FDA（5 μg/ml，5分钟）染色，然后用PI（3 μg/ml，10分钟）染色。双重染色的根用蒸馏水洗涤后，使用荧光显微镜（Leica MZ12；Leica Microsystems）和I3波长滤片及紫外线照射进行观察。使用Image J软件（NIH，美国）量化红色和绿色荧光强度。

5. H_2O_2 染色

使用H_2O_2敏感的荧光探针2′,7′-二氯荧光素二乙酸酯（H_2DCFDA）检测大麦根细胞中的H_2O_2产生。将经过0或100 mM NaCl处理的大麦根收集，用蒸馏水洗涤，然后在25 μM H_2DCFDA①溶液中浸泡30分钟（含有10 mM KCl，5 mM Ca^{2+}-MES，pH值 6.1）。染色后的根在蒸馏水中彻底洗涤，然后在荧光显微镜（Leica MZ12；Leica Microsystems）下观察和收集荧光信号。

6. 叶片和根部的 Na^+ 和 K^+ 含量分析

学者们收集大麦了叶片和根部，以确定Na^+和K^+含量。用10 mM $CaCl_2$洗涤根部以去除细胞间隙中的Na^+。将收获的组织样品放入Eppendorf管中，并在-20℃冰箱中保存，用于后续离子分析。为了收集组织液，将冷冻样品解冻并用手挤压，方法参考Cuin（2007）[18]。将50 μL收集的组织液用蒸馏水稀释至5 mL。使用火焰光度计（Corning

---

① 2′,7′-二氯荧光素二乙酸酯，H_2DCFDA（2′,7′-Dichlorodihydrofluorescein Diacetate）：一种细胞膜渗透性荧光探针，可在细胞内被酯酶水解并经活性氧（ROS）氧化后生成绿色荧光物质，广泛用于定量检测细胞内ROS水平。

410C，Halstead，英国）测定K^+和Na^+的浓度。每个处理评估了六个重复样本。

7. 离子通量测量

使用非侵入式离子通量测量（MIFE）技术，测量7天大麦幼苗成熟（约6 mm根部尖端）根部区域的K^+、Ca^{2+}和Na^+的净通量。简而言之，从硼硅酸盐玻璃毛细管（GC 150-10；Clark Electrochemical Instruments）中拉出空白微电极，将其在225℃的烘箱中干燥过夜，并用三丁基氯硅烷（Ho. 282707，Sigma-Aldrich，St. Louis，MO，美国）进行硅烷化处理。硅烷化处理后的微电极用适当的回填溶液填充。电极尖端然后用相应的液体离子交换剂（LIX）填充。准备好的微电极安装在MIFE电极架上，并在适当的标准溶液中进行校准。在测量之前，将完整幼苗的根部固定在含有30 mL BSM溶液的测量室中，并适应30分钟。离子选择性微电极的尖端被共聚焦并定位在根部表皮细胞外40～50微米处。在测量期间，微电极通过计算机控制的步进电机（液压微操作器）以12秒方波周期移动，移动范围为100 μm。

8. 膜电位测量

在测量之前，将完整的7天大麦幼苗的根部固定在BSM中30分钟。传统的1 M KCl填充的Ag-AgCl微电极通过Ag/AgCl半电池连接到MIFE电生理仪。在膜电位测量期间，微电极被手动操作的3D微操作器（MHW-4，Narishige，东京，日本）插入成熟区域（距根尖约6 mm）的外皮层细胞。一旦获得稳定的膜电位测量1分钟，就施加100 mM NaCl。连续监测长达25分钟的瞬态膜电位变化。膜电位值由MIFE CHART软件（Shabala，2006）记录。对于每个处理，平均5～6个单独幼苗的膜电位值。

9. 抗氧化酶活性测定

将0.3克新鲜根组织在含有1 mM EDTA和1%（重量/体积）PVP的50 mM冷磷酸盐缓冲液（pH值7.0）中匀浆，用于测定SOD、POD和CAT或与1 mM AsA结合的APX测定。将匀浆物在4 ℃下以12000 × g离心20分钟，上清液用于酶活性测定。

学者们的实验结果揭示了HRW对大麦耐盐性的积极影响，具体表现在以下几个方面：

（1）生长促进：在无盐胁迫条件下，HRW处理增强了大麦根的长度，但对鲜重、叶绿素含量（以SPAD值测量）和PSⅡ（叶绿素Ⅱ荧光Fv/Fm比率）的光化学效率没有显著影响。在100 mM NaCl的轻度盐胁迫下，根生长受到显著抑制，而HRW的应用显著缓解了这种抑制。更严重的盐胁迫（200 mM NaCl）导致植物根短、鲜重低、SPAD和Fv/Fm值降低，这些不利影响通过HRW处理得到了显著缓解。

（2）细胞活性保护：通过使用荧光素二乙酸酯-丙啶碘（FDA-PI）双重染色法观察到，100 mM NaCl处理显著增加了大麦根尖细胞的死亡率，而HRW处理显著减轻了这种损伤，将死亡细胞的比例从约60%降低到约30%。

（3）ROS调节：NaCl处理诱导了大量活性氧（如H_2O_2）的积累，这比控制条件和

HRW条件下高出3倍以上。HRW处理有效地抑制了盐胁迫诱导的H_2O_2的增加。

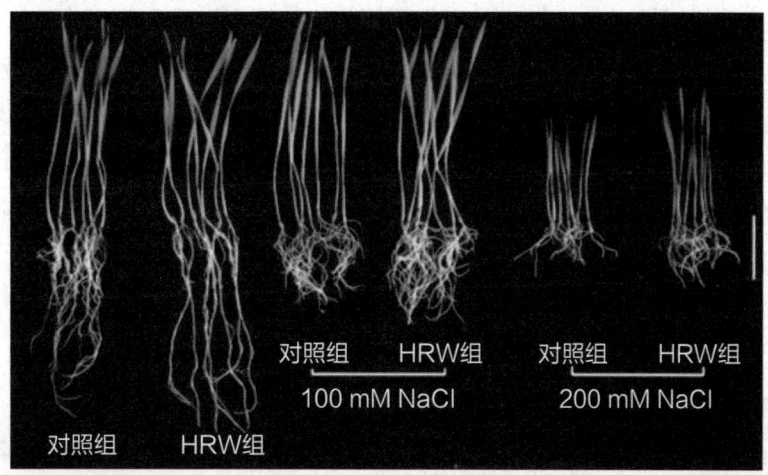

图3-4-2　盐胁迫下对照组（Con）和HRW组同时间（5天）大麦发芽情况的直观展现

（4）离子平衡维持：NaCl处理导致根和叶中Na^+含量分别增加了3~5倍和2~4倍，这些增加都被HRW处理显著阻止。相反，NaCl处理显著降低了根和叶中的K^+含量，HRW处理强烈逆转了这些对K^+稳态的不利影响，除了在200 mM NaCl条件下的叶中。

（5）离子通量调节：盐处理诱导了大量瞬态的净Na^+流入根部表皮细胞，这一流入在HRW预处理的根中降低了约50%。此外，HRW预处理的根在Na^+排除方面表现出更高的速率，这与SOS1编码Na^+/H^+逆向转运蛋白活性的增加一致。

（6）抗氧化酶活性增强：在NaCl存在的情况下，HRW预处理显著增强了SOD、POD、APX和CAT等抗氧化酶的活性，这有助于减轻由盐胁迫引起的氧化损伤。

（7）膜电位和离子通道调节：HRW处理减少了NaCl诱导的根质膜去极化，这种去极化通常会导致K^+通过渗透性通道大量流失。HRW处理的根在NaCl处理下显示出较小的K^+流出，并且HRW预处理显著减少了H_2O_2诱导的K^+流出。

综上所述，HRW通过多种机制改善了大麦的耐盐性，包括促进生长、保护细胞活性、调节ROS平衡、维持离子平衡、调节离子通量、增强抗氧化酶活性以及调节膜电位和离子通道。这些发现为利用HRW作为一种潜在的农业管理工具提供了科学依据，以提高作物在盐渍环境下的生产能力。

根据实验结果，学者们提出了HRW对大麦耐盐性的改善作用的可能机制。他们认为，这种改善是通过以下多个机制共同作用实现的。

首先，HRW通过增强大麦根部SOS1编码的Na^+/H^+逆向转运蛋白的活性，促进了Na^+的排出。这种交换载体的作用是将细胞内的钠离子与外部的氢离子进行交换，从而降低细胞质中的Na^+浓度，防止盐分胁迫下钠离子的积累。

其次，HRW改善了大麦的K^+保留能力。在盐胁迫条件下，植物细胞内的钾离子往往会流失，导致K^+/Na^+比例失衡。HRW通过减少NaCl诱导的膜去极化，降低了K^+外流通道对活性氧的敏感性，从而提高了K^+的保留，维持了细胞内的离子平衡。

此外，HRW还增强了大麦的抗氧化能力。通过提高抗氧化酶系统，包括SOD、POD、APX和CAT的活性，HRW有助于清除盐胁迫下产生的过量活性氧，减少氧化损伤，保护细胞免受ROS的负面影响。

HRW还通过调节膜电位来发挥作用。它减轻了盐胁迫导致的根细胞膜电位去极化，稳定了膜电位，有助于维持离子通道的功能，减少K^+的非选择性流失。

同时，HRW降低了ROS的积累，特别是通过清除H_2O_2，减少了因ROS引起的细胞损伤和死亡，从而保护了大麦细胞的活性。

此外，HRW可能激活了H^+-ATPase，这是一种质子泵，通过将H^+从细胞质泵送到细胞外，帮助维持细胞内外的pH梯度和膜电位，从而抑制去极化并促进K^+的保留。

最后，HRW通过调节离子通量，减少了Na^+的净吸收并增加了Na^+的排出，同时减少了K^+的净流失，从而在分子层面上改善了大麦的耐盐性。

综上所述，HRW通过这些复杂的生理和分子机制，共同作用于大麦，提高了其在盐胁迫条件下的生存和生长能力。

四、富氢水对发芽黑大麦营养成分及抗氧化特性的影响

发芽黑大麦，作为一种营养丰富的谷物，蕴含了一系列对人体有益的营养成分。其主要成分包括：膳食纤维、蛋白质、维生素（B_1和B_2）、矿物质、生物活性化合物、GABA①、氨基酸和脂类。这些营养成分共同构成了一个全面的营养框架，不仅满足了日常的营养需求，还为维护长期健康提供了额外的益处。因此，发芽黑大麦可以被视为一种多功能的超级食品，适合融入多样化的健康饮食中。

那么，经过HRW处理过的大麦种子，它的营养物质的含量有没有什么变化呢？有学者对此进行了研究。

学者们在探究HRW对发芽黑大麦营养成分及抗氧化特性影响的实验中，遵循了一系列严谨的步骤[19]。实验之初，他们使用特定的设备在高压条件下制备了富含2 ppm（1 mM）氢气的HRW。接着，选取自青藏高原山地干旱地区种植的黑大麦种子，将其在25 ℃下分别用超纯水和HRW进行浸泡，以模拟不同的发芽环境。在黑暗中的培养箱里，这些种子开始了它们的发芽之旅，而研究人员则通过不断添加水分来维持适宜的湿度。

为了优化发芽条件，研究人员设计了正交实验，考察了浸泡时间、发芽时间和温度这三个关键因素如何影响黑大麦的发芽特性。他们通过测量胚根穿透种皮的比例来

---

① γ-氨基丁酸（Gamma-aminobutyric Acid, GABA）

评估生长潜力，并定时监测发芽率，以此来确定不同处理条件下的发芽效果。

在生化成分分析方面，研究人员采用了先进的超高效液相色谱-四极杆飞行时间质谱（UPLC/Q-TOF-MS）技术，对黑大麦样品进行了非靶向筛选，以识别和比较不同处理后产生的生物活性成分。此外，通过超声提取法，他们提取了黑大麦中的游离酚酸，并利用高效液相色谱（HPLC）对这些酚酸进行了定量分析。结合态酚酸的提取则通过碱解和酸化后的有机溶剂提取实现。

抗氧化活性的评估包括了DPPH[①]自由基清除实验、羟基自由基清除能力测试，以及总抗氧化能力（FRAP方法）的测定，这些实验有助于揭示HRW处理对黑大麦抗氧化特性的影响。游离氨基酸含量的测定则通过氨基酸分析仪完成，为评估黑大麦的营养价值提供了重要数据。

营养成分的测定涵盖了粗蛋白、粗脂肪、维生素B_1和B_2的含量，以及钙、铜、锌、铁和锰等矿物质元素的分析。这些测定结果将有助于全面了解HRW处理对黑大麦营养成分的影响。

最后，所有的实验数据都经过了严格的统计分析，以确保结果的准确性和可靠性。通过这些细致的实验步骤，研究人员能够深入理解HRW在发芽黑大麦加工中的潜在作用和机制。

除了HRW显著提升了大麦种子的发芽率之外，我们应该重点关注的是其处理过的大麦种子的影响成分的变化。

1. 酚酸含量的变化

实验发现，经过HRW处理的发芽黑大麦中，特定游离酚酸的含量有所增加。具体来说，香草酸、咖啡酸、丁香酸以及没食子酸的浓度在HRW处理后显著提高，这些酚酸是重要的抗氧化成分，对提升食品的营养价值和健康益处具有积极作用。

2. 矿物质元素含量的变化

HRW处理显著增加了发芽黑大麦中的钙（Ca）和铁（Fe）含量，这些矿物质对于维持人体正常生理功能至关重要。特别是铁元素，对于预防贫血和支持细胞功能非常重要。

3. 抗氧化活性的提升

HRW处理显著提高了发芽黑大麦的抗氧化能力。通过DPPH自由基清除实验和羟基自由基清除实验，研究人员观察到HRW处理的样品展现出更高的自由基清除率，这表明它们在抵抗氧化损伤方面具有更强的能力。

4. 氨基酸含量的变化

尽管发芽过程本身会增加黑大麦中的非必需氨基酸、必需氨基酸和半必需氨基酸

[①] 2,2-二苯基-1-苦基肼（2,2-Diphenyl-1-picrylhydrazyl, DPPH）

含量，但HRW处理并未导致这些氨基酸含量的进一步显著增加。

5. GABA含量的增加

实验结果显示，无论是使用UPW还是HRW处理，发芽黑大麦中的GABA含量在发芽6天后都显著增加，达到了大约8倍。GABA是一种重要的抑制性神经递质，对神经系统健康具有积极影响。

6. 维生素含量的变化

在发芽的初期，HRW处理的黑大麦中硫胺素（维生素B_1）含量显著增加，而核黄素（维生素B_2）含量有所下降。然而，到了发芽的第六天，两种维生素的含量在UPW和HRW处理的黑大麦中都有显著增加。

7. 膳食纤维（DF）含量的变化

实验发现，HRW处理的发芽黑大麦在发芽1天后的总DF和可溶性DF含量显著低于UPW处理的黑大麦。随着发芽时间的延长至6天，HRW处理组的所有DF含量进一步降低，表明HRW可能促进了DF的分解，这有助于改善发芽黑大麦的食用品质和消化性。

这些结果表明，HRW作为一种处理手段，不仅能够提高发芽黑大麦的发芽效率，还能够在一定程度上改善其营养成分和抗氧化特性，使其成为一种更健康、更有益的食品选择。

综上所述，在中国广袤的农田中，大麦以其耐寒、耐旱的特性，不仅在酿造业中占据重要地位，也在饲料生产和食品加工等领域发挥着重要作用。尽管在中国，大麦并非主要粮食作物，但其经济价值和市场潜力不容忽视。全球范围内，大麦的种植面积和产量均居前列，尤其在欧洲、亚洲和北美地区，大麦的种植和消费量尤为显著。

然而，大麦产业的发展面临着气候变化带来的极端天气、水资源匮乏、土壤退化、病虫害侵袭以及农业化学品过度使用等挑战。这些因素严重影响了大麦的生长周期和产量，对农民的生计和粮食供应链的稳定性构成了威胁。

在这样的背景下，科学家们一直在探索提高作物抗逆性的有效途径。HRW作为一种新兴的农业技术，在植物抗逆性研究中显示出了显著的潜力。研究表明，HRW能够通过调节植物体内的生理生化过程，增强作物对干旱等非生物胁迫的耐受性。

在大麦的种植中，HRW的应用可能带来革命性的变化。实验结果表明，HRW能够提高大麦种子的发芽率、发芽势和发芽指数，同时降低丙二醛的积累，减少氧化损伤。此外，HRW还能增加大麦幼苗中的可溶性糖、可溶性蛋白和游离脯氨酸的含量，这些物质在植物的渗透调节和抗氧化防御中起着关键作用。

此外，HRW对发芽黑大麦的营养成分及抗氧化特性也产生了积极影响。HRW处理显著增加了发芽黑大麦中游离酚酸的含量，提高了其抗氧化能力，同时对矿物质元素如钙和铁的含量也有增加作用。这些发现为大麦的抗旱育种和栽培管理提供了新的策略，有望在提高大麦产量和品质的同时，增强其对环境变化的适应能力。

综上所述，HRW作为一种创新的解决方案，为大麦的种植带来了新的希望。通过提高大麦的抗逆性和营养价值，HRW的应用有望促进农业可持续发展，增强粮食安全，并为农业生产实践带来科学知识的有力支撑。

第五节　粮食作物的应用

本章探讨了外源性氢气在植物生长，特别是在粮食作物中的应用和影响，以及它如何作为一种潜在的农业资源来提升作物的产量和品质，同时增强作物对各种逆境的抵抗力。随着全球人口的增长和气候变化的挑战，提高粮食作物的产量和质量，保障粮食安全，已成为一个迫切需要解决的问题。中国作为世界上人口最多的国家，对粮食作物尤其是小麦、玉米和稻谷的需求巨大。本章通过分析近20年的统计数据，展示了中国粮食作物生产的现状和挑战，并探讨了氢气作为一种新型农业投入品在提高作物产量和抗逆性方面的潜力。

种植面积的增加对中国粮食作物的产量提升的贡献有限，增产主要依赖于单产的提升，与此同时中国的粮食进口量也在不断增加。此外，化肥使用量在达到峰值后逐渐减少，这表明中国粮食生产正面临化肥边际效益递减的问题。在这种背景下，开发新的农业技术，如何利用氢气作为一种促进作物生长的资源，对持续提升中国粮食产量，维护中国粮食安全，显得尤为重要。

我们讨论了外源性氢气对稻谷、小麦和玉米等粮食作物的积极影响。例如，HRW能够改善冷胁迫下的负面效应，提高抗氧化酶活性，促进除草剂降解，减轻植物毒性。此外，HRW还能缓解水稻种子萌发过程中的盐胁迫，提高抗氧化酶活性，调节离子平衡，增强水稻对盐胁迫的耐受性等。对于小麦，氢气的应用同样展现出积极的效果。在铜胁迫下，HRW能够缓解小麦幼苗生长的抑制，维持细胞结构的完整性，调节叶片气孔功能。在干旱胁迫下，HRW通过降低丙二醛含量和增加渗透调节物质含量，提高小麦幼苗的抗旱能力。对于玉米，HRW能够降低玉米幼苗在强光胁迫下对光抑制的敏感性，提高抗氧化酶活性，减少氧化损伤。在铝胁迫下，HRW能够提高玉米幼苗的生长速度和光合效率，降低活性氧积累，维持营养元素吸收平衡。这些研究表明，氢气作为一种新型农业资源，能够在不同环境胁迫下保护和促进粮食作物的生长。

三大主粮对我国的重要性不言而喻，它们不仅是农业和食品加工行业的重要组成部分，也是中国营养健康和文化传统的重要基石。面对气候变化、病虫害、土地和水资源限制以及环境污染等挑战，主粮育种和种植行业需要向高产多抗、优质、市场适

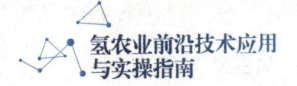

应性强和可持续发展的方向转型。氢气作为一种新型农业资源，其在主粮育种和种植中的应用，为应对这些挑战提供了新的思路和方法。

大麦作为全球粮食市场的重要组成部分，在中国虽然不是主要粮食作物，但在酿造业、饲料生产和食品加工等领域具有重要的经济价值和市场潜力。大麦的耐寒、耐旱特性使其在全球粮食安全和经济中占有不可替代的地位。然而，大麦产业的发展受到气候变化、水资源匮乏、土壤退化、病虫害和农业化学品过度使用的挑战。HRW的应用可能为大麦的抗旱性研究和栽培管理提供新的策略。

HRW对大麦种子萌发及幼苗生物量分配的影响研究表明，适宜浓度的HRW处理能显著提高干旱胁迫下大麦种子的发芽率、干物质转移量、转移率及转化效率，并减少呼吸消耗干物质量。此外，HRW处理还能降低干旱胁迫下大麦幼苗根冠比，增加幼苗根和芽的干重，促进幼苗可溶性糖、可溶性蛋白及叶绿素累积。这表明，一定浓度的HRW能通过调控种子干物质转运的途径提升干旱胁迫下大麦种子的萌发率，并可通过调节可溶性糖、可溶性蛋白和叶绿素含量降低干旱胁迫对大麦幼苗根和芽生物量分配的不利影响。

在大麦耐盐性方面，HRW通过提高Na^+的外排率和改善K^+的保留能力，帮助大麦维持更有利的Na^+/K^+比率，从而提高其耐盐性。此外，HRW还能通过增加抗氧化酶如SOD、POD、APX和CAT的活性，帮助清除过量的ROS，减少氧化损伤。

HRW对发芽黑大麦的营养成分及抗氧化特性的影响也得到了积极的结果。HRW处理显著增加了发芽黑大麦中游离酚酸的含量，提高了其抗氧化能力，同时对矿物质元素如钙和铁的含量也有增加作用。这些发现为大麦的抗旱育种和栽培管理提供了新的策略，有望在提高大麦产量和品质的同时，增强其对环境变化的适应能力。

综上所述，氢气在农业领域的应用前景广阔，它不仅能够提高粮食作物的产量和品质，增强作物的抗逆性，还能够减少化肥的使用，促进农业的可持续发展。随着科学研究的深入和农业技术的创新，氢气有望成为中国乃至全球粮食生产和植物生长调节的重要资源。未来，我们需要进一步加强氢气农业应用的基础研究和田间试验，明确其作用机制和最佳应用方式，以实现氢气在农业生产中的广泛应用，为保障全球粮食安全和推动农业可持续发展做出贡献。

● 参考文献

[1] XU S, et al. Hydrogen enhances adaptation of rice seedlings to cold stress via the reestablishment of redox homeostasis mediated by miRNA expression[J]. Plant and Soil, 2017, **414**: 53-67.

[2] SAIKA H, et al. A novel rice cytochrome *P450* gene, *CYP72A31*, confers tolerance

to acetolactate synthase-inhibiting herbicides in rice and *Arabidopsis*[J]. Plant Physiology, 2014, **166**(4): 1232-1240.

[3] GU T, et al. Hydrogen-rich water pretreatment alleviates the phytotoxicity of bispyribac-sodium to rice by increasing the activity of antioxidant enzymes and enhancing herbicide degradation[J]. Agronomy, 2022, **12**(11): 2821.

[4] XU S, et al. Hydrogen-rich water alleviates salt stress in rice during seed germination[J]. Plant and Soil, 2013, **370**(1/2): 47-57.

[5] CHENG P, et al. Molecular hydrogen increases quantitative and qualitative traits of rice grain in field trials[J]. Plants, 2021, **10**(11): 2331.

[6] SHAO Y, et al. Molecular hydrogen confers resistance to rice stripe virus[J]. Microbiology Spectrum, 2023, **11**: e04417-22.

[7] CAI C, et al. Molecular hydrogen improves rice storage quality via alleviating lipid deterioration and maintaining nutritional values[J]. Plants, 2022, **11**(9): 2588.

[8] 田婧芸, 等. 富氢水处理对铜胁迫下小麦幼苗生长及其细胞结构的影响[J]. 河南农业大学学报, 2018, **52**(2): 193-198.

[9] 袁丽环, 薛燕燕. 外源氢气对干旱胁迫下小麦幼苗生理特性的影响[J]. 农业与技术, 2020, **40**(13): 39-40.

[10] ZHANG X, et al. Protective effects of hydrogen-rich water on the photosynthetic apparatus of maize seedlings (*Zea mays* L.) as a result of an increase in antioxidant enzyme activities under high light stress[J]. Plant Growth Regulation, 2015, **77**: 43-56.

[11] 赵学强. 富氢水对铝胁迫下玉米幼苗生长、生理响应的影响及对氧化损伤的防护作用[D]. 南京农业大学, 2016.

[12] 陈秋红. 富氢水对玉米缺铁胁迫的缓解效应及机理研究[D]. 南京农业大学, 2017.

[13] 田婧芸, 等. 外源氢气对玉米幼苗耐盐性的影响[J]. 湖南师范大学自然科学学报, 2018, **41**(6): 23-30.

[14] ISLAM S M S, et al. Drought Stress in Barley (*Hordeum vulgare* L.): Physiological, Molecular and Agronomic Responses[J]. Agronomy, 2022, **12**(11): 2650.

[15] 宋瑞娇, 冯彩军, 齐军仓. 富氢水对干旱胁迫下大麦种子萌发及幼苗生物量分配的影响[J]. 作物杂志, 2021(4): 206-211.

[16] 宋瑞娇, 冯彩军, 齐军仓. 富氢水对干旱胁迫下大麦种子萌发的影响[J]. 新疆农业科学, 2022, **59**(1): 79-85.

[17] WU Q, et al. Understanding the mechanistic basis of ameliorating effects of hydrogen-rich water on salinity tolerance in barley[J]. Environmental and Experimental Botany, 2020, **177**: 104136.

[18] CHEN Z, et al. Root plasma membrane transporters controlling K^+/Na^+ homeostasis in salt-stressed barley[J]. Plant Physiology, 2007, **145**(4): 1714-1725.

[19] GUAN Q, et al. Effects of hydrogen-rich water on the nutrient composition and antioxidative characteristics of sprouted black barley[J]. Food Chemistry, 2019, **299**: 125095.

第四章
CHAPTER 4

豆类作物

中国是全球最大的豆类生产和消费国之一，拥有悠久的豆类种植历史和丰富的豆类品种。豆类及其制品在中国的饮食文化中占据着举足轻重的地位，不仅因为其营养价值高，还因为其独特的风味和多样的食用方式。随着健康饮食观念的普及，豆类及其制品因其高蛋白、低脂肪的特性越来越受到消费者的青睐。

中国豆类市场主要包括大豆、绿豆、红豆、黑豆等，其中大豆是最主要的品种，广泛应用于豆制品的生产，如豆腐、豆浆、豆皮、腐竹等。近年来，随着素食主义和健康饮食趋势的兴起，豆制品的种类也在不断创新，出现了许多新型豆制品，如豆奶、豆酸奶、大豆蛋白粉等，满足了消费者对健康食品的需求。

豆制品市场前景广阔，随着消费者对健康和营养的日益关注，豆制品作为植物性蛋白的重要来源，其市场需求有望持续增长。此外，随着食品科技的进步，豆制品的加工技术也在不断提升，使得产品的口感、营养和保存性得到改善，进一步扩大了其市场潜力。同时，豆制品的出口也在逐年增加，中国豆制品在国际市场上的竞争力逐渐增强。

未来，随着消费者对食品安全和健康饮食的重视，以及对环境保护和可持续发展的关注，豆类及其制品市场有望迎来新的发展机遇。开发更多健康、营养、环保的豆类产品，将是推动这一市场持续增长的关键。此外，通过技术创新和市场拓展，提升中国豆类及其制品的国际影响力，也将是未来发展的重要方向。

第一节　大豆

那么，富氢水在大豆的种植领域有什么样的具体表现呢？不同浓度的富氢水对大豆的产量与品质的影响是什么样的呢？有学者就此展开了实验[1]。

为了制备不同浓度的HRW，研究者们使用了SCH-500型氢气发生器，将99.99%纯度的氢气以200 mL/min的流速通入水中10分钟，制备出饱和的富氢水（100%）。然后，他们迅速用去离子水稀释，分别制备出30%和60%浓度的HRW用于浇灌。在实验中，研究者们特别关注了氢气在HRW中的浓度，通过气相色谱法（GC）测定，发现新制备的HRW（100%浓度）中的氢气浓度约为0.66 mM。

在这项研究中，学者们旨在探究不同浓度的HRW对大豆产量和品质的影响。实验设计了三种不同浓度的HRW处理，分别为0%（作为对照组CK）、30% HRW（0.198 mM）和60% HRW（0.396 mM）。当大豆幼苗生长至大约15 mm高时，研究者们挑选了长势一致的幼苗，将它们转移到室外进行盆栽试验。在试验过程中，每周向盆栽中浇灌1.5 L

不同浓度的富氢水，直至大豆成熟期。

在盆栽试验中，研究者们对大豆植株的形态指标、生物量、产量相关指标（如单株荚数、单株荚重、单株粒数和百粒重）以及品质相关指标（如蛋白质和脂肪含量）进行了详细测量和记录。通过这些指标，他们评估了不同浓度HRW对大豆生长和产量的影响。实验过程中，每个处理设置了10盆大豆，每盆移植3株，同时设有三个生物学重复，以确保数据的准确性和可靠性。

在这项研究中，学者们发现不同浓度的HRW对大豆的生长和产量有显著影响。具体来说，与对照组（CK）相比，30% HRW（0.198 mM）处理显著增加了大豆地上部和根系的干重，同时单株根瘤数显著减少。然而，60% HRW处理的大豆在株高、单株根瘤数和根系干重方面与CK没有显著差异。在产量相关指标上，30% HRW（0.198 mM）处理的大豆单株荚数显著增加了48.72%，单株荚重显著升高了78.40%，单株粒数显著增加了58.71%，百粒重增加了18.92%。相比之下，60% HRW（0.396 mM）处理的大豆单株荚数减少了14.10%，单株荚重显著降低了24.73%，单株粒数显著减少了23.23%，百粒重降低了22.44%。在品质相关指标上，30% HRW（0.198 mM）处理的大豆蛋白质含量和脂肪含量与CK相比没有显著差异，但单株籽粒蛋白质总量显著增加了84.94%，单株籽粒脂肪总量显著增加了78.12%。而60% HRW（0.396 mM）处理的大豆蛋白质含量显著降低，脂肪含量没有显著差异，单株籽粒蛋白质总量显著降低了56.37%，单株籽粒脂肪总量显著降低了39.84%。这些结果表明，30% HRW（0.198 mM）处理可以改善大豆的生长，显著增加大豆植株生物量积累，同时提高大豆籽粒的产量和品质，而60% HRW（0.396 mM）处理则对大豆的生长和产量产生了不利影响。

第二节　绿豆

还有一个中国的学者团队开展了对硒与富氢水配施对盐胁迫下绿豆幼苗生长及根际细菌群落结构影响的研究[2]。

在这项研究中，学者们旨在探讨硒与富氢水配合施用对盐胁迫下绿豆幼苗生长及其根际细菌群落结构的影响。实验采用盆栽试验的方式，选用了耐盐型的绿豆品种晋绿豆8号作为试验材料。首先，将绿豆种子在75%的酒精溶液中消毒15分钟，然后用蒸馏水清洗3次后待用。接着，将种子播种在塑料花盆中，每个花盆播种10粒种子，并装入15 kg的土壤。在播种前，根据试验设计，对土壤进行盐胁迫和外源硒处理，将氯化钠和亚硒酸钠以水溶液的形式均匀喷施入供试土壤中，使土壤含盐量为1.5 g/kg，含硒量分别为2.5 mg/kg、5 mg/kg和7.5 mg/kg。

HRW是通过氢气发生器制备的，将纯氢气以300 mL/min的速率通入3 L自来水中30

分钟，得到的富氢水浓度作为100%（0.66 mM），然后立即用自来水稀释，获得25%（0.165 mM）和50%（0.33 mM）的富氢水。

实验设置了11个处理，包括对照组（CK）、盐胁迫组（Y）以及不同浓度硒与富氢水配施组（T1—T9）。在绿豆出苗后第25天，收集植物植株，测量株高、根长，并收集绿豆幼苗叶片保存于-80℃冰箱用于后续生理生化指标的测定。同时，收集根际土壤样本，一部分用于DNA提取和高通量测序，另一部分风干后用于土壤理化性质的测定。

整个实验过程中，学者们详细记录了各项操作步骤和条件，确保了实验的严谨性和数据的准确性。通过这种细致的实验设计和操作，研究者们能够深入分析硒与富氢水配合施用对绿豆幼苗在盐胁迫条件下的生长和根际细菌群落结构的影响。

在这项研究中，学者们发现硒与富氢水配施对盐胁迫下绿豆幼苗的生长和根际细菌群落结构具有显著影响。具体实验结果表明，与对照组相比，盐胁迫显著抑制了绿豆幼苗的株高、根长、叶片叶绿素含量，并且显著降低了POD、CAT和SOD的活性，同时增加了MDA的含量。然而，硒与富氢水的配合施用有效地缓解了这些负面影响，促进了绿豆幼苗的生长，提高了抗氧化酶的活性，并减少了MDA的积累。

在根际细菌群落结构方面，硒与富氢水配施对盐胁迫下的根际土壤细菌多样性和丰富度产生了积极影响。特别是7.5 mg/kg的硒与50%HRW（0.33 mM）的配施处理，显著增加了根际土壤细菌群落的多样性和丰富度，其中ACE指数（用于评估生物多样性的一种非参数方法）增加了24.51%，Chao1指数（用于反映物种丰富度的指标）增加了24.75%。此外，通过高通量测序分析，学者们观察到硒与富氢水配施处理改变了根际土壤细菌的群落组成，特别是增加了有益细菌的相对丰度，这可能有助于提高植物对盐胁迫的耐受性。

这些结果表明，硒与富氢水的配合施用不仅能够改善盐胁迫下绿豆幼苗的生理状态，还能够调节根际微生物群落，从而提高植物的耐盐性。这为盐渍土壤地区的绿豆栽培提供了潜在的调控技术，有助于提高绿豆在不利环境条件下的生长和产量。

●参考文献

[1] 陈来斌, 等. 不同浓度富氢水对大豆产量与品质的影响[J]. 南方农业学报, 2024, **55**(5): 1327-1334.

[2] 武泉栋, 等. 硒与富氢水配施对盐胁迫下绿豆幼苗生长及根际细菌群落结构的影响[J]. 生态与农村环境学报, 2025, **41**(1): 138-146.

第五章
CHAPTER 5

蔬菜作物

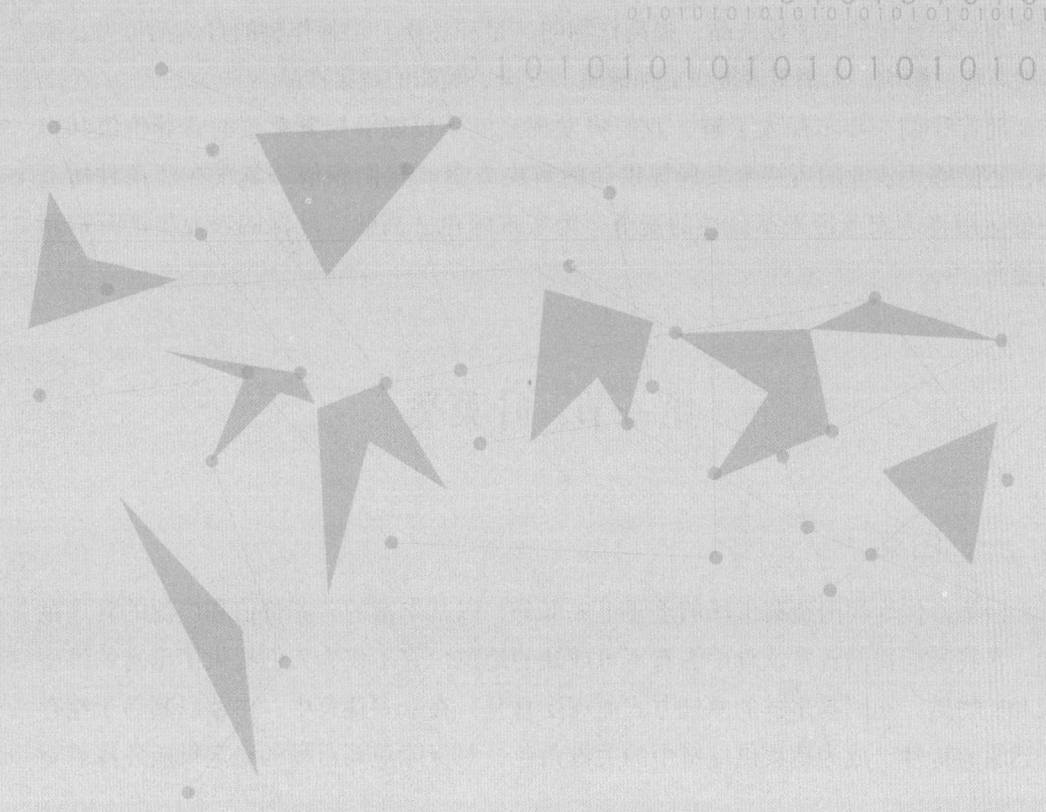

在这片充满生机的绿色田野上，蔬菜作为人类餐桌上不可或缺的食材，不仅为我们提供了丰富的营养，也成为农业多样性的重要组成部分。从萝卜的清脆、白菜的鲜嫩、菠菜的翠绿，到油菜的油润、菜心的甜润、黄瓜的爽口、冬瓜的清淡、番茄的多彩、秋葵的细腻、红甜菜的甘甜、上海青的柔嫩、结球生菜的清脆，每一种蔬菜都有其独特的风味和营养价值。

然而，随着全球人口的增长和消费者对食品安全和品质的要求日益提高，蔬菜种植业面临着提高产量、改善品质、减少化学农药使用、保护环境和提高农业可持续性等多重挑战。在这一背景下，氢气的应用在蔬菜种植业中展现出了巨大的潜力和独特的价值。

正如本书在之前引用的国内外学者的研究已经证明，氢气在促进植物生长、增强植物抗逆性、提高作物的抗氧化能力等方面具有显著效果。通过使用HRW灌溉，我们能够在不增加化学投入的前提下，提升白菜的紧实度、菠菜的营养价值、油菜的油分含量、菜心的清甜、黄瓜的新鲜度、冬瓜的多汁、番茄的风味、秋葵的滑润、红甜菜的色泽、上海青的嫩绿、结球生菜的紧实度等特性。

本章将深入探讨氢气在蔬菜种植业中的应用，从白菜、菠菜、油菜、菜心、黄瓜、冬瓜、番茄、秋葵、红甜菜、上海青、结球生菜等蔬菜的种植入手，分析氢气如何作为一种环保的农业投入品，提高作物的产量和品质，增强作物的自然抵抗力，减少对环境的影响，为消费者提供更加健康、安全、美味的蔬菜产品。

随着我们一步步深入了解，我们将发现氢气不仅能够提升蔬菜的营养价值和口感，还能够为农业的可持续发展提供新的解决方案。我们相信，氢气在蔬菜种植业中的运用将为农业带来革命性的变革，为实现绿色、高效、环保的农业生产开辟新的道路。

第一节　叶菜类

一、白菜

白菜，作为我国蔬菜市场的重要组成部分，以其丰富的营养价值和广泛的食用范围，在我国居民的日常饮食中占有不可或缺的地位。它不仅为人们提供了丰富的维生素和矿物质，还因其多样的烹饪方式而深受喜爱。在众多蔬菜中，白菜以其易于储存和运输的特性，成为蔬菜供应链中的关键角色，对保障蔬菜市场的稳定供应发挥着重要作用。

在对白菜的深入研究中,科学家们发现氢气作为一种信号分子,能够显著提高植物的抗氧化、抗逆境和抗凋亡能力。特别是在小白菜上的应用,研究人员通过实验发现,通过HRW的形式供给氢气,可以有效增强小白菜对镉等重金属的抗性。在镉胁迫下,HRW预处理的小白菜表现出了显著的生长优势,其根系对镉的吸收减少,同时抗氧化能力得到提高。此外,通过转录本分析,研究人员还发现与镉吸收相关的基因表达量在HRW预处理后被显著抑制,这进一步证实了HRW在降低镉吸收方面的潜在作用。

另一项研究则聚焦于HRW与真空预冷技术结合使用对小白菜衰老和抗氧化能力的影响。研究结果表明,50% 0.4 mM的HRW能够有效维持小白菜中叶绿素及其代谢衍生物的含量,并通过降低叶绿素降解酶的活性来延缓叶绿素的降解。此外,HRW与真空预冷的结合处理不仅显著降低了小白菜的失重率,还维持了叶绿素和抗氧化物质的含量,提高了抗氧化酶的活性,从而抑制了丙二醛的积累。这些发现表明,HRW和真空预冷技术的结合,可以作为一种环保的保鲜技术,有效延缓小白菜的采后衰老,延长其货架期。

接下来我们将详细介绍以上两项研究。

第一项研究由来自南京农业大学生命科学学院的学者团队[1]。

他们选择小白菜作为实验对象,探究HRW对小白菜在镉胁迫下的抗性影响。镉是一种对植物生长和人类健康都有害的重金属,其在土壤和水体中的污染问题日益受到关注。因此,研究HRW如何增强小白菜对镉的抗性,不仅有助于提高作物的产量和质量,也对环境保护和食品安全具有重要意义。通过这项研究,科学家们希望能够为农业生产提供新的策略,以应对日益严峻的环境挑战。

为此,学者们设计了一系列实验来探究HRW对小白菜在镉胁迫条件下的影响。该实验所使用的HRW的浓度是50%(0.4 mM)。其核心部分是小白菜植株的培养,它们被分别放置在正常水和HRW环境下生长,以模拟不同的生长条件。研究者们特别设计了镉胁迫的环境,以此来模拟重金属污染对作物生长的影响,并观察HRW是否能够提供保护作用。实验过程中,小白菜的生长状况被密切监测,包括根和地上部分的生长长度和健康状况。

为了深入理解HRW对小白菜生长的具体影响,研究者们采用了多种生物学技术。他们利用气相色谱技术来检测小白菜体内氢气的释放,使用原子吸收光谱法来分析小白菜体内镉的吸收情况。此外,通过组织化学染色技术,研究者们能够直观地观察镉在小白菜根系中的分布情况。

在分子层面,研究者们通过转录本分析来探究与镉吸收相关的基因在HRW处理下的变化情况,这涉及对特定基因表达量的测定,以了解它们是如何响应镉胁迫和HRW

处理的。同时，为了评估小白菜的抗氧化能力，研究者们测量了多种抗氧化酶的活性，并评估了脂质过氧化水平和活性氧种类的含量。

这些精心设计的实验步骤综合构成了一个全面的研究方案，它不仅揭示了HRW通过生物学机制增强小白菜对镉胁迫的抗性，还深入探讨了氢气如何影响植物的生理反应。这些发现为我们提供了一个全新的视角，以理解氢气在植物生理中的作用，并为农业实践和环境保护开辟了新的可能性。

基于这些方法，研究者们已经能够从宏观到微观层面，全面地掌握氢气对植物生理的影响。接下来，我们将深入探讨实验结果，这些结果不仅验证了HRW的应用潜力，还为我们提供了关于植物如何在分子层面响应环境压力的宝贵信息。

在中国白菜对镉（Cd）耐受性的研究中，HRW的应用展现了显著的正面效果。实验数据显示，经过0.4 mM的HRW预处理的幼苗，在镉胁迫环境下，其根长和鲜重的下降得到了有效缓解。具体而言，与未处理的对照组相比，HRW处理的幼苗在24小时镉处理后，根长增加了约48%，鲜重增加了约16%。此外，原子吸收光谱法的测量结果揭示，HRW预处理显著降低了幼苗根和茎部的镉浓度，12小时、24小时和48小时后降幅分别为16.0%、36.6%、23.5%（根部）和22.4%、24.3%、24.1%

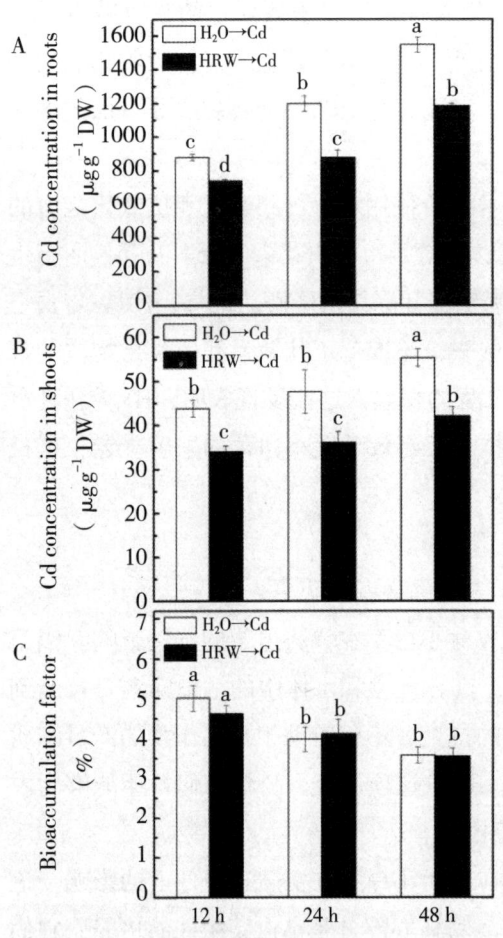

图5-1-1 HRW预处理对镉胁迫下中国白菜幼苗镉浓度的影响，包括根部（A）和茎部（B）的镉浓度[①]

---

① 根部镉浓度（A）：

子图A展示了根部镉浓度随时间的变化情况。在未进行HRW预处理的条件下，可以观察到根部镉浓度随着时间的推移而增加。相比之下，在50%饱和HRW预处理的条件下，根部镉浓度的增长受到了明显的抑制，这表明HRW预处理能够有效降低根部对镉的吸收。

茎部镉浓度（B）：

子图B反映了茎部镉浓度的变化趋势。与根部的情况相似，HRW预处理显著降低了茎部的镉积累量。这一结果表明，HRW预处理不仅减少了根部的镉吸收，还抑制了镉从根部向茎部的转运，从而在植物的可食用部分减少了镉的积累。

生物累积因子（C）：

子图C展示了生物累积因子的变化，该因子是通过计算茎部镉浓度与根部镉浓度的比率得到的。这个比率是衡量镉从根部向茎部运输效率的重要指标。根据图C的数据，HRW预处理似乎并没有显著改变这一比率，意味着HRW对镉在植物体内分布比例的影响有限，但仍然有助于整体降低镉对植物的生物有效性。

（茎部）。

在分子层面上，HRW通过调节与镉吸收和转运相关的关键基因表达，降低了镉的积累。特别是，镉诱导的*IRT1*和*Nramp1*基因上调被HRW显著阻断，而*HMA3*基因的表达则被加强，这有助于镉在根部液泡中的隔离。同时，HRW抑制了*HMA2*和*HMA4*基因的表达，减少了镉从根部向茎部的运输。

抗氧化酶活性的增强是HRW处理的另一重要效果。HRW显著提高了SOD、POD、CAT和APX等抗氧化酶的活性，这些酶在抵御氧化损伤中发挥关键作用。与单独镉处理的幼苗相比，HRW联合处理的幼苗表现出更高的抗氧化酶活性，有效减轻了氧化损伤。

组织化学染色的结果进一步证实了HRW预处理显著降低了镉诱导的ROS积累，包括O_2^-和H_2O_2。此外，HRW处理还降低了TBARS含量，这是脂质过氧化的指标，表明HRW能够减轻氧化损伤，提高根的活力。

类似的实验结果也在多个其他的学者的研究团队上得以展现。

比如来自南京农业大学的吴雪博士的博士论文，她也得到了，外源HRW可以有效缓解小白菜Cd胁迫，并显著降低小白菜Cd含量的结论[2]；邬奇博士也认为，使用HRW向植物供H_2可显著提高小白菜对镉的耐性，缓解镉对小白菜根伸长和生物量积累的抑制[3]。

综合这些结果，可得出如下结论：氢气通过降低与镉吸收相关基因的表达和提高抗氧化酶系统的活性，有效减少了小白菜根对镉的吸收并增强了其抗氧化能力，从而增强了小白菜对镉的抗性。这些发现不仅为理解氢气在植物生理中的作用提供了新的视角，也为农业实践中应对重金属污染提供了潜在的解决方案。

但氢气对小白菜的作用不止于种植阶段。另一项来自江苏省农业科学院农业设施设备研究所的学者团队的研究就探讨了HRW结合真空预冷技术对小白菜的抗衰老和氧化能力的影响[4]。实验人员制备了0.4 mM的HRW溶液，结合预冷技术，将实验用小白菜分为了四组：对照组（未处理的小白菜样本在6~10 ℃下储存），真空预冷组（小白菜新鲜样本进行真空预冷），蒸馏水+预冷组（小白菜样本先在蒸馏水中浸泡10分钟，然后进行真空预冷），以及HRW+预冷组（小白菜样本先在0.4 mM的HRW中浸泡10分钟，随后进行真空预冷）。真空预冷的条件包括：小白菜处理质量5 kg，初始温度25 ℃，最终温度6 ℃，最终压力800 Pa，真空预冷时间30分钟。预冷后的小白菜被整齐地放置在货架上，并在6~10 ℃和80%~90%相对湿度的条件下储存12天，每3天取样一次，取样时去除叶片的主脉外的外部叶片，迅速冷冻于液氮中，然后储存于-80 ℃以备分析。

实验过程中，研究人员测量了小白菜的颜色参数、叶绿素含量、叶绿素衍生物含量、叶绿素降解酶的活性、重量损失率、总酚和抗坏血酸含量、抗氧化酶活性、自由基清除率以及丙二醛含量。这些测量结果不仅反映了小白菜在储存期间的衰老过程，也揭示了HRW和真空预冷技术如何协同作用，以维持小白菜的新鲜度和营养价值。

学者们的实验结果如下。

1. HRW维持叶绿素含量：实验结果表明，0.4 mM的HRW能够有效保持小白菜中叶绿素及其代谢衍生物的含量，如叶绿素a、叶绿素b、叶绿醌a、叶绿醌b、叶绿素a'和叶绿素b'，这些与叶绿素酶、Mg脱螯合酶、叶绿醌酶和叶绿素a'氧化酶的活性降低有关。

2. HRW降低重量损失率：与单独使用真空预冷或水+真空预冷的组别相比，HRW结合真空预冷显著降低了采后白菜的失重率。

3. HRW提高抗氧化酶能力：HRW和真空预冷的联合处理不仅提高了谷胱甘肽还原酶、过氧化氢酶和超氧化物歧化酶的活性，提高了包括总酚和抗坏血酸的抗氧化物质含量，还提高了清除2,2-二苯基-1-苦基肼自由基、超氧阴离子和羟基自由基的速率。

4. HRW抑制衰老过程中的氧化损伤：HRW处理的小白菜在储存期间显示出较低的MDA含量，这是氧化损伤的一个指标，表明HRW通过减少氧化损伤来延缓小白菜的衰老。

综合以上两个研究，我们可以认为，富氢水不但可以提高白菜对镉的耐受性，还可以延缓白菜叶绿素的降解，调节它的衰老过程。因此，富氢水作为一种潜在的农业投入品，对于促进可持续农业发展和提高食品安全具有重要的应用价值。

二、菠菜

菠菜，学名 *Spinacia oleracea* L.，作为一种在世界范围内广泛种植的蔬菜，在我国蔬菜市场中占有举足轻重的地位。它不仅因含有丰富的类胡萝卜素、维生素C、维生素K以及矿物质等营养素而被誉为"营养模范生"，还因其独特的口感和食用价值深受消费者喜爱。在中国，菠菜的种植几乎遍布所有地区，是日常饮食中不可或缺的一部分，对于满足人们对健康饮食的需求具有重要意义。

然而，菠菜的采后保鲜问题一直是制约其市场供应和消费的瓶颈。菠菜叶片大，呼吸作用旺盛，易受机械损伤和微生物侵染，导致品质下降和货架寿命缩短。为了解决这一问题，科学家们进行了大量的研究，探索了多种保鲜技术，以延长菠菜的保鲜期并保持其营养价值。

在这些研究中，有一篇文章特别引人注目，它探讨了HRW处理对菠菜采后贮藏品质的影响[5]。HRW，作为一种具有还原性和抗氧化能力的水溶液，已被证实在果蔬保鲜方面具有潜在的应用价值。在下文中，我们将对这位学者的实验过程与结果进行详细的介绍。

在这篇名为《HRW处理对菠菜采后贮藏品质的影响》的文章中，记录了学者团队精心设计的实验过程，以及其就HRW对菠菜采后贮藏品质影响的评估。实验选用了"帝沃9号"菠菜作为试材，在适宜的条件下种植并采收。首先，菠菜被随机分为两组，一组用去离子水浸泡作为对照组（CK），另一组则使用0.16 mM的HRW处理，处理时间均为10分钟。处理后，菠菜叶片表面水分被去除，并采用0.03 mm厚的PE包装袋进行包装，每袋装有300 g菠菜，共50袋，然后置于20±1℃的冷库中，在相对湿度85%～90%的条件下贮藏5天。

在贮藏期间，研究人员每天对菠菜进行感官评分和取样，样品使用液氮速冻后储存于-80℃的冰箱中。实验包含了三个生物学重复，确保结果的可靠性。HRW的制备是通过鼓泡法，使用氢气发生器将高纯度氢气充入去离子水中，经过一定时间制备出饱和氢气溶解度的HRW，再迅速与去离子水混合至所需的浓度。

实验中对菠菜的感官品质、色泽、失重率、呼吸速率、乙烯释放量、可溶性固形物含量、叶绿素含量、维生素C含量、相对电导率、丙二醛含量、DPPH自由基清除率、LOX活性以及抗氧化酶（CAT、POD、APX）活性等多项指标进行了测定。这些测定有助于全面评估菠菜在贮藏期间的品质变化，以及HRW处理对这些变化的影响。

通过这些详细的实验步骤，研究人员能够深入分析HRW对菠菜采后贮藏品质的具体影响，为菠菜的保鲜提供了科学依据。实验结果表明，经过0.16 mM的浓度HRW处理的菠菜，在贮藏期间的感官品质得到了显著维持，这主要体现在叶片色泽、质地和新鲜度等方面的改善。此外，HRW处理显著降低了菠菜的失重率，这表明它能有效减少菠菜在贮藏过程中的水分蒸发，从而降低因失水导致的萎蔫和黄化。

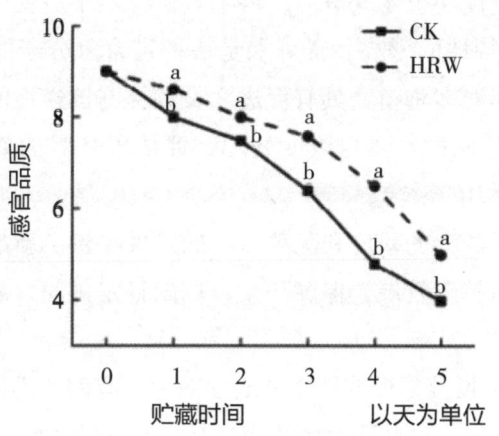

图5-1-2 富氢水处理对菠菜感官品质的影响[①]

在生理指标方面，HRW处理抑制了菠菜的呼吸强度和乙烯释放量，这有助于延缓菠菜的新陈代谢和成熟过程，进一步延长贮藏寿命。同时，HRW处理也延缓了可溶性固形物、叶绿素和维生素C含量的下降，这些指标的维持有助于保持菠菜的营养品质。

抗氧化酶活性的测定显示，HRW处理提高了菠菜中CAT、POD和APX的活性，这表明HRW能够增强菠菜的抗氧化能力，对抗贮藏过程中可能发生的氧化应激。此外，

---

① HRW代表富氢水处理组，CK代表自来水对照组。

HRW处理还降低了LOX活性和MDA含量的积累，这有助于减少细胞膜脂质过氧化和维持细胞膜的完整性。

综合上述结果，研究人员得出结论，HRW处理是一种有效的菠菜采后保鲜方法，它通过降低水分蒸发、抑制呼吸作用和乙烯释放、延缓营养品质下降以及提高抗氧化能力等多重机制，显著延长了菠菜的贮藏期并保持了其商品价值。这些发现为菠菜等绿叶蔬菜的采后保鲜提供了新的策略，并可能对其他果蔬的保鲜技术发展具有启示作用。

三、油菜

油菜（*Brassica napus* L.）是中国蔬菜市场的重要组成部分，不仅在农业经济中占有重要地位，而且在国民饮食文化中也具有深远的影响。作为世界上最大的油菜生产和消费国之一，中国对油菜的需求量巨大，它不仅是重要的油料作物，其幼苗和叶片也是人们日常饮食中不可或缺的蔬菜。油菜的种植和消费对保障国家粮食安全、促进农民增收和满足消费者营养需求具有重要意义。

近年来，随着人们对健康饮食的日益关注，油菜的营养价值和保健功能越来越受到重视。油菜富含蛋白质、维生素和矿物质等多种营养成分，对提高人体免疫力、预防疾病具有积极作用。然而，油菜的生长易受多种非生物胁迫因素的影响，如干旱、盐碱、重金属污染等，这些因素会降低油菜的产量和品质，进而影响市场供应。

为了提高油菜的抗逆性和市场竞争力，科学家们开展了一系列实验研究，探索了HRW对油菜生长及生理特性的影响。富氢水是一种富含氢分子的水溶液，具有抗氧化和抗炎作用，已被证实对多种植物具有促进生长和提高抗逆性的效果。在这些研究中，研究人员通过设置不同的富氢水浓度处理，评估了其对油菜种子发芽、幼苗生长、生理指标和抗氧化能力的影响。

这其中有不少研究为油菜的栽培和蔬菜市场的发展提供了新的策略和技术支持，有助于实现油菜生产的可持续发展，保障蔬菜市场的稳定供应，满足消费者对健康蔬菜的需求。

在探讨HRW对油菜生长及生理特性影响的领域中，有四个不同的研究团队分别从不同的角度进行了实验研究。这些研究团队通过精心设计的实验过程，揭示了HRW对油菜生长的积极作用及其潜在的生理机制。

学者马南行的研究[6]旨在系统评估不同浓度HRW对油菜种子萌发特性、幼苗生长动态及关键生理指标的影响，探索其在蔬菜育苗中的潜在应用价值，并为优化HRW浓度选择提供科学依据。实验以大连本地油菜品种为研究对象，设置纯水对照组（CK）及低浓度（0.15 mM）、中浓度（0.45 mM）、高浓度（0.65 mM）三个HRW处理梯度。试验所用HRW由大连迪麦医疗科技有限公司提供的HRW机制备，通过电解法生成饱和氢水后，使用蒸馏水逐级稀释至目标浓度，并采用便携式溶解氢检测仪精确验证氢离子浓度，确保实验条件的可控性与重复性。试验于2021年3月至5月在大连迪麦医疗科技有限公司实验室内进行，采用完全随机设计，每组设置三次重复，每个处理包含50粒油菜种子，以降低偶然误差对实验结果的影响。

实验过程分为种子预处理、发芽培养及幼苗生长管理三个阶段。首先，油菜种子分别经对应浓度的HRW浸泡30分钟进行活化处理，随后用无菌纱布包裹并转移至恒温培养箱中，在30℃恒温条件下进行发芽培养。发芽期间每日观察记录种子状态，并于处理后第4天统计发芽势（高峰期发芽种子数占总供试种子的百分比），第7天统计最终发芽率，以评估HRW对种子萌发阶段的促进作用。完成发芽试验后，从各处理组中筛选出发芽状态一致的25粒种子，移栽至50孔穴盘中，采用统一配方的营养基质进行育苗管理。幼苗生长阶段每隔5天以对应浓度的HRW进行叶面喷洒处理，共实施5次灌溉，确保幼苗在整个生长期持续接触HRW。培养25天后，采集幼苗样本进行形态指标与生理指标的测定：地上部分生物量通过洗净根系、吸干水分后称量鲜重获得；叶鲜重则选取功能叶片单独测定。生理指标分析包括可溶性蛋白含量、可溶性糖含量、VC含量及纤维素含量，所有测定均严格遵循标准操作流程，并设置技术重复以保障数据准确性。试验数据经SPSS 26.0软件进行单因素方差分析，结合Duncan多重比较检验，以$P<0.05$作为差异显著性判断标准，系统解析不同浓度HRW对油菜生长及代谢活动的调控效应。通过上述多维度、多阶段的实验设计，研究旨在揭示HRW浓度与植物生理响应之间的剂量效应关系，为HRW在蔬菜集约化育苗中的规模化应用提供理论支持与技术参数。

实验结果表明，不同浓度HRW对油菜的生长及生理特性均表现出显著促进作用。在种子萌发阶段，与纯水对照组（CK）相比，低（0.15 mM）、中（0.45 mM）、高（0.65 mM）浓度HRW处理显著提升了油菜种子的发芽势与发芽率。

其中，高浓度HRW组的发芽势达95.7%，较对照组（79.3%）提高16.4个百分点，且与中浓度组（94.5%）差异不显著；发芽率则从对照组的74.1%提升至96.6%，增幅达22.5个百分点，显示出浓度依赖性效应。

幼苗生长方面，HRW处理显著增加了地上部分生物量与叶鲜重，且随浓度升高呈递增趋势：高浓度组地上部分生物量（1.21 $g·m^{-2}$）较对照组（0.79 $g·m^{-2}$）提高53.2%，叶鲜重（0.56 $g·m^{-2}$）较对照组（0.37 $g·m^{-2}$）增加51.4%，中、高浓度组间虽无显著差异，但均显著高于低浓度组。

生理代谢指标中，HRW处理显著提高了油菜的可溶性蛋白、可溶性糖及VC含量。与对照组相比，低、中、高浓度HRW组的可溶性蛋白含量分别增加34.4%、65.6%和82.0%，可溶性糖含量分别提升18.2%、20.0%和27.3%，VC含量则分别增长7.0%、15.1%和27.3%，其中高浓度组VC含量显著优于中、低浓度组。

此外，纤维素含量虽随HRW浓度增加略有下降，但未达显著差异水平。整体而言，高浓度HRW（0.65 mM）在促进发芽、生物量积累及营养品质提升方面表现最优，表明HRW的生理调控效应与其浓度梯度密切相关。

魏晓男团队则探讨了HRW对过量Ca（NO$_3$）$_2$诱导的毒性的影响[7]。他们的研究旨在探究不同浓度富氢水（HRW）对受过量Ca（NO$_3$）$_2$胁迫的小油菜（*Brassica campestris* spp. *chinensis* L.）幼苗生长的调控机制，重点解析HRW如何通过增强抗氧化能力及调节硝酸盐代谢与运输缓解毒性效应。实验采用土培与水培两种体系，来系统评估HRW的作用效果。供试HRW通过氢气发生器将高纯氢气以500 mL/min流速通入蒸馏水30分钟至饱和状态（氢浓度约835.1 μM，即0.835 mM），随后稀释为10%（83.5 μM，0.0835 mM）、30%（236.2 μM，0.236 mM）、50%（417.5 μM，0.418 mM）及100%（835.1 μM，0.835 mM）四种浓度梯度。

土培实验中，小油菜种子经发芽后移栽至蛭石与营养土混合基质中，待幼苗生长至两片真叶时，每隔12小时叶面喷洒50 mL不同浓度HRW，持续17天。处理第7天后，开始施加含80 mM Ca（NO$_3$）$_2$的1/4霍格兰营养液进行胁迫处理，对照组则采用15 mM Ca（NO$_3$）$_2$。水培实验则采用1/4霍格兰营养液培养幼苗4天后，转移至含80 mM Ca（NO$_3$）$_2$及不同浓度HRW的溶液中继续培养4天，每12小时更换一次溶液以维持浓度稳定。所有处理设三次生物学重复，每组包含6株幼苗（土培）或10株幼苗（水培）。

实验过程中，通过组织化学染色定位叶片中超氧阴离子（O$_2^-$）与H$_2$O$_2$积累，并测定丙二醛（MDA）含量及相对电导率以评估膜脂过氧化程度。抗氧化酶活性（SOD、POD、CAT、APX）采用分光光度法测定，硝酸盐含量通过硝基水杨酸比色法分析，硝酸还原酶（NR）及谷氨酰胺合成酶（GS）活性通过特定底物反应定量。此外，利用实时荧光定量PCR技术检测硝酸盐转运基因*BcNRT1.5*与*BcNRT1.8*的表达模式，以解析HRW对硝酸盐长距离运输的调控机制。数据经SPSS软件进行单因素方差分析，结合Duncan多重比较检验（$P < 0.05$）评估差异显著性。通过上述多维度实验设计，研究旨在阐明HRW缓解Ca（NO$_3$）$_2$毒性的生理与分子机制，为富氢水在设施蔬菜抗逆栽培中的应用提供理论依据。

实验结果表明，富氢水（HRW）对缓解Ca（NO$_3$）$_2$过量胁迫下油菜幼苗的毒性具有显著作用。在土壤栽培体系中，80 mM Ca（NO$_3$）$_2$处理导致幼苗鲜重下降45.5%，株高降低22.1%，同时地上部硝酸盐含量较对照组激增11倍；而叶面喷洒50% HRW（417.5 μM，即0.418 mM）显著恢复幼苗生长，使地上部鲜重提升至接近正常水平，并减少硝酸盐积累，其中30% HRW（236.2 μM）和50% HRW分别使地上部硝酸盐含量降低35.6%和28.1%。水培实验进一步验证，HRW处理显著缓解Ca（NO$_3$）$_2$对根长的抑制，50% HRW使受胁迫幼苗的根长恢复至对照组的80%以上，地上部鲜重亦显著增加。

生理机制分析显示，Ca（NO$_3$）$_2$胁迫导致活性氧（ROS）大量积累，O$_2^-$和H$_2$O$_2$在叶片中显著富集，丙二醛（MDA）含量及相对电导率分别上升62.2%和83%，表明膜脂过氧化加剧。HRW处理（尤其是50%浓度）有效降低ROS水平，使H_2O_2和MDA含量分别减少14.4%和28.4%，同时提升超氧化物歧化酶（SOD）、过氧化物酶（POD）、过氧化氢酶（CAT）及抗坏血酸过氧化物酶（APX）活性，其中SOD和CAT活性在30% HRW处理下增幅最大，POD和APX则在50% HRW处理时达峰值。

在硝酸盐代谢方面，HRW通过调控转运基因表达重塑硝酸盐稳态。80 mM Ca$(NO_3)_2$胁迫下，硝酸盐转运基因*BcNRT1.5*（负责硝酸盐向地上部运输）表达显著上调，而*BcNRT1.8*（介导硝酸盐根部滞留）表达受抑；50% HRW处理逆转此趋势，抑制*BcNRT1.5*表达并增强*BcNRT1.8*表达，使根部硝酸盐占比提高，减少向地上部的转运。此外，HRW提升硝酸还原酶（NR）和谷氨酰胺合成酶（GS）活性，分别增加31.9%和25.4%，促进硝酸盐同化为氨基酸，进一步降低植株内硝酸盐毒性积累。上述结果表明，HRW通过协同增强抗氧化防御、调节硝酸盐代谢与运输途径，多维度缓解Ca$(NO_3)_2$过量胁迫，为设施蔬菜安全生产提供了潜在解决方案。

程鹏飞学者团队探索了AB作为新型氢气供体在农业现场应用中提升甘蓝型油菜耐寒性的作用机制[8]，并验证其是否通过硫化氢（H_2S）信号通路实现这一效果。实验首先选用商业油菜种子（*Brassica napus* L. cv. Zhongshuang11），经次氯酸钠消毒后置于恒温光照培养箱中萌发，控制条件为21℃、200 μmol·m^{-2}·s^{-1}光照及14小时光周期。三日后，幼苗分别暴露于常温（21℃）或冷胁迫条件（4℃），并通过添加不同处理试剂（如1 mg/L AB、1 mM NaHS、500 μM HT或5 μM PAG）探究其生理响应。

为评估冷胁迫对植物的影响，实验测定了一系列生理指标。其中包括测量叶绿素a和b的含量，以及采用硫代巴比妥酸反应物质（TBARS）和相对电导率（REC）评估膜脂过氧化程度，同时通过DAB和NBT染色法可视化根尖过氧化氢（H_2O_2）及超氧阴离子（O_2^-）积累。抗氧化酶活性（如SOD、CAT、APX、POD）通过分光光度法测定，并利用实时定量PCR分析相关基因的转录水平变化。

H_2S含量及合成关键酶（如半胱氨酸脱硫酶，DES）活性通过分光光度法和荧光探针AzMC结合激光共聚焦显微镜进行定量与定位分析。此外，通过田间试验验证AB的实际应用潜力，将油菜种植于自然环境中，每月定期施用1 mg/L AB，监测冬季至早春季节植株表型、光合参数及关键耐寒基因（如*ICE1*、*CBF5*、*CBF17*、*COR*）的表达。所有实验均设置三次生物学重复，数据经OriginPro统计软件分析，采用Turkey多重检验或t检验评估差异显著性。通过上述系统性实验设计，学者旨在阐明AB通过H_2S信号调控植物耐寒性的分子与生理机制，并为农业实践提供理论支持。

研究结果显示，氨硼（AB）处理显著缓解了冷胁迫对甘蓝型油菜幼苗生长的抑制作用。在4℃低温条件下，施用1 mg/L AB的植株相较于未处理组，其茎长、根长、茎粗、鲜重、相对含水量及叶绿素含量等生理指标的下降幅度显著减小，如图5-1-3所示。

图5-1-3　在冷胁迫下，添加AB、HT（硫化氢清除剂）或PAG（硫化氢合成抑制剂）对根长度的影响[①]

茎长抑制率从-35.6%改善至-10.8%，叶绿素含量损失从-14.8%降低至-3.2%。同时，冷胁迫诱导的氧化损伤现象在AB处理组中明显减弱：根组织中过氧化氢（H_2O_2）和超氧阴离子（O_2^-）的积累量分别减少24.1%和20.5%，硫代巴比妥酸反应物质（TBARS）和相对电导率（REC）的升高趋势也得到有效抑制。这一保护作用与AB增强抗氧化系统活性密切相关，其中超氧化物歧化酶（SOD）、过氧化氢酶（CAT）、抗坏血酸过氧化物酶（APX）和过氧化物酶（POD）的活性分别提升至对照组的49.3%、39.2%、75.5%和61.9%，且相关基因的转录水平同步上调。

实验进一步揭示了AB通过硫化氢（H_2S）信号通路调控耐寒性的机制。低温胁迫本身会激活半胱氨酸脱硫酶（DES）活性，促进内源H_2S的合成，而AB处理使这一效应进一步增强，H_2S含量在冷胁迫6小时后达到峰值，较未处理组显著升高。通过荧光探针AzMC结合激光共聚焦显微镜观察，发现AB与H_2S供体NaHS类似，可显著增强根尖H_2S的荧光信号，而H_2S清除剂（HT）或DES抑制剂（PAG）则完全阻断了AB的保护作用，导致植株生长抑制和氧化损伤加剧。田间试验进一步验证了AB的实用性：在自然低温条件下，每月施用1 mg/L AB的油菜植株鲜重和叶绿素含量显著高于对照组，光合参数（净光合速率Pn、气孔导度Gs）显著提升，且耐寒关键基因（ICE1、CBF5、CBF17、COR）的表达水平显著上调。这些结果共同表明，AB通过强化H_2S信号通路，协调抗氧化防御与基因表达调控，从而在实验室和田间环境中均能有效提升甘蓝型油菜的耐寒性。

① Con代表对照组，AB代表氨硼烷处理组，HT代表硫化氢清除剂处理组，PAG代表硫化氢合成抑制剂处理组，NaHS代表硫氢化钠处理组。

学者赵干的研究则旨在探究通过氨硼烷（AB）制备的富氢水（HRW）对油菜（*Brassica napus* L.）幼苗在盐胁迫（NaCl）、干旱（PEG模拟）及镉胁迫（CdCl$_2$）下的生理调控作用，并验证其相较于传统电解法制备HRW的优势[9]。实验采用水培体系，以油菜品种"中双"为材料，通过AB与水的缓慢反应制备HRW，氢浓度通过溶解氢检测仪测定，结果显示1 mg/L、2 mg/L和5 mg/LAB分别对应氢浓度约0.184 mM、0.312 mM和0.528 mM，其中2 mg/L（0.312 mM）AB制备的HRW在72小时内保持稳定氢浓度，显著优于传统电解法HRW（氢浓度5小时内降至基线水平）。

胁迫处理设置包括150 mM NaCl模拟盐胁迫、20% PEG-6000模拟干旱胁迫及100 μM CdCl$_2$模拟镉胁迫。3日龄油菜幼苗分别置于含上述胁迫因子的1/2霍格兰营养液中，同时添加不同浓度AB制备的HRW，持续处理3天。对照组采用无胁迫条件的1/2霍格兰营养液。

该实验的生理指标检测涵盖活性氧（ROS）积累（DAB和NBT组织化学染色）、丙二醛（MDA）含量（硫代巴比妥酸法）、抗氧化酶活性及Na$^+$、K$^+$、H$^+$、Cd^{2+}的稳态。脯氨酸代谢通过高效液相色谱（HPLC）及比色法测定含量，并分析有关酶的活性。所有实验设三次生物学重复，数据经SPSS 17.0进行单因素方差分析及Duncan多重比较（$P<0.05$），以系统解析HRW通过NO信号通路调控油菜幼苗抗逆性的潜在机制。

实验结果表明，AB制备的HRW（0.312 mM）显著提升了油菜幼苗对盐胁迫（150 mM NaCl）、干旱（20% PEG-6000）及镉胁迫（100 μM CdCl$_2$）的抗性。

在盐胁迫下，HRW处理使幼苗根鲜重和株高分别恢复至对照组的85%和78%，并通过上调*BnSOS1*（液泡Na$^+$/H$^+$逆向转运蛋白基因）和*BnNHX1*（质膜Na$^+$/H$^+$逆向转运蛋白基因）表达，降低根内Na$^+$含量（降幅达32%），同时提升K$^+$含量（增幅18%），使Na$^+$/K$^+$比值降低40%。非损伤微测技术（NMT）进一步显示，HRW处理显著增强根尖Na$^+$外排速率（提高2.1倍）并减少K$^+$流失（降幅达45%）。

在干旱胁迫下，HRW通过激活Δ^1-吡咯啉-5-羧酸合成酶（P5CS）活性（增幅65%）并抑制脯氨酸脱氢酶（ProDH）活性（降幅38%），使根内脯氨酸含量提升至对照组的2.3倍，从而增强渗透调节能力。对于镉胁迫，HRW处理使根部Cd^{2+}积累量减少52%，同时通过抑制*BnIRT1*（铁调控转运蛋白基因）表达降低Cd吸收速率（降幅40%），并通过增强超氧化物歧化酶（SOD）和抗坏血酸过氧化物酶（APX）活性（分别提高58%和44%）减少丙二醛（MDA）含量（降幅37%），缓解膜脂过氧化。

四、韭菜

韭菜，学名*Allium tuberosum* Rottler ex Spreng.，是一种在亚洲尤其是中国广泛种植的蔬菜，也称为"中国韭菜"。它属于葱科葱属的多年生草本植物，以其嫩绿的叶片和白色的鳞茎部分——俗称"韭菜白"而闻名。韭菜不仅是一种常见的食材，因其独特的香味和口感，常被用于各种菜肴的烹饪，包括炒食、做馅或作为调味料，而且在中医中也具有一定的药用价值，被认为有助于改善消化、促进血液循环等。

在市场上，韭菜因其高产、易种植和对环境适应性强的特点而受到菜农的青睐。它在中国的菜市场和超市中占据了重要位置，是许多家庭日常饮食中不可或缺的一部分。韭菜的季节性较强，通常在春秋两季收获，但在现代农业技术的帮助下，通过温室种植等方式，可以实现全年供应。此外，随着对健康饮食意识的提高，韭菜作为一种富含膳食纤维、维生素和矿物质的健康蔬菜，其市场需求在逐渐增长，不仅在传统市场，也在健康食品和有机产品市场中占有一席之地。韭菜的出口贸易也在增加，尤其是在亚洲国家之间，因其独特的风味和营养价值而受到欢迎。

有篇文章的实验背景集中在探讨H_2在维持韭菜储存品质中的作用[10]，特别是通过提高抗氧化能力来实现这一目标。中国韭菜是一种在亚洲和欧洲广泛种植的受欢迎蔬菜，但由于其易腐性，在收获后很快就会失去新鲜度，这对运输和储存构成了挑战。为了延长中国韭菜的货架寿命并保持其营养价值，研究者们一直在寻找更环保和有效的保鲜方法。尽管已有一些方法被提出，如应用细胞分裂素化合物和在富含二氧化碳的气氛中储存，但科学家和消费者仍面临着寻找更有效方法的挑战。鉴于此，本研究旨在研究分子氢在维持中国韭菜储存品质和延长货架寿命中的效果，以及它如何影响ROS代谢和抗氧化防御系统。这些发现不仅具有理论和实践意义，而且可能为其他易腐蔬菜的运输和消费提供新的视角。

实验过程开始于选择新鲜的中国韭菜，这些韭菜无缺陷、无病害和物理损伤，并迅速转移到实验室。挑选出颜色均匀、大小一致且无枯萎和黄化倾向的韭菜用于后续实验。实验中，韭菜被分为几个处理组，包括对照组（空气）和不同浓度的氢气处理组，分别为1%、2%和3%的H_2。通过精确计算，从氢气发生器产生的纯度为99.99%的氢气被注入密封的塑料容器中，以达到所需的氢气浓度。所有处理组的气体每日更新，并将容器存放在4±1℃的冰箱中，保持70%～75%的相对湿度。

实验过程中，学者们监测了韭菜在储存期间的感官品质，包括色泽、腐烂指数、重量损失比率和可溶性蛋白含量。为了评估韭菜的抗氧化能力，该研究测定了韭菜中的总酚、黄酮和维生素C含量，以及ROS和过氧化氢（H_2O_2）的积累情况。还评估了抗氧化酶活性，包括SOD、POD、CAT和APX。

为了进一步了解氢气处理对韭菜非酶抗氧化物质及其代谢的影响，学者们还测定了还原型GSH含量和GR活性。所有的样本都是在健康的韭菜组织中采集的，用于后续的分析。实验重复了三次，每次实验都有三个生物学重复，以确保数据的准确性和可靠性。通过这些实验步骤，学者们旨在揭示氢气处理对中国韭菜在储存期间品质维持的潜在影响，以及其可能的抗氧化机制。

与对照组相比，3% H_2处理显著延长了中国韭菜的货架寿命如图5-1-4所示，这通过明显减缓腐烂指数的增加、重量损失比率的减少以及可溶性蛋白含量的降低得到了证实。此外，H₂处理还有效减缓了总酚、黄酮和维生素C含量的下降趋势，这些成分对于韭菜的营养价值和抗氧化能力至关重要。

图5-1-4　氢气对中国韭菜货架寿命的影响（d表示天）①

在抗氧化能力方面，H₂处理显著减少了ROS和过氧化氢（H_2O_2）的积累，这与DPPH清除活性的提高和抗氧化酶活性的增强相一致。具体来说，SOD、POD、CAT和APX的活性在H₂处理下得到了显著提升，尤其是在3% H₂处理组中。

此外，H₂处理还提高了韭菜中还原型GSH的含量和GR的活性，这些都是维持细胞内氧化还原平衡的关键因素。这些结果表明，H₂通过增强抗氧化防御系统，有效地减轻了储存期间韭菜的氧化损伤，从而有助于保持其感官品质和营养价值。这些发现为使用分子氢作为一种潜在的保鲜技术提供了科学依据，可能会对中国韭菜等易腐蔬菜的运输和消费产生重要影响。

五、上海青

宋韵琼等人的研究专注于探究HRW对青菜产量和品质的影响，特别是针对华耘青1号青梗菜这一品种[11]。该研究采用了不同浓度的HRW处理，包括50% HRW喷施、10% HRW浸种以及10% HRW浸种后结合50% HRW喷施，与清水对照组相比较，以评估这些处理对青菜生长的多种指标的影响。

实验中，HRW是通过电解水的方法制备，得到的氢气体积比为99.99%，然后与清水混合制成不同浓度的HRW溶液。研究中特别指出了HRW（100% 以0.8 mM计）的浓

---

① Control代表对照组。

度梯度，包括1%、10%、25%、50%、100%的体积比，这为后续实验提供了精确的浓度控制。实验结果显示，采用10% HRW浸种结合50% HRW喷施的处理方式，在本试验条件下，获得了最佳的增产效果。这种处理显著提升了青菜的总叶数、最大叶长×叶宽、开展度和株高等形态学指标。

在生物量方面，10% HRW浸种结合50% HRW喷施的处理方式同样表现出色，显著增加了青菜单株鲜重、地上部鲜重和地下部鲜重，并提高了叶片干物质含量。这些结果表明，HRW处理不仅能促进青菜的生长，还能增强其生物量和可能的抗逆性。

品质指标方面，研究测量了纤维素、可溶性糖、可溶性蛋白、维生素C（VC）和硝酸盐等含量。结果显示，HRW处理显著降低了青菜中的纤维素和硝酸盐含量，而可溶性蛋白含量显著提高。特别是，10% HRW（0.08 mM）浸种结合50% HRW（0.4 mM）喷施的处理方式在提升可溶性糖含量方面表现出显著效果。此外，仅50% HRW喷施处理显著提高了青菜中VC的含量。

综上所述，宋韵琼等人的研究为使用HRW提高青菜产量和品质提供了有力的实验依据。通过精确控制HRW的浓度和施用方式，该研究不仅增进了对HRW在农业应用中的理解，还为青菜等蔬菜作物的栽培提供了新的策略。这些发现对于推动HRW在农业领域的应用具有重要意义，尤其是在提高作物产量和改善品质方面。未来的研究可以进一步探索HRW在其他作物上的应用效果，以及其潜在的作用机制。

我们接下来要介绍一个研究。它的实验背景主要集中在探讨采后上海青的营养品质变化及其保鲜技术[12]。上海青作为一种重要的绿叶蔬菜，因其丰富的营养价值和良好的口感而深受消费者喜爱。然而，由于上海青在采收后易受到失水、黄化、腐烂等因素的影响，导致其货架期较短，营养品质迅速下降，这不仅影响了消费者的购买体验，也给蔬菜的运输和销售带来了挑战。为了延长上海青的货架期并保持其营养价值，研究者们一直在探索有效的保鲜技术。

在众多的保鲜技术中，物理保鲜技术因其副作用小、操作简便等优点而备受关注。其中，真空预冷技术通过降低环境压力来加速水分蒸发，从而达到快速降温的目的，有助于去除田间热，减少叶菜的呼吸作用，延缓其衰老过程。此外，HRW作为一种新型的保鲜处理手段，因其高渗透性和抗氧化特性，在果蔬保鲜领域显示出巨大的潜力。研究表明，HRW能够调节果蔬的抗氧化系统，减少氧化损伤，从而延缓果蔬的衰老。

基于此，本研究旨在通过实验探讨不同贮藏温度对上海青货架期及营养品质的影响，筛选出适宜的贮藏温度。同时，研究HRW处理对延缓上海青衰老、维持其营养品质的效果。最后，结合真空预冷技术，探索HRW与真空预冷相结合的复合保鲜方法，以期为上海青的采后保鲜提供新的技术支持。通过这些研究，不仅能够为上海青的保鲜提供科学依据，也为其他叶菜类蔬菜的保鲜技术研究提供参考。

在本研究中，学者们首先关注了采后上海青在不同贮藏温度下的营养品质变化。

他们设计了一系列实验,将上海青置于0 ℃、5 ℃、10 ℃、15 ℃、20 ℃、25 ℃和30 ℃的温度条件下,并在相对湿度为85%~90%的环境中进行贮藏。实验的目的是确定不同温度对上海青货架期和营养品质的影响,以筛选出最佳的贮藏温度。

为了研究HRW对上海青保鲜效果的影响,研究者们制备了不同浓度的HRW。他们使用氢气发生器产生高纯度氢气,并将其通入蒸馏水中,制备出饱和的HRW。然后,通过稀释这个饱和溶液,得到了不同浓度的HRW,包括1%(0.0066 mM)、10%(0.066 mM)、50%(0.33 mM)和100%的HRW溶液。在实验中,研究者们测定了新制备的HRW中氢的浓度,发现在100%浓度的HRW中,氢的浓度约为0.66 mM。

接下来,研究者们探索了不同浓度的HRW对上海青的保鲜效果。他们将上海青浸泡在不同浓度的HRW中,处理时间和浓度根据预实验结果进行了优化。处理后的上海青被沥干,并在20 ℃的条件下贮藏,以模拟室温环境。在贮藏期间,研究者们定期观察和记录上海青的外观品质,如叶片颜色、黄化程度等,并测定了与叶绿素代谢相关的酶活性,以及叶绿素及其衍生物的含量。

最后,为了评估HRW结合真空预冷技术的保鲜效果,研究者们在真空预冷前使用50%(0.33 mM)的HRW对上海青进行了浸泡处理。他们设定了特定的真空预冷参数,包括终压800 Pa、初温24 ℃、终温6 ℃,并控制补水率为6%。预冷处理后,上海青被包装并贮藏,定期监测其贮藏期间的营养品质变化。

整个实验过程严格遵循科学方法,确保了实验结果的准确性和可靠性。通过这些细致的实验设计和操作,研究者们旨在揭示HRW处理和真空预冷技术对上海青保鲜效果的影响,为开发新的采后保鲜技术提供科学依据。

在本研究中,学者们通过一系列精心设计的实验,得出了有关采后上海青保鲜效果的实验结果。首先,他们发现不同贮藏温度对上海青的货架期和营养品质有显著影响。在较低的温度(0 ℃、5 ℃)下,上海青的货架期得到了显著延长,而较高的温度(20 ℃、25 ℃、30 ℃)则加速了上海青的衰老过程。特别是在15 ℃时,上海青的货架期出现了明显的拐点,表明这一温度是影响上海青保鲜的关键阈值。

其次,学者们探究HRW处理对上海青保鲜效果的影响。实验结果显示,50%(0.33 mM)HRW处理的上海青在贮藏期间表现出较好的保鲜效果,如图5-1-5所示。

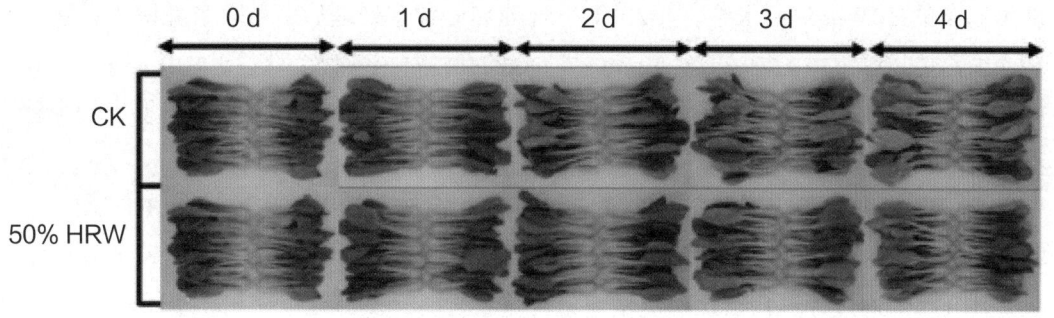

图5-1-5 HRW对采后上海青外观品质的影响(d表示天)

此外，HRW处理还有助于有效抑制叶绿素降解相关酶的活性，从而延缓了叶绿素含量的下降速度，维持了上海青中的抗氧化成分，如类胡萝卜素、叶黄素和总酚的含量，这些成分对于保持上海青的营养品质至关重要。

最后，结合真空预冷技术的实验结果表明，HRW与真空预冷的联合处理进一步提高了上海青的保鲜效果。这种复合保鲜方法不仅减缓了上海青在贮藏期间的失水现象，还显著降低了MDA的积累，这是细胞膜脂过氧化的一个关键指标。同时，HRW结合真空预冷处理还提高了抗氧化酶的活性，增强了上海青的抗氧化能力，从而有效延缓了上海青的衰老过程。

第二节　秋葵

有一个中国学者团队撰写了一篇实验背景集中在探讨HRW对于延缓秋葵[*Abelmoschus manihot*（L.）*Medik.*]采后软化和延长货架寿命的潜在效果的文章[13]。秋葵作为一种营养价值高且广受欢迎的蔬菜，其采后的保鲜是一个挑战，因为秋葵果实在收获后很快就会软化，容易受到机械伤害，这些因素限制了其储存寿命并减少了消费者的接受度。尽管已有多种技术，如基于海藻酸盐的涂层、多胺、1-甲基环丙烯和赤霉素等被证明可以成功地延缓秋葵的衰老并延长其采后储存时间，但仍然需要更简便和更安全的技术支持来保持秋葵的新鲜度并延缓其衰老过程。因此，他们研究的目标是评估HRW处理对秋葵采后果实软化和品质保持的效果，并分析细胞壁组成和细胞壁代谢基因的变化，以阐明HRW延缓秋葵软化和延长储存寿命的机制。

在这项研究中，学者们首先准备了HRW，通过将纯度为99.99%的氢气（H_2）以每分钟300 mL的速率通入8 L纯净水中，持续160分钟，于25 ℃条件下进行，以获得饱和的HRW（0.8 mM）。通过气相色谱分析，新制备的HRW中氢气的浓度为0.22 mM，并且在25 ℃下至少12小时内保持相对恒定。

实验所用的秋葵在2021年7月从宁波当地农场采摘，挑选出无病害和机械损伤、成熟度和大小一致的秋葵，随机分为两组，每组200个果实。将秋葵分别浸入0.22 mM新鲜制备的HRW或对照水中，于25 ℃下处理15分钟。处理后，秋葵自然晾干，然后装入聚乙烯袋中（每个袋子直径5 mm×5 mm的孔，每袋装10个秋葵），在25±1 ℃和80%~90%相对湿度的条件下储存，持续15天。在储存期间，每隔3天随机取出40个秋葵进行分析。

为了评估HRW处理对秋葵果实硬度和失重的影响，使用质地分析仪（FTC, TMS-Touch）配备7.5 mL直径的探头，以10 mL/s的速度测定每个样本中10个秋葵的硬度。失重率（%）通过计算初始秋葵重量与最终重量之差，然后除以初始秋葵重量得出。

接着，学者们提取并分析了细胞壁成分。首先，将10 g秋葵组织研磨后用95%（v/v）乙醇处理，然后在沸水中维持30分钟，重复此步骤直至上清液中无糖产生。之后，残渣经冷却、均质化，并在4 ℃下用90%（v/v）二甲基亚砜处理过夜以去除淀粉，再用氯仿-乙醇（1∶1）洗涤三次。得到的细胞壁材料在40 ℃的真空烘箱中干燥过夜并称重。然后，使用先前描述的方法对细胞壁材料进行分级。通过m-hydroxydiphenyl方法测定水、EDTA和Na_2CO_3分级中的醛酸含量，以半乳糖醛酸为标准。使用苯酚-硫酸法测定纤维素和半纤维素的含量，以葡萄糖作为这些测定的标准。

最后，为了分析基因表达，根据植物RNA提取试剂盒的指南，将冷冻的秋葵组织仔细研磨后提取总RNA。使用SuperRT cDNA合成试剂盒合成第一链cDNA。在Step One Plus™实时PCR仪器上进行RT-qPCR反应，包括SYBR Green I Master Mix和基因特异性引物。使用2-ΔCt方法进行相对定量，以AcACT表达作为内部参考。

实验结果表明，HRW处理显著保持了秋葵果实的硬度，并延缓了软化过程，从而延长了秋葵在储存期间的货架寿命如图5-2-1所示。

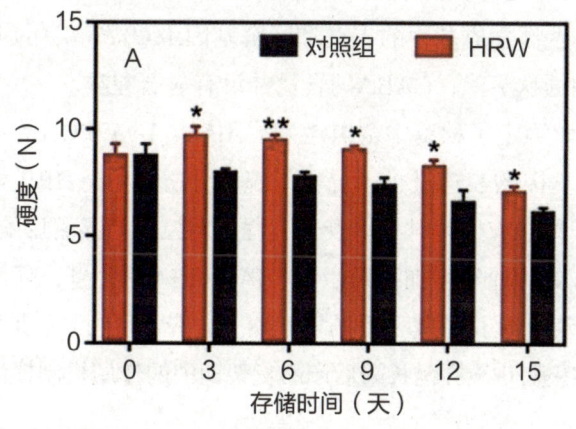

图5-2-1　不同储存时间下经HRW处理过的秋葵与对照组的硬度对比

具体来说，与未处理的秋葵相比，经过HRW处理的秋葵在储存期间的硬度显著提高，失重率也显著降低。在细胞壁成分方面，HRW处理显著抑制了水溶性和螯合物溶性果胶的积累，并延缓了Na_2CO_3溶性果胶含量的下降，同时提高了半纤维素和纤维素的含量。在基因表达层面，HRW处理在储存初期通过上调与果胶、半纤维素和纤维素生物合成相关的基因表达来维持细胞壁的合成。在储存末期，HRW处理通过下调多个细胞壁降解基因的表达，包括*AePME*、*AeGAL*和*AeCX*，来抑制细胞壁的解体。这些发现表明，HRW处理通过在储存的不同阶段调节细胞壁的生物合成和解体，从而延缓了秋葵的软化并延长了其货架寿命。

他们的研究更侧重于细胞壁的变化和相关基因表达，以阐明HRW延缓秋葵软化和延长储存寿命的机制。那么，经过HRW处理的秋葵在衰老过程中，植物激素层面有何变化呢？这里，我们有必要介绍其团队的另一个研究[14]。该团队实验研究了HRW对秋葵采后货架期延长的效果及其潜在的调控机制。研究团队通过对比处理组和对照组的秋葵，发现HRW处理能够显著延迟秋葵的衰老过程，并在存储期间保持了果实的品质。实验中使用的HRW浓度为0.22 mM，这一浓度在之前的研究中已被证实能够对秋葵的软化过程产生延迟作用，并延长其存储时间。

在实验过程中，研究人员对秋葵进行了HRW处理，并将其储存在25±1 ℃的温度和80%~90%的相对湿度条件下，持续12天。在这一过程中，每隔3天对秋葵的衰老指数和DE值进行测量，以评估HRW处理对秋葵外观和色泽的影响。结果显示，与对照组相比，经过HRW处理的秋葵在存储期间衰老速度更慢，果实品质得到了更好的维持。

实验结果表明，HRW处理能够上调秋葵中所有褪黑激素生物合成基因的表达，如*AeTDC*、*AeSNAT*、*AeCOMT*和*AeT5H*，从而提高处理后秋葵中褪黑激素的含量。同时，HRW处理还增加了秋葵中IAA和GA代谢相关基因的表达，这些基因的上调与IAA和GA含量的增加有关。此外，与未处理的秋葵相比，经过HRW处理的秋葵中ABA含量较低，这是由于其生物合成基因的下调和降解基因*AeCYP707A*的上调所致。然而，在非处理和HRW处理的秋葵中，GABA的含量并没有显著差异。

通过ELISA试剂盒测定了秋葵中褪黑激素、ABA、IAA和GA的水平，并通过实时定量PCR技术对相关基因的表达进行了分析。统计分析显示，HRW处理与对照组之间存在显著性差异，表明HRW处理对秋葵衰老过程的调控具有显著影响。

综上所述，HRW处理通过增加褪黑激素、IAA和GA的含量，降低ABA含量，从而延缓了秋葵的衰老过程，延长了其采后的货架期。这些发现为采后果实的保鲜提供了新的策略，并为进一步探索HRW在延长采后产品货架期中的作用机制提供了科学依据。

第三节　番茄

中国的番茄种植行业是中国农业的重要一环，具有显著的地域性和季节性特征。中国是世界上最大的番茄生产国之一，其产量在全球范围内占据重要地位。番茄种植遍布全国多个省份，但主要集中在山东、新疆、内蒙古、河北、四川等地区，这些地区拥有适宜的气候和土壤条件，有利于番茄的生长。

中国的番茄种植方式多样，包括传统的露地种植和现代设施种植，如大棚和温室。保护地栽培可以有效控制生长环境，提高产量和品质，同时延长供应期，满足市场需求。近年来，随着农业科技的进步，中国的番茄种植行业逐渐向现代化、集约化和标准化方向发展，广泛采用了滴灌、水肥一体化等高效节水灌溉技术，以及生物防治和病虫害综合管理等绿色防控技术。

中国的番茄种类丰富，包括鲜食番茄、加工番茄和兼用型番茄。鲜食番茄主要供应新鲜蔬菜市场，而加工番茄则用于制作番茄酱、番茄汁、番茄罐头等产品。中国的番茄加工业相当发达，番茄酱等加工产品不仅满足国内需求，还大量出口到国际市场。

然而，中国的番茄种植行业也面临着一些挑战，如气候变化、病虫害、市场波动等。为了提高番茄产业的竞争力和可持续发展，中国政府和农业部门积极推动农业科技创新，加强农业基础设施建设，提高农民的种植技术和管理水平，同时通过政策扶持和市场引导，促进番茄产业的健康发展。此外，随着消费者对食品安全和健康饮食的日益关注，中国的番茄种植行业也在积极适应市场变化，发展绿色有机番茄种植，满足消费者对高品质番茄产品的需求。

一、氢气通过调节一氧化氮合成参与生长素诱导的侧根形成

在这一研究中，有学者探讨了H_2在植物生长素诱导的侧根形成中的作用，特别是通过调节一氧化氮（NO）的合成[15]。实验使用了不同浓度的外源H_2处理植物，发现H_2能在剂量依赖的方式下诱导侧根形成，其中0.39 mM的H_2处理在番茄幼苗中的效果最为显著。研究还发现，生长素类似物NAA能够触发番茄幼苗内源H_2的产生，而生长素运输抑制剂NPA则抑制了H_2的产生和侧根的发展。此外，通过外源H_2的应用，可以恢复由NPA抑制的侧根形成和H_2产生。

研究中，内源NO的水平通过特定的探针DAF-FM DA和电子顺磁共振（EPR）分析被检测出来，结果显示在NAA和H_2处理的番茄幼苗中NO水平增加。进一步的实验表明，NO的产生和随后的侧根形成可以通过NO清除剂cPTIO和一氧化氮合酶（NR）抑制剂来阻止。分子证据也证实了一些代表性的NO靶向细胞周期调节基因也被H_2诱导，但在去除内源NO后受到影响。遗传证据表明，在H_2存在的情况下，拟南芥中两个硝酸还原酶（NR）缺陷突变体nia1和nia2表现出侧根长度的缺陷。

实验结果表明，生长素诱导的H_2产生与侧根形成相关，至少部分是通过NR依赖的NO合成。这些发现为理解H_2在植物根器官发生中的作用提供了新的见解，并为H_2在农业实践中的应用提供了理论基础。研究还指出，H_2不仅是对抗非生物胁迫的重要植物生长调节剂，而且是在生长素依赖的方式下诱导根器官发生的诱导剂。研究中使用的H_2浓度约为0.39 mM，这一浓度在实验中被证实对番茄幼苗侧根形成具有显著的促进作用。

总的来说，这项研究提供了关于H_2在植物生长和发育中作用的新见解，特别是其在调节侧根形成中的作用，以及与NO合成之间的相互作用。这些发现可能对提高植物的抗逆性和改良作物生长条件具有重要意义。

二、HRW处理对番茄生长发育和产量的影响

赵懿颖等人在2022年于《农业与技术》发表了一篇文章[16]。该文章的研究探讨了HRW对番茄生长发育和产量的影响。文章中指出，氢气作为一种具有调节植物生长发育和增强抗逆能力的物质，已受到广泛关注。研究选用了"Micro-Tom"番茄作为试验材料，旨在分析不同浓度的HRW对番茄种子萌发、坐果率、果实纵横径、单果鲜重及单株产量的影响。

实验中，HRW的制备方法是将100粒水素球置于去离子水中12小时以上，制得饱和HRW，并通过CT-8023富氢测试笔测定新制备的饱和HRW中氢气浓度约为0.7 mM。实验分为六组，包括清水处理的对照组和五个不同浓度（15%、25%、50%、75%和100%）的HRW处理组。

实验结果显示，大多数浓度的HRW对番茄种子的发芽率及发芽指数影响不显著，但25% HRW（0.175 mM）处理后的番茄种子发芽势显著下降。在植株生长方面，15%（0.105 mM）、25%（0.175 mM）、50%（0.35 mM）和75%（0.525 mM）的HRW处理显著增加了番茄植株茎秆粗度，其中25% HRW处理的效果最显著。对于果实品质，25%、50%和75% HRW处理后番茄果实横径和纵径均明显增加。100% HRW处理能显著提高番茄坐果率，而25%和50% HRW处理能明显提高番茄果实单果鲜重和单株产量，其中50% HRW处理的增产效果最为显著。

该研究表明，尽管HRW对番茄种子的萌发影响有限，但其对番茄植株的生长发育具有显著的促进作用，能够提高坐果率和产量。这些发现对于改善植物生长状态、提高产量和推动绿色农业的发展具有重要意义。研究还指出，HRW处理操作简单、成本低、环保，为农作物生长发育及产量的研究或推广应用提供了参考。

综上所述，该研究提供了关于HRW在农业应用中的潜力和效果的有价值的数据，特别是在提高番茄产量和改善果实品质方面的应用。通过不同浓度的HRW处理，研究揭示了HRW在植物生长调节中的潜在作用，为未来在农业领域中应用HRW提供了科学依据。

三、富氢水调控番茄幼苗耐低温性的初步研究

在一向研究中，学者郑瑜玮以"金冠五号"番茄为材料，旨在探究对番茄幼苗生长发育及其在低温胁迫下的影响[17]。研究中使用的HRW氢气浓度为0.7 mM，通过将氢棒放入去离子水中浸泡5小时制备饱和HRW，随后稀释至所需浓度。

实验结果表明，HRW处理显著提高了番茄幼苗的株高、叶面积、干鲜重和根系生长量，同时增强了光合作用，增加了叶片中果糖和葡萄糖含量，降低了蔗糖含量，并促进了糖代谢相关酶活性及基因表达。这些结果表明，HRW通过促进糖代谢，进而促

进了番茄幼苗的生长发育。

在低温胁迫下，HRW预处理的番茄幼苗在株高、叶面积、鲜重、干物质量、根系生长量等方面均显著提高，表明HRW能有效缓解低温对番茄生长的抑制作用。此外，HRW处理降低了低温胁迫下番茄幼苗中的过氧化氢、超氧阴离子和丙二醛含量，提高了抗氧化酶活性，增强了抗氧化物质含量，从而减轻了低温对番茄的伤害。

研究还发现，HRW预处理提高了低温胁迫下番茄幼苗叶片的脯氨酸、可溶性蛋白和可溶性糖含量，表明HRW处理能提高番茄幼苗叶片的渗透调节能力，增强番茄幼苗的耐冷性。此外，氢化酶基因SlF420在番茄幼苗中的表达受到HRW处理的影响，正向调控了番茄幼苗的生长发育，并缓解了冷胁迫对番茄幼苗的抑制作用。

综上所述，本研究揭示了HRW通过调节番茄幼苗的糖代谢、光合作用、抗氧化系统和渗透调节能力，从而增强了番茄幼苗的生长发育和耐低温能力。这些发现为富氢水在农业应用中提供了科学依据，展示了其在提高作物抗逆性和产量方面的潜力。

四、分子氢帮助番茄应对干旱胁迫

有中国的学者团队开展了一项研究，旨在探讨氢气和脱落酸（ABA）如何共同影响植物对干旱胁迫的响应[18]。

在这篇文章中，学者们进行了一系列的实验来探究H_2和ABA在番茄幼苗耐旱性中的作用。实验使用了番茄"Micro-Tom"品种的幼苗，首先将种子在适宜条件下进行表面消毒、浸泡并催芽。发芽后的幼苗被转移到含有50%Hoagland营养液的锥形瓶中生长一周，随后转移到100%Hoagland营养液中继续生长两周。在幼苗生长到约一个月大（四叶期）时，开始进行不同化学处理。

实验中，幼苗被处理以不同浓度的HRW，以及不同浓度的ABA。为了模拟干旱条件，使用了聚乙烯醇6000（PEG-6000），并设置了一系列处理组，包括对照组（未接受干旱胁迫和HRW或ABA处理）、PEG处理组（接受干旱胁迫未处理HRW或ABA）、PEG + HRW处理组（接受干旱胁迫并处理75% HRW）、PEG + ABA处理组（接受干旱胁迫并处理150 μM ABA），以及PEG + HRW + ABA处理组（接受干旱胁迫并同时处理75% HRW和150 μM ABA）。此外，为了研究ABA在氢气增强的耐旱性中的作用，还设置了PEG + HRW + FLU处理组（接受干旱胁迫并处理0.3375 mM HRW和50 μM FLU，FLU是ABA合成的抑制剂）。

在实验过程中，学者们使用了一种氢气发生器来制备氢气，将氢气以300 mL/min的速率通入1 L蒸馏水中，直至达到饱和。实验条件下，新制备的HRW中氢气的浓度为0.45 mM。在为期六天的处理过程中，幼苗在相同的温度和光周期条件下生长，以确保实验条件的一致性。通过这些精心设计的实验步骤，学者们旨在揭示氢气和ABA在番茄幼苗耐旱性中的相互作用及其潜在的分子机制。

在这项研究中，学者们观察到HRW和ABA均能显著提高番茄幼苗在干旱胁迫下的株高、茎粗和根活性，其中75%的HRW（0.3375 mM）和150 μM ABA为最佳浓度。

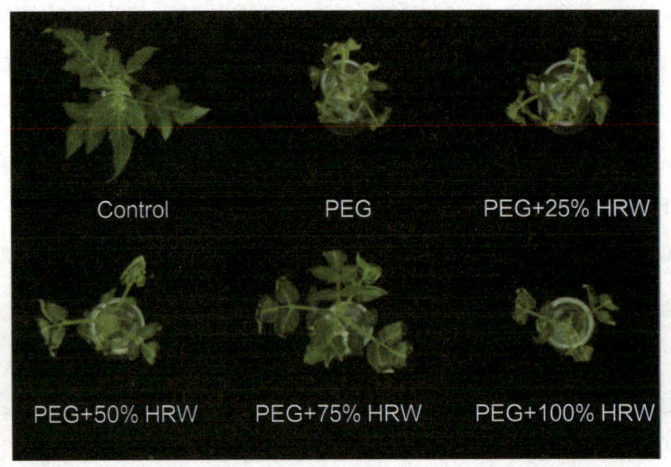

图5-3-1　在干旱胁迫条件下，用不同浓度的HRW处理后，番茄幼苗的生长状况①

具体来说，与单独的PEG处理相比，PEG + HRW和PEG + ABA处理的幼苗在干旱胁迫下显示出更高的生长速度和更强的生命力。此外，通过使用FLU，学者们发现HRW对植物生长的积极影响在很大程度上被抵消，这表明ABA在HRW增强的耐旱性中可能发挥了关键作用。实验还发现，与单独的PEG处理相比，PEG + HRW处理下的ABA含量提高了18%，这进一步证实了氢气通过调节ABA的生物合成来增强番茄幼苗的耐旱性。

在抗氧化酶活性方面，HRW或ABA处理显著提高了SOD、CAT和APX的活性，并且在干旱胁迫下，这些处理还提高了抗氧化酶基因的表达水平。这些结果表明，HRW和ABA通过增强番茄幼苗的抗氧化防御系统来提高其对干旱胁迫的耐受性。

此外，学者们还发现HRW通过增加番茄幼苗中叶黄素环氧化酶（ZEP）、9-顺式环氧类胡萝卜素双加氧酶（NCED）和AAO的活性，以及上调相关基因的表达，从而增强了内源ABA含量。这些发现揭示了氢气通过调节ABA生物合成和信号传导基因的表达来增强番茄幼苗的耐旱性。总的来说，这项研究的结果为理解氢气和ABA在植物耐旱性中的作用机制提供了新的见解，并为农业生产中提高作物的耐旱性提供了潜在的策略。

五、富氢水对樱桃番茄耐盐性及产量品质的影响

在一项研究中，中国学者李湘妮等人探讨了HRW对樱桃番茄对樱桃番茄在硝酸钙[$Ca(NO_3)_2$]高盐胁迫条件下的耐盐性及其生长情况的影响[19]。实验采用岩棉培方式，

---

① Control 代表对照组。

通过灌根法处理樱桃番茄，比较了自来水（CK）和HRW对樱桃番茄的影响。实验中使用的富氢水浓度约为1 mg/L，这是通过水电解法制得的，其中氢气浓度约为0.7 mM。

实验结果表明，HRW处理显著降低了樱桃番茄叶片中的MDA含量，减少了细胞膜受损程度。这一发现表明，HRW能够减少高盐胁迫下番茄细胞膜的氧化损伤，从而保护细胞膜的稳定性。同时，HRW处理显著提高了叶片和根部的SOD、CAT、POD、Pro[①]和APX的含量，这些抗氧化酶在清除ROS方面起着关键作用，从而减轻高盐胁迫对细胞膜结构和功能的破坏，提高樱桃番茄的耐盐能力。

在产量和品质方面，HRW处理的樱桃番茄株高、茎粗、单果重、果实硬度、果穗数和产量均明显优于对照组，分别增加了6.11%、8.03%、19.2%、3.24%、7.95%和6.02%。这些结果表明，HRW处理能够促进樱桃番茄的营养生长，提高其产量。此外，HRW处理的樱桃番茄果实中蛋白质含量显著提高了25.81%，维生素C、可溶性固形物、总糖含量、糖酸比也明显高于对照组，而硝酸盐含量则明显下降了2.48%。这些结果表明，HRW处理不仅提高了樱桃番茄的产量，还改善了果实的品质，使其更具有营养价值和市场竞争力。

综上所述，HRW处理通过提高抗氧化系统活性及渗透调节能力，有效缓解了樱桃番茄无土栽培中$Ca(NO_3)_2$过量积累导致的次生盐渍化问题，提高了樱桃番茄的耐盐性，并显著提升了产量和品质。这些发现为富氢水在农业上的潜在应用提供了科学依据，展示了其在提高作物抗逆性和产量品质方面的应用前景。此外，本研究还为樱桃番茄的栽培管理提供了新的策略，即通过使用HRW来提高作物在不利环境条件下的表现，这对于农业生产具有重要的实际意义。

六、氢气纳米气泡水提高樱桃番茄质量

在这项研究中，学者们探讨了HNW对樱桃番茄在高盐胁迫条件下的生长发育和产量品质的影响[20]。实验通过两年的田间试验，比较了HNW与常规肥料处理对樱桃番茄的影响。研究中使用的HNW的氢气浓度约为1.0 mg/L。

实验结果显示，与对照组相比，HNW处理显著提高了樱桃番茄的产量，无论是在有肥料还是无肥料的情况下。在无肥料的情况下，HNW处理使樱桃番茄的产量提高了39.7%，而在有肥料的情况下，产量提高了26.5%。此外，HNW处理还增加了土壤中有效氮（N）、磷（P）和钾（K）的吸收，这可能归因于根部相关基因（*LeAMT2*，*LePT2*，*LePT5*和*SlHKT1,1*）表达量的增加。

在品质方面，HNW灌溉的樱桃番茄显示出更高的糖酸比和番茄红素含量，分别比表面水（SW）灌溉的植物高出8.6%和22.3%。重要的是，无肥料的HNW处理对产量、

---

① 脯氨酸（Proline, Pro）

糖酸比、挥发性物质和番茄红素含量的有益效果比单独使用肥料更强。例如，无肥料的HNW处理使产量提高了9.1%，糖酸比提高了31.1%，挥发性物质含量提高了20.0%，番茄红素含量提高了54.3%。

研究还发现，HNW处理能够调节樱桃番茄果实中的糖分和酸的平衡，增加总挥发性化合物、醛类化合物的含量，以及与番茄风味相关的特定化合物，如己醛、（E）-2-己烯醛和trans-1,2-环戊二醇的含量。此外，HNW处理还提高了番茄红素生物合成相关基因的表达水平。

综上所述，这项研究表明，HNW作为一种可持续的农业实践，不仅能够提高樱桃番茄的产量，还能够改善果实的品质，同时减少对环境的影响。这些发现为HNW在园艺生产中的应用提供了科学依据，并为实现更环保和高效的农业种植提供了新的视角。

七、分子氢增加番茄存储的时间

除了种植阶段之外，还有一个学者团队针对番茄采后保鲜阶段做了一系列全新的实验。他们的实验背景集中在探讨氢气在番茄果实储存过程中防止亚硝酸盐积累的作用[21]。众所周知，亚硝酸盐的摄入对人类健康有害，而通过食用水果和蔬菜是吸收亚硝酸盐的主要途径之一，这主要是因为植物的氮同化作用。番茄作为一种重要的蔬菜作物，在全球范围内广泛消费，并且是叶酸、钾以及维生素A、C和E，以及番茄红素和酚类化合物的良好来源。尽管番茄具有这些宝贵的特性，但它是一种呼吸跃变型果实，因此在储存期间，其亚硝酸盐含量可能会增加，从而在人类消费后引发一些健康问题。考虑到在中国大量施用氮肥（2009年占全球总使用量的30%以上），蔬菜食品中硝酸盐和亚硝酸盐积累的威胁日益增加。此外，由于番茄通常可以在当地的露天市场或厨房中储存，并且其基因组已被测序，因此它成了研究储存期间亚硝酸盐积累相关分子机制的合适植物模型。本研究旨在探究内源性氢气如何帮助预防番茄在储存过程中的亚硝酸盐积累，并通过物理化学、生化和分子方法来研究氢气对防止亚硝酸盐积累的影响，以期为农业和食品工业中果蔬产品的保存提供新的策略。

在这项研究中，学者们探究了HRW对番茄果实在储存过程中亚硝酸盐积累的影响。研究人员将购买回的满足商业成熟度的番茄在实验室内进行表面消毒处理。随后，将番茄果实浸泡在含有不同浓度氢气（0.195 mM, 0.585 mM和0.78 mM H_2）的蒸馏水中，以模拟不同的储存条件。为了排除氢气以外的其他因素影响，还设置了氮气（N_2）和氩气（Ar）富集水的对照组。此外，为了验证氢气对番茄果实中亚硝酸盐积累的影响，还使用了一定浓度的维生素C、钨酸钠（NR酶抑制剂）、2,6-二氯酚靛酚钠盐（DCPIP，一种氢气合成的抑制剂）、硝酸钠（NO_3^-）、亚硝酸盐（NO_2^-）等处理组。

在处理过程中，学者们定期更换氢水，以保持氢气浓度的相对恒定，并在不同时间点对番茄果实进行了表型、生理和生化分析。为了模拟正常的室温或微冷储存条件，将处理后的番茄果实放置在25.0±0.2℃（室温，模拟市场或厨房的温度）或4.0±0.2℃（模拟冰箱的温度）的塑料容器中储存16天。在此期间，定期取样进行番茄果实的硬度、氢气含量、亚硝酸盐和硝酸盐含量以及相关酶活性和基因表达水平的测定。

为了进一步分析氢气对番茄果实中亚硝酸盐积累的影响，学者们还对番茄果实进行了气相色谱（GC）分析，以测定内源性氢气的含量。此外，还通过高效液相色谱（HPLC）技术检测了番茄果实中亚硝酸盐和硝酸盐的浓度。通过这些实验步骤，学者们旨在揭示氢气在番茄果实储存过程中防止亚硝酸盐积累的潜在作用机制。

在这项研究中，学者们发现HRW处理显著延缓了番茄果实在储存过程中的衰老和亚硝酸盐积累。具体来说，0.585 mM浓度的HRW处理显著减少了番茄果实中的亚硝酸盐含量，并且这种效果与氢气浓度相关。氢水处理的番茄果实在储存期间表现出更好的保鲜效果，包括较低的软化程度和延迟的成熟迹象，如图5-3-2所示。

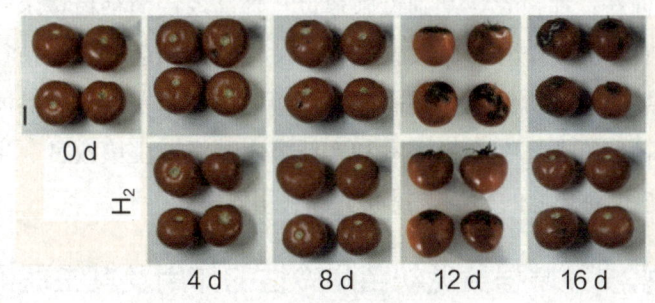

图5-3-2　在储存过程中，经氢气处理的番茄果实的衰老进程（d表示天）

此外，氢水处理显著提高了番茄果实中的抗氧化酶活性，包括SOD、CAT和GR，并且这些抗氧化酶的基因表达水平也相应上调。同时，氢水处理还抑制了亚硝酸盐合成的关键酶硝酸还原酶（NR）的活性和表达，同时促进了将亚硝酸盐还原为铵的亚硝酸盐还原酶（NiR）的活性和表达。此外，氢水处理还阻止了维生素C含量的下降，维生素C是一种已知的亚硝酸盐清除剂。这些结果表明，氢气可能通过调节与亚硝酸盐代谢相关的酶活性和基因表达，以及维持维生素C的水平，从而在番茄果实储存期间防止亚硝酸盐的积累。

第四节　黄瓜

黄瓜作为一种广泛种植的蔬菜，以其清脆口感和高水分含量而深受消费者喜爱，在中国各地的蔬菜市场中占有重要地位，并且中国作为黄瓜产量最大的国家（产量占世界黄瓜产量的八成），中国的黄瓜种植行业是世界蔬菜行业中极为重要的组成部分。中国黄瓜的种植区域遍布全国，尤其在华北、东北和华东地区较为集中，这些地区的气候条件适宜黄瓜生长。

中国黄瓜种植方式多样，包括传统的露地种植和现代化的设施农业，如大棚和温室种植。设施农业的应用使得黄瓜可以全年生产，有效延长了供应期，并且通过控制生长环境提高了产量和品质。随着农业科技的进步，中国的黄瓜种植行业正逐步实现现代化、标准化和规模化生产，广泛采用集约化育苗、水肥一体化、病虫害综合防治等先进技术和管理方法。

中国黄瓜的品种繁多，包括适合鲜食的脆黄瓜和适合加工的长黄瓜等。除了满足国内市场的需求，中国的黄瓜及其加工产品也出口到世界各地。黄瓜加工业也相对成熟，包括黄瓜罐头、腌制黄瓜、黄瓜汁等产品。

然而，中国的黄瓜种植行业同样面临着一些挑战，如极端气候条件、病虫害发生、市场波动等。为了提高黄瓜产业的竞争力和可持续发展，中国政府和农业部门积极推广农业科技创新，加强农业基础设施建设，提高农民的种植技术和管理水平。同时，随着消费者对食品安全和健康饮食的日益关注，中国的黄瓜种植行业也在积极适应市场变化，发展绿色有机种植，提高产品质量，满足消费者对高品质黄瓜产品的需求。此外，黄瓜种植行业还在积极探索和实践节水灌溉、土壤改良、生物防治等可持续农业技术，以减少对环境的影响，提高资源利用效率。

一、富氢水浸种增强黄瓜幼苗耐冷性的作用及其生理机制

在这项研究中，刘丰娇及其同事深入探讨了HRW对黄瓜幼苗耐冷性的影响及其潜在的生理机制[22]。研究使用了浓度为0.45 ± 0.02 mM的富氢水处理黄瓜种子，以蒸馏水作为对照组（CK），并进行了两年的田间试验。实验目的是评估外源氢气对黄瓜幼苗在低温胁迫下的耐冷性及其生理反应。

实验结果表明，与对照组相比，经富氢水处理的黄瓜幼苗在低温胁迫下表现出较低的电解质渗漏率（EL）和冷害指数，这表明HRW处理能减轻低温对黄瓜幼苗细胞膜的损伤。此外，HRW处理显著降低了过氧化氢（H_2O_2）和超氧阴离子（O_2^-）的含量及产生速率，同时提高了SOD、POD、CAT、APX和GR的活性，这表明HRW能够增强黄瓜幼苗的抗氧化能力，减少ROS的积累，从而保护细胞膜免受过氧化伤害。

研究还发现，HRW处理的黄瓜幼苗在低温下具有更高的还原型GSH和AsA含量，这进一步证实了HRW增强了幼苗的抗氧化防御系统。此外，HRW处理的幼苗在低温胁迫下显示出更高的渗透调节能力，表现为脯氨酸和可溶性糖含量的增加，这有助于减缓幼苗失水速度，维持生理功能。

这些结果表明，富氢水处理通过增强抗氧化系统活性和提高渗透调节能力，有效

提高了黄瓜幼苗的耐冷性。具体而言，HRW处理显著降低了低温胁迫下黄瓜幼苗叶片的MDA含量，减少了膜脂过氧化的伤害，并通过提高抗氧化酶活性来减缓高盐对细胞膜结构和功能的破坏。此外，HRW处理还提高了黄瓜幼苗叶片的脯氨酸和可溶性糖含量，增强了渗透调节能力，减缓了失水速度，从而在较长时间内维持了生理功能。

综上所述，这项研究为富氢水在农业上的潜在应用提供了科学依据，特别是在提高作物在低温环境下的适应性和生产力方面。研究中使用的富氢水浓度为0.45 mM，这一浓度在实验中显示出对黄瓜幼苗耐冷性的积极影响。这些发现不仅增进了我们对氢气在植物耐冷性中作用的理解，也为开发新的农业技术提供了有价值的信息，这些技术可能有助于提高作物在不利环境条件下的生存能力和产量。

二、氢气对镉胁迫下黄瓜不定根有促进作用

本文通过实验研究了氢气（H_2）对镉（Cd）胁迫下黄瓜不定根发生的影响及其生理机制[23]。实验中，研究者使用了不同浓度的$Cd(NO_3)_2$溶液（0.25 μM, 0.5 μM, 1 μM, 2 μM和4 μM）以及不同比例的HRW处理黄瓜的外植体，以探究氢气在Cd胁迫下对不定根发生的作用。

实验结果显示，与对照组（蒸馏水处理）相比，$Cd(NO_3)_2$处理显著抑制了黄瓜不定根的发生，且随着$Cd(NO_3)_2$浓度的增加，抑制效果加剧。具体来说，0.25 μM和0.5 μM $Cd(NO_3)_2$处理分别使不定根数量减少了33.73%和35.96%，而1 μM $Cd(NO_3)_2$处理使根数量减少到对照的48.4%。进一步增加$Cd(NO_3)_2$浓度至2 μM和4 μM，不定根数量分别下降了78.77%和91.44%。

相比之下，不同浓度的HRW（100%以0.8 mM）显著增加了Cd胁迫下黄瓜外植体的不定根数量，其中50%（0.4 mM）HRW处理的效果最佳，几乎达到了对照组的水平。这表明氢气通过减少氧化损伤、增加渗透调节物质含量和调节与生根相关的酶活性来促进Cd胁迫下的不定根发生。

在生理机制方面，HRW处理显著降低了Cd胁迫下黄瓜外植体的MDA含量、REC、LOX活性，以及超氧阴离子（O_2^-）、过氧化氢（H_2O_2）和TBARS的含量。同时，HRW处理还增加了AsA和还原型GSH的含量，以及相关酶活性和基因表达，如APX、DHAR①、MDHAR和GR。

此外，HRW处理还增加了渗透调节物质的含量，如可溶性糖、蛋白质和脯氨酸，以及POD和PPO的活性，同时显著降低了IAAO②的活性。这些结果表明，氢气通过调节与生根相关的酶活性和渗透调节物质的含量，增强了黄瓜在Cd胁迫下的抗氧化能力，从而促进了不定根的发生。

---

① 脱氢抗坏血酸还原酶（Dehydroascorbate Reductase, DHAR）
② 吲哚乙酸氧化酶（Indoleacetic Acid Oxidase, IAAO）

三、黄瓜富氢水浸种对低温下幼苗光合碳同化及氮代谢的影响

学者刘凤娇等研究了HRW对低温条件下黄瓜幼苗光合碳同化及氮代谢的影响[24]。实验选用了"津优35号"黄瓜种子，将其分别用饱和HRW（含氢气0.45 ± 0.02 mM）和去离子水（对照）浸种8小时，然后在常温下育苗至两叶一心期，再转移至光照培养箱中进行低温（昼/夜温度8 ℃/5 ℃）处理。实验结果表明，低温环境显著抑制了黄瓜幼苗的生长，导致叶片光合色素含量、光合速率、气孔导度、蒸腾速率、光合效率和RuBPCase活性下降，同时胞间CO_2浓度和初始荧光上升。

富氢水处理的黄瓜幼苗在低温胁迫下的表现与对照组变化趋势一致，但在多数指标上显著高于对照组，表明外源氢气通过提高光合关键酶活性、减轻光抑制、维持较高的碳氮代谢水平，从而增强了黄瓜幼苗对低温胁迫的耐受性。具体来说，富氢水处理的幼苗在叶绿素含量、RuBPCase活性、叶绿素荧光参数、糖含量及其相关酶活性、氮含量和氮代谢关键酶活性等方面均表现出对低温胁迫的较好耐受性。此外，富氢水处理还促进了幼苗根系的生长，减轻了低温对根系活力的负面影响。

在光合作用方面，富氢水处理的幼苗在低温胁迫下保持了较高的光合色素含量和RuBPCase活性，减少了光抑制，维持了较高的光合效率。在碳代谢方面，富氢水处理的幼苗在低温下总糖、蔗糖和还原糖含量上升，而淀粉含量下降，与对照组相比，富氢水处理的幼苗在这些指标上均表现更好。在氮代谢方面，富氢水处理的幼苗在低温胁迫初期氮含量上升，随后通过协调GS/GOGAT和GDH途径维持氨的同化，保持了氮代谢的平衡。

综合以上结果，富氢水处理通过提高抗氧化能力、调节光合作用和氮代谢，增强了黄瓜幼苗对低温胁迫的适应性。这些发现为富氢水在黄瓜栽培中的应用提供了理论依据，也为提高作物在逆境条件下的生产力提供了潜在的技术途径。

四、富氢水处理对高温高盐胁迫下黄瓜产量和品质的影响

随着全球变暖的影响，我国传统的黄瓜种植区越来越有可能收到高温胁迫的影响。为了克服高温胁迫对黄瓜产量的影响，有中国学者基于氢农业的现有成果开展了实验。

在第一项实验中[25]，学者们的HRW是通过将纯化的氢气（99.99%，体积比）通入1000 mL Hoagland溶液（pH值5.87，25 ℃）中制备而成的。然后，将饱和的100%库存溶液立即稀释至所需的浓度（50%和100%饱和度，体积比）。通过气相色谱（GC）分析，新制备的HRW中氢气的浓度为0.22 mM，并在25 ℃下至少保持12小时的相对恒定水平。

实验使用了3周龄的黄瓜（新津春4号）幼苗，首先将幼苗在南京农业大学的生长室中培养。幼苗在长出第一对真叶后被移植到装有Hoagland营养液的塑料杯中，并在

特定的光周期、湿度、温度和光合有效辐射密度条件下生长。

为了模拟高温胁迫，当黄瓜幼苗长到3周大小时，研究者们将它们用0.11 mM或0.22 mM的HRW预处理，每隔24小时处理一次，持续7天。在高温处理前一天，将植物分为两组：非胁迫组（25/18 ℃）和高温组（42/38 ℃）。在实验过程中，使用Hoagland营养液作为对照组。实验处理包括：对照组、高温胁迫（HT）组、0.11 mM的HRW预处理后高温胁迫（50% HRW + HT）组和0.22 mM的 HRW预处理后高温胁迫（100% HRW + HT）组。幼苗在高温条件下处理3天。

在高温处理后，采集样本以确定鲜重和生理特性。通过这种方法，学者们能够评估HRW预处理对黄瓜幼苗在高温胁迫下光合作用、叶绿素含量、叶绿素荧光参数、电解质泄漏、脂质过氧化和抗氧化活性的影响。

在这项研究中，学者们发现HRW预处理显著改善了黄瓜幼苗在高温胁迫下的生理反应。具体来说，与仅接受高温处理的样本相比，HRW预处理显著减轻了对光合作用、叶绿素含量、叶绿素荧光参数、电解质泄漏、脂质过氧化和抗氧化活性的负面影响。HRW预处理显著提高了抗氧化酶活性，促进了黄瓜叶片中高浓度的渗透保护物质的积累，并上调了热休克蛋白70（HSP70）的表达。这些数据表明，外源HRW预处理通过提高光合作用能力、增强抗氧化反应以及促进HSP70和渗透物质的积累，部分缓解了高温胁迫对黄瓜幼苗生长的不利影响。而50%的HRW（0.11 mM）预处理对黄瓜幼苗在高温胁迫下的效果最佳。与100% HRW预处理相比，50% HRW预处理在提高光合作用效率、增强抗氧化反应以及促进热休克蛋白70（HSP70）和渗透保护物质的积累方面表现出更好的效果。因此，50%的HRW（0.11 mM）被认为是最佳的预处理浓度。因此，HRW预处理为提高植物对高温胁迫的耐受性提供了一种潜在的策略，这可能对农业生产中提高作物的耐热性具有重要意义。

在另一项实验中，学者王怡玫等人进行了一项实验研究[26]。研究使用水果黄瓜作为试验材料，在模拟高温环境和基质连续使用造成的盐胁迫条件下，分析了HRW淋根处理对水果黄瓜幼苗生长、果实产量及品质的影响。

实验中，HRW是通过水电解法制得，其浓度约为0.5 mM。研究人员设置了两个处理组：净化水库水淋根（CK）作为对照组，以及HRW淋根处理组。每个处理都进行了三次重复，采用随机区组排列。实验从3月10日开始，直至6月1日结束。

在幼苗生长阶段，HRW处理显著促进了水果黄瓜幼苗的叶面积、叶片鲜重、茎鲜重、根鲜重、干重和根长的生长，与对照组相比，多数指标达到了显著差异水平。这表明HRW对水果黄瓜幼苗生长具有积极的促进效果，并在一定程度上缓解了高温高盐胁迫。

在产量和相关性状方面，HRW处理组的水果黄瓜株高、单果重和产量均显著高于对照组。具体而言，HRW处理使水果黄瓜的产量比对照组增加了3.2%。这些结果表明，HRW淋根可以促进水果黄瓜的生长，并在高温高盐条件下提高其产量。

在品质方面，HRW处理的水果黄瓜果实中的可溶性糖和可溶性固形物含量略高于对照组，而VC含量略有下降，但蛋白质含量和硝酸盐含量没有显著差异。这表明HRW处理在提高水果黄瓜果实品质方面也具有一定的潜力。

第五节　西葫芦种子

在一个中国学者团队的研究中，探讨了磁化水、矿物质水和HRW对西葫芦种子发芽及其生理效应的影响[27]。实验采用不同处理水浸种，包括磁化水、矿物质水和HRW，与自来水作为对照组进行比较。结果显示，与对照组相比，使用磁化水、矿物质水和HRW浸种能够显著促进西葫芦种子的发芽，其中活力指数分别提高了61.63%、21.71%和31.40%。此外，这些处理水还促进了抗氧化酶活性，与对照组相比，SOD活性分别提高了14.65%、1.99%和7.46%，POD活性分别提高了21.71%、4.22%和11.59%。

在西葫芦种子胚的发育方面，与对照组相比，使用磁化水、矿物质水和HRW处理后，干重分别增加了47.28%、12.71%和27.16%。这些结果表明，不同处理水浸种对西葫芦种子发芽和生理效应具有积极影响，且促进效应依次为磁化水、HRW和矿物质水。

该研究中的HRW是通过自来水经过特殊装置处理制得，氢气浓度为1 mM。这一浓度的HRW在促进西葫芦种子发芽和生理效应方面表现出显著效果，尤其在提高抗氧化酶活性和促进胚芽发育方面。这些发现为农业合理高效利用不同功能性质的水提供了理论参考，并对提高西葫芦种子发芽率和培育质量具有实际应用价值。

第六节　彩椒

而在另一个中国学者团队探讨了HRW对长季节基质栽培彩椒在高温条件下的抗逆性和品质的影响[28]。实验选用了"甘多尔"彩椒品种，通过灌根处理，分析了HRW对彩椒的生理效应。结果显示，与自来水对照组相比，HRW处理显著降低了彩椒叶片和根部MDA含量，这表明HRW能够减少高温引起的膜脂过氧化损伤。同时，HRW处理显著提高了叶片和根部的SOD、CAT、POD、APX活性以及Pro含量，增强了彩椒的抗逆能力。

在产量方面，HRW处理使彩椒产量增加了17.73%，并且显著改善了果实品质。具体而言，维生素C（VC）含量极显著增加了43.52%，可溶性固形物、可溶性蛋白质、总酚含量分别显著增加了5.46%、7.85%、10.61%，可溶性糖、粗纤维、类胡萝卜素含量也有所提高。这些结果表明,在高温胁迫下,HRW处理通过有效降低彩椒植株细胞的质膜氧化程度,维持细胞膜的稳定性,并提高抗氧化酶活性,加快植株体内活性氧的清除,增加渗透调节物质Pro的积累,从而减轻高温对彩椒植株的伤害,增强植株的抗逆性,提高产量和品质。

实验中使用的HRW是通过水电解制氢法制备的,其氢气浓度约为1 mg/L(即0.5 mM)。这一浓度的HRW在提高彩椒抗逆性和品质方面显示出积极的效果,为南方温室彩椒长季节高效基质栽培提供了新的方法。

第七节　黄花菜

来自江南大学的学者胡花丽,曾在自己的博士论文中,探讨了富氢水对黄花菜生长的影响[29]。研究表明,HRW处理能显著影响黄花菜的生长表现和采后耐贮性。在实验中,HRW的制备通过微纳米气泡技术完成,其中氢气浓度为1.6 mM。实验中使用了不同浓度的HRW处理黄花菜,包括0.8 mM和1.6 mM的浓度。结果显示,与对照组相比,0.8 mM的HRW处理显著提高了黄花菜的总产量,大约提高了11%。

在实验过程中,研究人员在黄花菜抽薹期、花蕾刚长出时和采收前进行了三次浇灌处理。通过对黄花菜的日产量和总产量进行分析,发现0.8 mM HRW处理的黄花菜在采收期间的前5天内日产量较对照组高。此外,在贮藏过程中,HRW处理的黄花菜表现出较低的褐变水平,这与降低的PPO活性有关。PPO是一种与果蔬褐变密切相关的酶,其活性的降低可以减少褐变的发生。HRW处理显著减缓了金针菜褐变度的上升,尤其是在贮藏后期,表明HRW处理可以在一定程度上减慢采后黄花菜的褐变进程。

ROS的积累是植物衰老过程中的重要因素,它可以破坏细胞膜结构,导致细胞内多酚氧化酶与其底物的区域化分布格局被打破,从而促进褐变反应的发生。HRW处理减缓了黄花菜组织内ROS的积累,减少了膜脂过氧化反应,这有助于维持细胞膜的完整性和功能。实验中测定了黄花菜组织内MDA的含量,MDA作为膜脂过氧化反应的产物,其含量的降低表明HRW处理减缓了膜脂氧化进程。

在脂肪酸方面,HRW处理维持了黄花菜组织内较高的不饱和脂肪酸与饱和脂肪酸的比率。这一比率对于保持细胞膜的流动性和功能至关重要。不饱和脂肪酸的下降与黄花菜的褐变有关,而HRW处理可能通过调节ROS水平减缓了组织内脂肪酸的氧化程度,从而维持细胞膜的功能,抑制了PPO与其酚类底物接触的程度,减缓了组织的褐变程度,保持了采后黄花菜的品质。

此外,实验还发现,随着贮藏时间的延长,黄花菜组织内源性氢气含量呈下降趋势,但HRW处理组的黄花菜内源性氢气含量显著高于对照组。这表明HRW可能参与调控了黄花菜的衰老过程，维持较高的内源性氢气水平对于减缓组织衰老具有一定作用。这一发现为黄花菜的采后保鲜提供了新的视角。

在 Scientia Horticulturae 上发表的一项研究中，胡花丽及其同事探讨了采前施用HRW对黄花菜芽在低温储藏期间产量和品质的影响[30]。研究的核心目标是评估HRW处理是否能够减轻低温储藏期间黄花菜芽的褐变现象，并且提高其产量。

实验中，HRW是通过将纯度为99.99%的氢气纳米化并溶解到去离子水中制备的，其浓度约为1.6 mM，工作浓度为0.8 mM。实验材料为黄花菜（Hemerocallis citrina Baroni L.）的"大乌嘴"品种，研究人员在黄花菜的不同生长阶段施用HRW或对照组的水处理。采收后，黄花菜芽在0～2 ℃和85%～95%相对湿度的条件下储藏，并在储藏期间定期评估其品质变化。

实验结果显示，与对照组相比，HRW处理显著增加了黄花菜芽的产量，并且降低了储藏期间的褐变程度。HRW处理的黄花菜芽在储藏期间显示出较低的ROS水平、电解质泄漏率和脂质过氧化水平，同时提高了不饱和脂肪酸与饱和脂肪酸的比例和内源性氢气含量。此外，HRW处理的黄花菜芽在PAL和PPO活性上显著降低，这有助于总酚含量的增加。

在储藏期间，HRW处理的黄花菜芽表现出较低的超氧自由基（$O_2^{·-}$）和过氧化氢（H_2O_2）水平，这表明HRW能够显著减少黄花菜芽在储藏期间的ROS积累。此外，HRW处理还减轻了黄花菜芽的膜渗透性和MDA含量的增加，表明HRW能够维持膜的完整性并减少脂质过氧化，如图5-7-1所示。

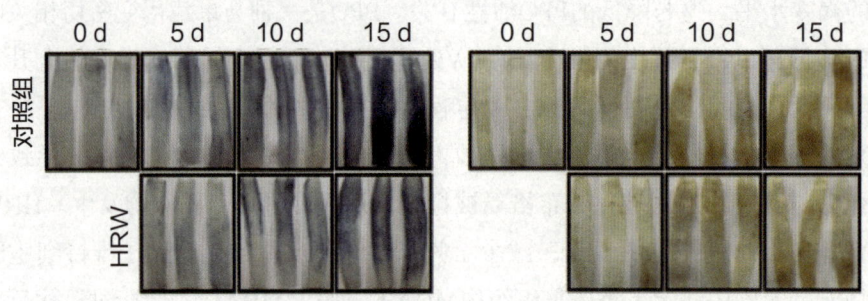

图5-7-1 对黄花菜芽进行的超氧自由基（$O_2^{·-}$）的组化染色结果（d表示天）

研究人员将黄花菜芽浸泡在含有NBT的磷酸钾缓冲溶液中，然后在黑暗条件下进行孵化。如果样本中存在$O_2^{·-}$，它们会与NBT反应生成蓝紫色的沉淀，这种颜色的变化可以用来评估$O_2^{·-}$的产生情况。通过这种方法，研究人员能够观察到在低温储藏期间，经过HRW处理的黄花菜芽与对照组相比，$O_2^{·-}$的产生显著减少，这表明HRW处理有助于减轻黄花菜芽在低温下的氧化应激反应。

综合这些结果，研究者得出结论，采前施用HRW不仅能够提高黄花菜芽的产量，而且通过减轻活性氧的积累、维持膜功能和提高总酚含量，有助于缓解黄花菜芽在低温储藏期间的褐变现象。这些发现为开发新的采后保鲜技术提供了科学依据，并为进一步的研究提供了基础，以探讨HRW在植物生长和采后保鲜中的应用潜力。

第八节　多种蔬菜的研究

除了我们上述提到的研究之外，李其友学者及其团队在研究中深入探讨了HRW对蔬菜种子萌发和幼苗生长的影响。研究团队通过对比不同浓度的HRW对苦瓜、冬瓜、黄瓜、番茄和菜心这五种蔬菜种子的发芽情况及幼苗生长的多项指标，得出了一系列有价值的结论。

实验结果表明，HRW对菜心、番茄、黄瓜和冬瓜种子的发芽及幼苗生长具有显著的促进作用，而对苦瓜种子和幼苗的影响则不明显。具体来说，菜心种子在0.35 mM的HRW处理下发芽效果最佳，发芽势和发芽率均有显著提升；番茄、黄瓜和冬瓜种子在0.25 mM的HRW处理下发芽效果最好，其发芽势和发芽率也达到了较高水平。此外，菜心和冬瓜幼苗在0.25 mM的HRW处理下生物量增长最为显著，而黄瓜和番茄幼苗则在0.35 mM的HRW处理下生物量、叶面积和根系等指标表现最佳。

研究还指出，不同蔬菜适宜的HRW浓度存在差异，且同种蔬菜在不同生长期对HRW浓度的需求也不尽相同[31]。

1. 菜心：种子的最适HRW浓度为0.35 mM（以常温常压下饱和度计，下同，43.75%），在这一浓度下，菜心种子的发芽势和发芽率分别达到了94.7%和95.6%。而在幼苗期，最适浓度降低到了0.25 mM，这一浓度下的生物量比纯水处理高出了21.57%。

2. 番茄：种子的最适HRW浓度为0.25 mM，发芽势和发芽率分别达到了89.7%和91.5%。在幼苗期，最适浓度升高到了0.35 mM，此时番茄幼苗的生物量、叶面积、根长、根体积和根表面积分别比纯水处理高出了46.06%、37.70%、21.14%、66.67%和31.06%。

3. 黄瓜：与番茄相似，黄瓜种子在0.25 mM的HRW处理下发芽效果最佳，发芽势和发芽率达到了92.3%和94.3%。幼苗期最适浓度为0.35 mM，此时黄瓜幼苗的生物量、叶面积、根长和根表面积分别比纯水处理高出了44.49%、23.17%、47.58%和28.44%。

4. 冬瓜：冬瓜种子和幼苗的最适HRW浓度均为0.25 mM（31.25%）。在这一浓度下，冬瓜幼苗的生物量、叶面积和根体积分别比纯水处理高出了25.23%、13.56%和11.76%。

5. 苦瓜：在本研究的试验条件下，苦瓜种子和幼苗对不同浓度的HRW反应不敏感，发芽势和发芽率在纯水和HRW处理之间没有显著差异。

综上所述，李其友学者的研究强调了HRW在促进蔬菜种子萌发和幼苗生长中的潜

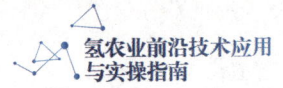

力，同时也揭示了合理选择HRW浓度对于提高农业生产效率的重要性。通过精准控制HRW的使用浓度和时机，可以显著提升蔬菜的发芽率和幼苗生长质量，为农业生产带来增效增益的可能。

而通过我们本章对一系列顶尖学者的学术成果的介绍，我们可以清晰地看到氢气在蔬菜种植业中的应用展现出了巨大的潜力和独特的价值。从萝卜、白菜、菠菜到油菜，不同的蔬菜在HRW的灌溉下均表现出了积极的生长反应和增强的抗逆能力。这些研究不仅证实了氢气在促进植物生长、增强抗氧化能力、提高作物产量和品质方面的显著效果，而且揭示了氢气通过影响植物激素信号传导、提高抗氧化酶活性、调节基因表达等多种生物学机制发挥作用的可能性。

特别值得一提的是，不同蔬菜对HRW的适宜浓度存在差异，这表明在实际应用中，需要根据具体的作物种类和生长阶段来优化HRW的使用策略。此外，氢气的应用不仅局限于提高作物的生理特性，它在减少化学农药使用、保护环境和提高农业可持续性方面也显示出了巨大的潜力。

综合这些研究成果，我们有理由相信，氢气作为一种新型的农业投入品，将在未来的农业生产中发挥重要作用。它不仅能够为消费者提供更加健康、安全、美味的蔬菜产品，而且有望为农业的可持续发展提供新的解决方案。随着对氢气生理学效应研究的不断深入，我们期待氢气能够在蔬菜种植业乃至整个农业领域中带来革命性的变革，为实现绿色、高效、环保的农业生产开辟新的道路。

● 参考文献

[1] WU Q, et al. Hydrogen-rich water enhances cadmium tolerance in Chinese cabbage by reducing cadmium uptake and increasing antioxidant capacities[J]. Journal of Plant Physiology, 2015, **175**: 174-182.

[2] 吴雪. 富氢水缓解小白菜（*Brassica chinensis* L.）镉胁迫的机理研究[D]. 南京农业大学, 2020.

[3] 邬奇. 氢气调控小白菜耐镉性的作用机制研究[D]. 南京农业大学, 2017.

[4] AN R, et al. Effects of hydrogen-rich water combined with vacuum precooling on the senescence and antioxidant capacity of pakchoi (*Brassica rapa* subsp. *Chinensis*)[J]. Scientia Horticulturae, 2021, **289**: 110469.

[5] 徐超, 等. 富氢水处理对菠菜采后贮藏品质的影响[J]. 北方园艺, 2023(8): 78-87.

[6] 马南行. 富氢水对油菜生长及生理特性的影响[J]. 现代农业科技, 2023(13): 80-86.

[7] WEI X, et al. Hydrogen-rich water ameliorates the toxicity induced by $Ca(NO_3)_2$ excess through enhancing antioxidant capacities and re-establishing nitrate homeostasis

in *Brassica campestris* spp. *chinensis* L. seedlings[J]. Acta Physiologiae Plantarum, 2021, **43**: 50.

[8] CHENG P, et al. Ammonia borane positively regulates cold tolerance in *Brassica napus* via hydrogen sulfide signaling[J]. BMC Plant Biology, 2022, **22**: 585.

[9] ZHAO G, et al. Hydrogen-rich water prepared by ammonia borane can enhance rapeseed (*Brassica napus* L.) seedlings tolerance against salinity, drought or cadmium[J]. Ecotoxicology and Environmental Safety, 2021, **224**: 112640.

[10] JIANG K, et al. Molecular hydrogen maintains the storage quality of Chinese chive through improving antioxidant capacity[J]. Plants, 2021, **10**(6): 1095.

[11] 宋韵琼, 等. 富氢水处理对青菜产量和品质的影响[J]. 现代农业科技, 2022, (8): 49-54.

[12] 安容慧. 富氢水结合真空预冷对采后上海青营养品质的影响[D]. 沈阳农业大学, 2020.

[13] DONG W, et al. Hydrogen-rich water delays fruit softening and prolongs shelf life of postharvest okras[J]. Food Chemistry, 2023, **399**: 133997.

[14] DONG W, et al. Hydrogen-rich water treatment increased several phytohormones and prolonged the shelf life in postharvest okras[J]. Frontiers in Plant Science, 2023, **14**: 1108515.

[15] CAO Z, et al. Hydrogen gas is involved in auxin-induced lateral root formation by modulating nitric oxide synthesis[J]. International Journal of Molecular Sciences, 2017, **18**(10): 2084.

[16] 赵懿颖, 等. 富氢水处理对番茄生长发育和产量的影响[J]. 农业与技术, 2022, **42**(22): 1-9.

[17] 郑瑜玮. 富氢水调控番茄幼苗耐低温性的初步研究[D]. 沈阳农业大学, 2023.

[18] YAN M, et al. The involvement of abscisic acid in hydrogen gas enhanced drought resistance in tomato seedlings[J]. Scientia Horticulturae, 2022, **292**: 110631.

[19] 李湘妮. 富氢水岩棉培对樱桃番茄耐盐性及产量品质的影响[J]. 试验研究, 2022, (12): 154-157.

[20] LI M, et al. Hydrogen fertilization with hydrogen nanobubble water improves yield and quality of cherry tomatoes compared to the conventional fertilizers[J]. Plants, 2024, **13**(3): 443.

[21] ZHANG Y, et al. Nitrite accumulation during storage of tomato fruit as prevented by hydrogen gas[J]. International Journal of Food Properties, 2019, **22**(1): 1425-1438.

[22] 刘丰娇, 等. 富氢水浸种增强黄瓜幼苗耐冷性的作用及其生理机制[J]. 中国农业科学, 2017, **50**(5): 881-889.

[23] WANG B, et al. Hydrogen gas promotes the adventitious rooting in cucumber under

cadmium stress[J]. PLoS ONE, 2019, **14**(2): e0212639.

[24] 刘丰娇, 等. 黄瓜富氢水浸种对低温下幼苗光合碳同化及氮代谢的影响[J]. 园艺学报, 2020, **47**(2): 287-300.

[25] CHEN Q, et al. Hydrogen-rich water pretreatment alters photosynthetic gas exchange, chlorophyll fluorescence, and antioxidant activities in heat-stressed cucumber leaves[J]. Plant Growth Regulation, 2017, **83**(1): 1-13.

[26] 王怡玫, 等. 富氢水处理对高温高盐胁迫下水果黄瓜产量和品质的影响[J]. 现代农业科技, 2024(8): 23-26.

[27] 孔繁荣, 等. 不同处理水浸种对西葫芦种子发芽的生理效应[J]. 种子科技, 2023, **41**(2): 20-23.

[28] 李湘妮, 等. 富氢水对长季节基质栽培彩椒抗逆性和品质的影响[J]. 蔬菜, 2023, (12): 18-22.

[29] 胡花丽. 氢气对采后金针菜、猕猴桃衰老的生理机制研究[D]. 南京农业大学, 2018.

[30] HUA H, LI P, SHEN W. Preharvest application of hydrogen-rich water not only affects daylily bud yield but also contributes to the alleviation of bud browning[J]. Scientia Horticulturae, 2021, **287**: 110267.

[31] 李嘉炜, 等. 富氢水对蔬菜种子萌发和幼苗生长的影响[J]. 长江蔬菜, 2022, (08): 10-14.

第六章
CHAPTER 6

水果产业

在中国，水果产业不仅是一个庞大且多样化的市场，它还承载着深厚的文化意义和历史传统。水果在中国的餐桌上扮演着重要角色，它们不仅为人们提供了丰富的营养，还与节日、庆典和日常饮食紧密相连。草莓、猕猴桃、苹果、香蕉和荔枝等水果，以其独特的营养价值和口感，成为市场上的热门选择，深受消费者的喜爱。

草莓，这种小巧而鲜艳的水果，不仅味道鲜美，而且营养价值极高。它含有的维生素C有助于增强免疫力，锰元素对骨骼健康至关重要，而叶酸则是孕妇和准备怀孕的女性不可或缺的营养素。草莓的红色表皮下隐藏着的不仅仅是甜美的果汁，还有对健康的多重益处。然而，草莓作为一种易腐烂的浆果，其保鲜期非常短，通常只有几天。在采摘后，草莓需要迅速冷却以延长其保鲜期，但这一过程需要精确的温度和湿度控制。并且在长途运输过程中，草莓也容易受到挤压和碰撞，导致品质下降。此外，草莓的成熟度也会影响其保鲜时间，过熟的草莓更易腐烂。

猕猴桃，这种外表毛茸茸、内心柔软多汁的水果，是维生素C的宝库。它不仅能够提升身体的抗氧化能力，还能促进肠道健康，帮助消化。猕猴桃的酸甜口感和多变的品种，使其成为全球消费者餐桌上的常客。但是，猕猴桃在采摘时通常是硬的，需要经过一段时间的后熟过程才能食用。这一过程需要精确的温度和乙烯气体的控制，以确保猕猴桃成熟均匀且不会过熟。在非产地区域，猕猴桃的后熟过程可能因为缺乏适当的设施而变得困难，导致猕猴桃品质不稳定。

苹果，这种历史悠久的水果，在全球范围内都有着广泛的消费基础。苹果的营养价值均衡，含有丰富的纤维、维生素和矿物质，对心脏健康和消化系统都有益处。苹果的多样性也体现在其品种上，从酸甜可口的青苹果到甘甜多汁的红富士，每一种都有其独特的风味和特性。但是，苹果产业面临的一个主要问题是品种单一化，市场上常见的苹果品种有限，这限制了消费者的选择。此外，为了提高产量和抵御病虫害，苹果在生长过程中可能会使用较多的农药，导致农药残留问题。这不仅影响了消费者的健康，也对苹果产业的可持续发展构成了威胁。

香蕉，被誉为"快乐水果"，不仅因为其甜美的口感，更因为其丰富的营养价值。香蕉含有的钾元素有助于维持心脏健康和血压稳定，而其易于消化的特性，使得香蕉成为各个年龄段人群的理想选择。香蕉的成熟过程需要严格控制，以避免过早腐烂，这增加了储存和运输的难度，尤其是在长途运输中。

荔枝，以其独特的甜味和香气，成为夏季解暑的佳品。荔枝含有丰富的糖分和维生素，尤其是维生素C，对增强免疫力和促进皮肤健康都有积极作用。荔枝的果肉晶莹剔透，口感细腻，是夏季水果中的珍品。然而，荔枝是一种季节性很强的水果，通常只在夏季成熟。荔枝的保鲜期非常短，一旦采摘，就需要在短时间内食用或加工。荔枝的这一特性限制了其全年供应，也增加了储存和运输的难度。为了解决这一问题，荔枝产业需要发展更为先进的保鲜技术和冷链物流系统。

面对这些挑战，氢农业技术的出现为提升和帮助中国水果产业提供了新的机遇。氢农业利用氢气作为一种能源和生长调节剂，可以促进植物的生长和发育，提高作物的抗病性和抗逆性。这种技术的应用有潜力带来以下几个方面的改进：

提高产量和品质：通过优化植物的光合作用，氢农业可以提高水果的产量和品质，使其更加符合市场需求。

延长保鲜期：氢农业可以通过改善水果的生理特性，延长其保鲜期，减少在运输和储存过程中的损耗。

减少农药使用：氢农业可以增强植物的自然抵抗力，减少对化学农药的依赖，从而降低农药残留，提高食品安全性。

环境友好：作为一种环保的农业技术，氢农业有助于减少化学肥料和农药的使用，促进生态平衡和可持续发展。

提高经济效益：通过提高产量和品质，降低损耗，氢农业有助于提高农民的收入和整个水果产业的经济效益。

氢农业技术的应用还可能带来其他潜在的好处，例如以下几方面。

增强作物适应性：氢农业有助于提高作物对极端气候条件的适应性，如干旱、洪水和温度波动，从而保证水果生产的稳定性。

促进生物多样性：通过减少化学农药的使用，氢农业有助于保护和促进农业生态系统中的生物多样性。

提高消费者信任：随着消费者对食品安全和可持续农业实践的关注日益增加，氢农业可以提高消费者对水果产品的信任和接受度。

支持农业创新：氢农业技术的发展和应用可以激发农业领域的创新，推动新技术和方法的开发，以应对全球粮食安全和环境挑战。

氢农业技术在中国水果产业中的应用前景广阔，虽然它仍处于发展阶段，但已经有了很多的科学研究和实践探索验证了其效果和可行性。随着技术的进步和市场的适应，氢农业有望成为推动中国水果产业升级和可持续发展的重要力量。此外，政策支持、资金投入和公众教育也是推动氢农业技术应用的关键因素。通过这些综合措施，可以确保氢农业技术在中国水果产业中发挥其最大的潜力，为消费者、农民和整个社会带来长远的利益。

在接下来的篇章中，我们将深入探讨并结合学术界的最新研究成果，以草莓、猕猴桃、无籽刺梨、苹果、香蕉和荔枝等水果为例，详尽地阐述氢气应用在水果产业中的潜在益处。我们将具体分析氢气如何显著提升这些水果的产量和品质，延长保鲜期，减少运输和储存过程中的损耗，以及如何通过降低化学农药的使用来减少农药残留，提高食品安全性。此外，我们还将讨论氢气在促进作物适应性、生物多样性、增强消费者信任和推动农业创新方面的潜在贡献。通过这些深入分析，我们期望为读者揭示氢气在推动中国水果产业升级和可持续发展中的关键作用。

第一节　草莓

中国草莓产业的蓬勃发展，不仅在农业产值上占据重要地位，更在社会文化和民众生活中扮演着不可或缺的角色。草莓，以其鲜艳的红色和甜美多汁的口感，成为春季的代表水果，象征着新生和希望的到来。在中国，草莓不仅是一种食用价值极高的水果，更承载着深厚的文化意义和情感寄托。它常被用作节日和庆典的装饰，象征着吉祥和幸福，也是亲朋好友间表达情感的礼物。

在中国，草莓种植遍布全国各地，形成了丰富多样的种植模式。北方地区的温室大棚种植技术，使得草莓能够在寒冷的冬季生长，满足市场的需求；而南方地区的露天种植则充分利用了温暖湿润的气候条件，培育出了多种风味独特的草莓品种。这种多样化的种植模式，不仅提高了草莓的产量和品质，也为消费者提供了更多的选择。

中国的草莓品种体系丰富，从传统的小果型品种到现代的大果型品种，从鲜食型品种到加工型品种，应有尽有。这些品种的培育和推广，既满足了国内市场的需求，也提升了中国草莓在国际市场上的竞争力。草莓产业的发展，不仅带动了相关产业的繁荣，如包装、物流、农业旅游等，也为农民提供了更多的就业机会和收入来源。

然而，中国草莓产业的快速发展也带来了一些挑战。随着消费者对食品安全和健康饮食的日益关注，草莓产业需要不断提高自身的生产标准和技术水平，以满足市场的高标准要求。此外，草莓产业还需要应对气候变化、病虫害等自然因素带来的影响，确保草莓的稳定供应和品质保障。目前，我国草莓产业主要面对的挑战和问题，具体如下。

1. 保鲜与物流的高成本：草莓的易腐性要求其在采摘后迅速进入冷链系统，而中国部分地区的冷链设施尚不完善，导致草莓在运输过程中损耗率高，增加了物流成本。

2. 农药残留与食品安全：消费者对食品安全的日益关注使得农药残留问题成为草莓产业必须面对的难题。如何在保障草莓产量和品质的同时，减少农药使用，是产业发展的关键。

3. 品种单一化与市场适应性：尽管中国草莓品种资源丰富，但市场上常见品种较为集中，缺乏对不同消费者口味和需求的适应性，限制了市场的深度开发。

4. 季节性生产与供需平衡：草莓的季节性生产特点导致市场供需波动，影响农户收益和消费者体验。

5. 环境压力与可持续发展：随着环保法规的加强和消费者对绿色产品的需求提

升,如何在保障草莓产业经济效益的同时,实现环境保护和可持续发展,是产业发展的长远课题。

6. 国际市场竞争:随着全球化的深入发展,中国草莓产业也面临着国际市场的竞争压力,如何在国际舞台上提升中国草莓的竞争力,是产业发展的另一大挑战。

氢基灌溉技术的应用,特别是在草莓产业中的研究和实践,为解决上述问题提供了新的视角和方法。接下来的文章,将深入探讨氢基灌溉技术如何在以下几个方面促进中国草莓产业的优化升级。

1. 提升草莓的保鲜能力:通过增强草莓细胞壁的合成,提高果实的物理强度和抗腐烂能力,延长草莓的货架寿命。

2. 增强草莓的抗氧化和抗病害能力:氢基灌溉能够提升草莓的自身免疫力,减少病害发生,降低农药的使用需求。

3. 促进草莓品种多样化:通过改善生长条件,为培育适应不同市场需求的新品种提供可能,丰富市场供给。

4. 实现草莓的跨季节生产:通过调节草莓的生长周期,缓解季节性生产带来的市场供需矛盾。

5. 推动草莓产业的绿色发展:作为一种清洁能源,氢气的使用有助于减少化学肥料和农药的环境足迹,推动产业向环境友好型发展。

6. 增强草莓产业的国际竞争力:通过提升草莓的品质和产量,以及实现全年稳定供应,增强中国草莓在国际市场上的竞争力。

7. 促进草莓产业的科技创新:氢基灌溉技术的应用将推动草莓产业的科技创新,为产业的长远发展注入新的活力。

8. 提升草莓产业的经济效益:通过提高草莓的产量和品质,降低生产成本,增加农户的收入,推动地方经济发展。

9. 增强草莓产业的抗风险能力:氢基灌溉技术的应用有助于提高草莓产业对气候变化和市场波动的适应能力,增强产业的稳定性和抗风险能力。

10. 推动草莓产业的品牌建设:通过提升草莓的品质和安全性,加强品牌宣传和市场推广,提升中国草莓的品牌形象和市场认可度。

通过对氢基灌溉技术在草莓产业中的应用进行深入研究,有望为中国乃至全球的草莓产业提供一种全新的发展模式,实现产业的可持续发展,同时保障消费者的饮食健康和生活质量。随着科技的进步和产业实践的深入,氢基灌溉技术有望成为推动中国草莓产业转型升级的重要力量,为实现农业现代化、促进农民增收和推动乡村振兴战略做出积极贡献。

既然前文已经对草莓市场及其重要性进行了深入的介绍,那么接下来,我们将从生产者的角度,探索如何通过创新的农业技术提升草莓的产量和品质。随着消费者对食品质量和安全性要求的不断提高，研究者们也在不断寻找新的方法来满足这些需求。本文将详细阐述一系列关于草莓种植与保鲜的科学研究，这些研究不仅关注于提高草莓的生长性能和营养价值，还着眼于延长其货架寿命，以减少损耗并提高经济效益。

从富氢水对草莓生长发育的促进作用，到氢纳米气泡水对草莓风味和消费者偏好的影响提升，再到分子氢灌溉技术在延长草莓保质期方面的应用，每一项研究都为我们提供了宝贵的见解。这些研究结果不仅对于农业生产者来说具有指导意义，也为消费者提供了更健康、更美味的食品选择。现在，让我们继续深入了解这些研究成果，探索它们如何为草莓产业带来革命性的变革。

首先是草莓的种植阶段。《南京农业大学学报》上刊载了一篇由中国学者潘妮、程雪、沈文飚、陆巍共同撰写的文章。这篇文章中记载了HRW对草莓（*Fragaria* × *ananassa* Duch.）生长和光合作用的调控作用及其潜在机制[1]。

在这篇研究中，学者们精心设计了一系列实验步骤，来科学地探究HRW对草莓生长和光合作用的影响。以下是实验过程的详细叙述：

首先，实验选择了草莓品种"红颜"作为研究对象，并在南京农业大学的实验基地进行。实验分为两个主要处理组：HRW灌溉组和地表水灌溉对照组。每个处理都设有三个重复，以确保数据的可靠性。

在HRW的制备方面，研究团队采用了专门的HRW机，通过电解水的方式制得HRW，并通过管道直接对草莓进行滴灌。生长参数的测定是实验的重要组成部分。研究人员通过称重法测量了草莓叶片的鲜重和干重，并使用专业的测量工具记录了叶面积。这些数据为评估HRW对草莓生长的影响提供了基础。

除此之外，学者们还使用不同方法测量了草莓生长过程中其他重要的理化参数。研究人员采用浸提法，使用95%乙醇提取叶绿素，并利用分光光度计在特定波长下测定吸光值，从而计算出色素含量。光合气体交换参数的测量是通过便携式光合作用分析仪完成的。在特定的时间段内，研究人员利用光合仪测定了净光合速率、气孔导度、胞间CO_2浓度和蒸腾速率等关键参数，还利用叶绿素荧光仪测量了包括相对电子传递速率、有效光化学量子产量等在内的叶绿素荧光参数，为理解HRW对光合作用的影响提供了重要信息。在测定跨膜质子梯度和ATP含量方面，研究人员使用了电致变色位移分析技术。通过检测特定波长信号的变化，研究人员能够评估质子动力势的两个组分，即跨膜质子梯度和跨膜电位。

最后，所有收集到的数据都通过统计软件进行了严格的分析，以确保实验结果的准确性和科学性。研究人员对数据进行了独立t检验，以评估处理组和对照组之间的差异显著性。

通过这些详尽的实验步骤，研究团队能够全面地评估HRW对草莓生长发育和光合作用的影响，为农业应用提供了有价值的实验数据和理论依据。

学者们的实验结论如下：

1. HRW对草莓的生长有促进作用：实验结果表明，使用HRW灌溉的草莓植株在生长上有明显的促进作用。具体表现在叶片的干重和鲜重分别增加了57.7%和60.4%，相对生长率和净同化率分别增加了50.0%和59.9%。

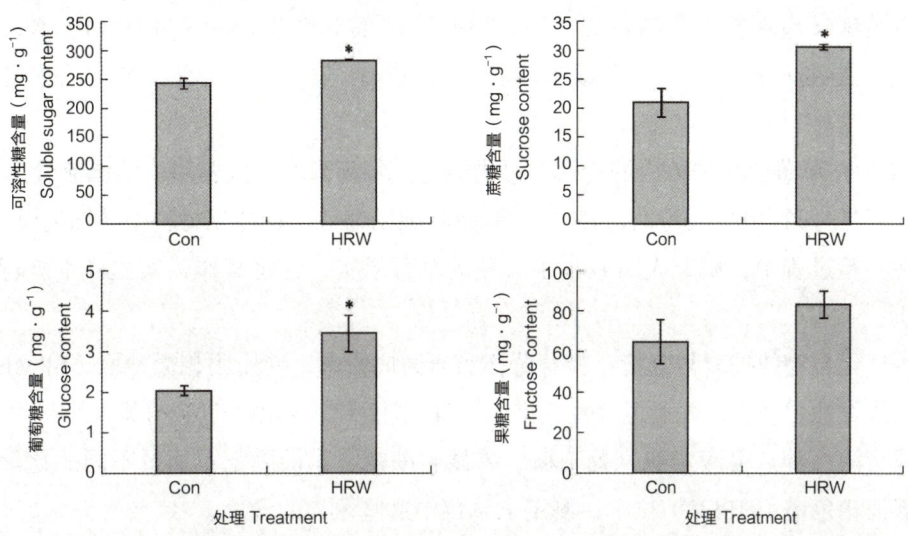

图6-1-1　富氢水对草莓叶片可溶性糖、蔗糖、葡萄糖和果糖含量的影响[①]

2. 光合作用增强：富氢水处理后的草莓叶片中，叶绿素a含量增加了14.4%，净光合速率提高了22.3%，叶片中的可溶性糖、葡萄糖和蔗糖含量显著增加，这表明光合作用得到了增强。

3. 光系统保护和调节能力提高：HRW处理后，光系统Ⅱ（PSⅡ）的非调节性能量耗散的量子产量［Y（NO）］显著降低，表明草莓叶片的光合机构保护和调节能力得到了提高。同时，光系统Ⅰ（PSⅠ）的电子传递速率和有效光化学量子产量［Y（Ⅰ）］显著增加，暗示PSI环式电子流的提高。

4. 跨膜质子梯度和ATP含量增加：HRW处理导致跨膜质子梯度（ΔpH）显著高于对照组，占跨膜质子动力势的主要部分，ATP含量较对照增加43.9%，验证了环式电子流增加的结果。

上述实验确实证明了HRW对草莓生长过程中的帮助。那么，HRW对草莓风味又能产生什么影响呢？有一篇发表在*Food Chemistry*的文章，详细记载了HNW对草莓风味和消费者偏好的影响[2]。

首先，他们在中国上海青浦农业基地的温室中栽培了草莓（*Fragaria × ananassa* 'Benihoppe'）。实验设计了四种处理方式：使用普通水灌溉且不施用肥料（SW）、使用普通水灌溉并施用肥料（SW＋F）、使用HNW灌溉且不施用肥料（HNW）以及使

---

① Con 代表对照组。

用HNW灌溉并施用肥料（HNW + F）。每种处理都在单独的温室中进行，以确保条件的一致性。

在实验前，确保所有温室的土壤营养水平相同。草莓植株在2020年9月初种植。使用的肥料包括有机肥料、复合化肥和细菌肥料，而农药则根据需要常规施用。HNW是通过氢纳米气泡水发生器制备的，该设备将高纯度氢气（99.999% [v/v]）通过纳米气泡发生器注入普通水中，形成平均直径约300纳米的纳米气泡，氢气的浓度大约为1.0 mg/L。

HNW在草莓植株种植后的前两个月内通过洪水灌溉的方式施用。灌溉流量为10吨/小时，灌溉时间为0.5～3小时。HNW的制备和施用细节均在补充材料中详细记录。

在实验过程中，研究人员收集了成熟的草莓果实，并将其作为实验样本进行了以下分析。

香气化合物的提取与分析：将草莓样品研磨成粉末，使用固相微萃取（SPME）技术捕获挥发性化合物，并通过气相色谱-质谱联用仪（GC-MS）进行分析。

总可溶性糖、可滴定酸、葡萄糖、果糖和蔗糖含量的测定：通过不同的化学方法和高效液相色谱（HPLC）技术，测定了草莓中这些糖类的含量。

挥发性生物合成相关基因的转录分析：提取草莓样品的总RNA，并通过qPCR分析了与挥发性物质生物合成相关的基因表达水平。

感官评估：邀请了一组评估员对草莓的感官属性（包括颜色、光泽、香气、质地、咀嚼性、甜味、酸味、风味和整体喜好）进行评分。

这些实验步骤构成了研究的主体，使研究人员能够全面评估HNW对草莓风味特性的影响，并探索其潜在的分子机制。他们的实验结论如下：

1. 挥发性物质的增强：研究发现，与普通水灌溉相比，HNW处理显著提高了草莓中挥发性化合物的总量，包括酯类、酸类和醇类等关键香气成分。这些化合物对于草莓的香气、风味和整体喜好具有重要作用。

2. 糖酸比的改善：HNW的应用改善了糖酸比，这是影响消费者对甜味感知的重要因素。HNW处理的草莓显示出更高的可溶性糖含量和较低的可滴定酸含量，从而提升了草莓的甜味和整体风味。

3. 消费者偏好的提升：通过感官评估，HNW处理的草莓在色泽、光泽、香气、质地、咀嚼性、风味和整体喜好等方面得到了改善，这些属性的提高直接关联到消费者的偏好。

4. 肥料应用的调节作用：HNW能够缓解肥料应用对草莓香气的潜在负面影响。尽管肥料可以促进植物生长和提高产量，但过量使用可能会削弱水果的自然风味。HNW的应用似乎能够逆转这一趋势，保持草莓的香气特性。

经过上述详细的实验步骤和分析，可以看出氢农业的引入在草莓种植中具有显著的应用潜力，不仅能促进草莓的生长和光合作用，还能改善其风味和消费者偏好。这些发现为草莓等农作物的种植技术的改良、提高作物品质和市场竞争力方面提供了新的策略。

接下来，我们将转向另一篇重要的研究，这篇文章进一步探讨了HNW如何通过改善细胞壁成分的合成，来延长草莓的保质期，为草莓的采后管理、保鲜提供了新的视角和方法。通过这项研究，我们可以更深入地理解分子氢在草莓保鲜中的作用机制，以及它如何帮助草莓在储存和运输过程中保持其新鲜度和营养价值。

实验开始于草莓（*Fragaria × ananassa* Duch. 'Benihoppe'）的栽培[3]，这些草莓种植在中国上海青浦的一个商业草莓种植园的十个独立的温室中。研究中使用了HNW，由Air Liquide（China）R&D Co., Ltd.制造，这种水的溶解氢的半衰期大约为12小时，并被输送到各个温室中。HNW在草莓植株种植后的前两个月内进行灌溉，而表面水灌溉（SW）则作为对照组。每个处理都使用了五个独立的温室，所有温室在2023年3月被拍摄记录。

实验中，肥料和农药的施用都是按照常规方法进行。草莓果实在2023年2月和3月被收集，并立即运送到南京农业大学进行后续实验。研究人员根据先前的方法，收集了不同发育阶段的果实，包括绿色果实（G）、白色果实（W）、转色果实（T）和成熟果实（R），用于分析细胞壁生物合成相关基因的表达。

收集的成熟果实被储存在冰箱中（4±1 ℃，相对湿度70%～75%），储存期为15天。每隔三天，从每个处理中随机选取15个果实进行硬度、颜色和感官分析的测量。此外，每个处理中还有8个果实被用液氮研磨，然后储存在-80℃下进行进一步分析。实验除了感官分析外，均进行了三次重复。

为了评估腐烂发生的程度和重量损失，研究人员根据草莓表面恶化的百分比建立了六个等级的评分标准。在储存期间，每三天测量每个果实的重量，重量损失（%）表示为初始重量（第0天）的百分比减少。

学者们还对所有实验草莓的颜色、总可溶性糖（TSS）、可滴定酸（TA）、维生素C、硬度和细胞壁成分进行了测量与分析。

并且还有由南京农业大学的9名学生和1名教职员工组成的评估小组对参与实验的草莓进行了感官分析。评估小组成员在经过关于评估标准的培训后，对草莓的香气、光泽、颜色和形状进行了评分。

最后，研究人员对与木质素、纤维素和半纤维素生物合成相关的基因的转录分析进行了测定。

整个实验过程涉及了多个步骤和方法，旨在全面评估HNW灌溉对草莓果实细胞壁成分合成及其保质期的影响。

这篇研究中，实验结论揭示了分子氢基灌溉对草莓保质期的积极影响，并且指出了这一效果与细胞壁成分合成的改善密切相关。具体来说，实验结果表明：

1. 感官属性的改善：与常规表面水灌溉相比，HNW灌溉的草莓在储存期间展现出更好的外观和感官属性，包括香气、光泽、颜色和形状，这些属性的维持有助于保持消费者的偏好。

2. 重量损失的减少：HNW灌溉显著减少了草莓在储存期间的重量损失，这表明HNW可能有助于维持果实的结构完整性，减少水分的流失。

3. 细胞壁成分的增加：HNW灌溉的草莓在收获时以及储存期间，其木质素、纤维素和半纤维素的含量均有所提高。这些成分是细胞壁的关键结构成分，对果实的紧实度和保质期具有重要作用。

4. 基因表达的调节：HNW灌溉还影响了与细胞壁合成相关的基因的表达，特别是与木质素、纤维素和半纤维素合成相关的基因。这些基因表达水平的提高与细胞壁成分含量的增加相一致。

5. 果实紧实度的提高：HNW灌溉显著提高了草莓的紧实度，这是评估果实耐储性和对机械损伤及真菌感染敏感性的一个重要指标。

综合上述结果，HNW灌溉通过改善细胞壁成分的合成，延长了草莓的保质期。这不仅有助于减少采后损失，还为消费者提供了更长时间的新鲜草莓供应。

在深入探讨了分子氢基灌溉技术如何通过增强细胞壁成分的合成来延长草莓的保质期之后，我们现在转向另一个创新领域，该领域涉及草莓保鲜的包装技术。最新的研究进展揭示了一种新方法，它通过在包装环境中引入氢气，不仅保护了草莓的营养和质地，还维持了其感官新鲜度，进而显著延长了这些脆弱果实的货架寿命。这种方法的发现，为草莓等易腐食品的长期保存提供了一种绿色和健康的解决方案，有望在食品保鲜领域引起一场革命。接下来，我们将详细阐述这一突破性技术的科学原理及其在实际应用中的显著效果。

在这项开创性的研究中，科学家们探索了将氢气整合到包装气氛中对草莓的营养价值、质地和感官新鲜感的保护作用，以及其对延长草莓保质期的潜在影响。实验方法的设计旨在精确评估不同气体环境对草莓品质的影响[4]。

实验的第一步是从土耳其伊迪尔地区的一个当地果园收集成熟的草莓，并在4 ℃的条件下储存，直至进行包装处理。研究团队精心准备了多种化学试剂，包括ABTS①、DPPH、Folin-Ciocalteu试剂等，这些试剂在后续的实验中用于测定草莓中的抗氧化活性和其他生化指标。

包装过程包括对聚乙烯层压聚苯乙烯包装盒进行消毒和UV-C处理，以确保包装环境的卫生。然后将未经清洗的草莓放入包装盒中，并在抽真空后注入特定的气

---

① 2,2'-联氮-双（3-乙基苯并噻唑啉-6-磺酸）[2,2'-Azino-bis（3-ethylbenzothiazoline-6-sulfonic Acid），ABTS]

体组合。实验中使用了两种还原气氛（RAP1和RAP2）和两种改良气氛（MAP1和MAP2），以及作为对照的大气空气包装。

在储存期间，研究者们定期测量了包装草莓的重量损失，以评估不同气氛条件下草莓的保鲜效果。此外，还测定了草莓汁液的pH值、总可溶性固形物（TSS）、坚实度和颜色等参数，这些指标对于评估草莓的新鲜度至关重要。

为了深入了解草莓的生化特性，研究者们还进行了样品提取，并通过一系列生化分析方法，包括总酚类物质、总花青素、DPPH清除活性和ABTS清除活性的测定。这些分析有助于评估草莓的抗氧化能力和营养价值。

最终，通过计算每种包装条件下的质量参数损失率，研究者们确定了草莓的最佳食用期和过期日期。所有实验均进行了三次重复，并通过ANOVA和Minitab 17软件进行统计分析，以确保结果的准确性和可靠性。

通过这一系列精心设计的实验步骤，研究团队能够全面评估氢气在包装气氛中的应用对于保持草莓新鲜度和延长其保质期的效果，为草莓的绿色保鲜技术提供了科学依据。

以下是实验结论的详细介绍：

1. 保鲜效果显著：实验结果表明，与对照组相比，还原气氛包装（RAP，还原气氛包装）中的草莓在储存期间表现出更高的总可溶性固形物（TSS）、坚实度、亮度（L*）和红绿色（a*），这些都是评估草莓新鲜度的关键指标。

2. 营养成分保护：研究中发现，还原气氛包装处理的草莓在总酚类物质、花青素含量以及抗氧化活性方面，相比对照组和改良气氛包装（MAP，改良气氛包装）的草莓有显著提高，表明氢气在保护草莓营养成分方面具有积极作用。

3. 抗氧化活性增强：研究发现，还原气氛包装技术尤其是RAP2条件，对于维持草莓的抗氧化活性具有显著效果，这可能与氢气的抗氧化特性有关。

4. 延长保质期：通过使用还原气氛包装技术，草莓的保质期得到了显著延长，还原气氛包装处理的草莓的保质期是对照组的3到5倍，而改良气氛包装处理的草莓的保质期是对照组的1.5～3倍。

5. 绿色保鲜技术：研究强调了还原气氛包装作为一种绿色和健康的保鲜技术，对于长期储存新鲜水果的潜力，这为减少化学防腐剂的使用提供了一种替代方案。

6. 包装气体组合的优化：实验中发现，在包装气体组合中，10% CO_2和4% H_2的还原气氛包装（RAP2）在保护草莓新鲜度指标方面比5% CO_2和4% H_2的还原气氛包装（RAP1）更为有效。

7. 感官品质维持：还原气氛包装处理的草莓在感官品质上更接近新鲜水果，这包括颜色、香气和口感等方面，这对于消费者接受度至关重要。

8. 重量损失减少：与对照组相比，还原气氛包装和改良气氛包装处理的草莓在储存期间的重量损失显著减少，这表明这些包装方法能有效减缓草莓的水分蒸发和脱水过程。

9. 微生物生长抑制：虽然文中没有直接提及微生物生长，但氢气已知具有抗菌特性，可能对抑制草莓表面微生物生长、减少腐烂有积极作用。

这些发现不仅为草莓等易腐水果的保鲜技术开辟了新途径，而且凸显了氢气作为一种创新工具，在食品保鲜行业中的巨大应用潜力。通过这些研究成果，我们得以一窥氢气在未来食品保鲜领域的广泛应用，预示着它可能成为提升食品质量和延长食品保质期的关键因素。

在这个充满创新与发现的旅程中，我们深入了解了氢基技术如何为草莓产业带来革命性的变革。通过一系列精心设计的实验和研究，我们不仅揭示了氢气在草莓生长、品质提升和保鲜过程中的关键作用，也展示了这一技术在满足消费者对健康、安全食品需求的同时，为农业生产者带来了实实在在的经济效益。

展望未来，随着科技的不断进步和农业实践的深入，氢基灌溉技术有望成为推动草莓产业乃至整个农业领域转型升级的重要力量。它不仅能够提高作物的产量和品质，降低生产成本，增加农户的收入，还能促进地方经济的发展，为实现农业现代化、促进农民增收和推动乡村振兴战略做出积极贡献。

我们有理由相信，氢基技术的应用将为全球的草莓产业乃至整个食品行业带来一场深刻的变革。它将引领我们走向一个更加可持续、环保和健康的未来，让我们共同期待那一天的到来，享受科技带来的甜美果实。

第二节　猕猴桃

在前文中，我们介绍了氢农业在草莓行业的应用前景，在接下来的文章中，我们将详细地介绍一下"维生素C的宝库"——猕猴桃，并看看学者们为我们指出了怎么样的一条康庄大道。

中国猕猴桃产业的快速崛起，标志着一个农业领域的新篇章。目前，中国稳居全球猕猴桃产量的首位，这一成就不仅在农业产值上占据显著地位，更在社会文化和民众日常生活中扮演着至关重要的角色。猕猴桃，以其鲜明的外观和甜美多汁的口感，成为春季的代表，象征着新生和希望的到来。

中国猕猴桃的种植区域横跨众多省份，形成了各具特色的种植模式。北方地区利用先进的温室大棚技术，突破了季节的限制，实现了猕猴桃的冬季生产，有效满足了市场的需求。而南方地区则依靠得天独厚的温暖湿润气候，培育出了多种风味独特的猕猴桃品种。这种多样化的种植模式，不仅提升了猕猴桃的产量和品质，也极大地丰富了消费者的选择。

中国的猕猴桃品种体系极为丰富，涵盖了从传统的小果型到现代选育的大果型品种，从鲜食型到加工型品种，全面满足了国内外市场的多元化需求。猕猴桃产业的蓬勃发展，有效带动了包装、物流、农业旅游等相关产业的繁荣发展，为农民提供了广阔的就业机会和稳定的收入来源。

然而，随着产业的快速发展，中国猕猴桃产业也面临着一系列挑战。消费者对食品安全和健康饮食的日益关注，对产业的生产标准和技术水平提出了更高的要求。气候变化、病虫害等自然因素，也对猕猴桃产业的稳定供应和品质保障构成了挑战。此外，保鲜与物流成本的控制、农药残留问题的解决、品种单一化及市场适应性、季节性生产与供需平衡、环境压力以及可持续发展等问题，都是中国猕猴桃产业需要积极应对和解决的问题。

为应对这些挑战，中国猕猴桃产业正在积极探索和实践新的解决方案。政府和企业正在通过科技创新、品牌建设和市场拓展等措施，推动产业的优化升级。科研机构也在进行相关研究，例如氢基灌溉技术的应用，旨在提高猕猴桃的保鲜能力、抗氧化和抗病害能力，促进品种多样化，实现跨季节生产，推动绿色发展，增强国际竞争力。

中国猕猴桃产业的发展前景广阔，但也充满挑战。随着科技的进步和市场需求的增长，产业有望实现更高质量的发展。未来，中国猕猴桃产业将继续坚持科技创新、品牌建设、市场开拓、国际合作的发展策略，不断提升产业的核心竞争力。通过加强产业链上下游的协同发展，提升产品质量和品牌影响力，中国猕猴桃产业将在全球市场上占据更加重要的地位。

同时，中国猕猴桃产业将更加注重可持续发展和环境保护。推广有机种植、实施节水灌溉、使用生物农药等措施，既保护了生态环境，又提升了猕猴桃的品质。此外，产业还将积极探索循环经济和绿色发展的道路，努力实现经济效益和生态效益的双赢。

在社会文化层面，猕猴桃产业的发展将进一步丰富中国的农业文化，成为地方文化的重要组成部分。通过举办猕猴桃文化节、采摘体验等活动，提升消费者对猕猴桃文化的认知，拓宽猕猴桃市场的消费群体。

总之，中国猕猴桃产业虽然面临诸多挑战，但通过不断的努力和创新，展现出了强大的生命力和广阔的发展前景。随着国家政策的支持和市场需求的推动，我们有理由相信，中国猕猴桃产业将迎来更加辉煌的未来，为消费者提供更加健康、美味的产品，为农业现代化和乡村振兴战略做出更大的贡献。

在展望中国猕猴桃产业的辉煌未来的同时，我们必须认识到，科技创新是推动产业发展的关键因素。特别是在采后保鲜技术方面，如何有效延长猕猴桃的货架期，减少损耗，提高果实品质，是实现产业升级的重要途径。近年来，一种新兴的保鲜技术——氢气处理，已经显示出巨大的潜力。氢气作为一种具有抗氧化特性的分子，已被证实在动植物的生理和病理过程中发挥着积极作用。那么，如何将氢气引入猕猴桃的采后管理中，以增强其保鲜效果，延长货架期呢？接下来的内容，我们将深入探讨氢气处理在猕猴桃产业中的应用，以及它如何为中国猕猴桃产业的持续发展和国际竞争力的提升做出贡献。

有一个来自中国的研究团队撰写了一篇文章[5]。这篇文章的实验部分系统地探究了富氢水对猕猴桃采后保鲜效果的影响及其作用机制。实验所用的猕猴桃选自中国陕西省杨凌区果园，成熟度适中，无明显损伤，确保实验结果的准确性和可比性。

实验开始前，首先通过氢气发生器制备了高纯度的氢气，并将这些氢气溶解在蒸馏水中，制备出不同浓度的HRW溶液。这些溶液的浓度分别为30%（0.066 mM），80%（0.176 mM）和100%（0.22 mM），以覆盖可能的效应范围。实验中，将猕猴桃浸泡在这些不同浓度的富氢水中，时间控制在5分钟，以确保氢气能够渗透到果实内部。

浸泡后，猕猴桃在20 ℃的环境下晾干1小时，以去除表面多余的水分，然后将其放置在特定的储存容器中。这些容器设计有微小的通风孔，以保持内部气体成分与外界空气相似，同时防止水分的流失。储存条件严格控制在20 ± 0.2 ℃和90%~95%相对湿度，模拟了商业储存环境。

为了监测猕猴桃在储存期间的生理变化，研究人员定期对样品进行了一系列的测定。包括使用电子舌系统来评估果实的感官特性，使用折光仪测定可溶性固形物含量和可滴定酸度，以及使用压痕计测量果肉的硬度。这些测定有助于了解HRW处理对猕猴桃成熟度和口感的影响。

进一步的生化分析包括测定水溶性果胶和原果胶的含量，评估细胞壁的变化；测量细胞壁降解酶的活性，了解果实软化的生理过程；检测呼吸强度和脂质过氧化水平，评估果实的代谢状态和氧化损伤程度；以及测定自由基清除活性，探究HRW对抗氧化系统的影响。

此外，实验还采用了气相色谱仪来精确测定HRW溶液中氢气的浓度，确保实验中使用的HRW具有准确的浓度和一致性。通过这些细致的实验设计和严格的操作流程，研究人员能够全面评估HRW对猕猴桃采后保鲜效果的影响。

最后，为了在细胞层面上理解HRW的作用，研究人员利用透射电子显微镜观察了猕猴桃果肉细胞的超微结构，特别是线粒体和细胞壁的形态变化。这些观察有助于揭示HRW对细胞衰老过程的调控作用。

整个实验设计严谨，操作细致，涵盖了从宏观到微观多个层面的评估，为深入理解富氢水在果蔬保鲜中的应用提供了丰富的实验数据和理论依据。

学者们的实验结果如下：

1. 腐烂发生率的降低：实验结果显示，与蒸馏水处理组相比，30% HRW（0.066

mM）处理能显著降低猕猴桃的腐烂发生率，特别是在储存的第8天和第12天观察到显著差异。而80% HRW（0.176 mM）处理在整个储存期间都能显著减少腐烂发生率。相反，100% HRW（0.22 mM）处理却加速了腐烂症状的出现。

2. 感官特性的保持：通过电子舌系统获得的数据表明，80% HRW（0.176 mM）处理的猕猴桃在储存第4天和第8天时，与其他处理相比，具有更好的感官特性，表明其较慢的成熟过程。

3. 可溶性固形物含量与可滴定酸度比值（SSC/TA）：SSC/TA比值在所有处理的猕猴桃中随储存时间的延长而增加，但80% HRW（0.176 mM）处理组的比值显著低于其他处理组，显示出较慢的成熟速率。

4. 果肉硬度的保持：所有处理的猕猴桃在储存初期硬度迅速下降，但80%（0.176 mM）HRW处理的猕猴桃硬度下降速度较慢，表明该处理有助于保持猕猴桃的质地。

5. WSP[①]和原果胶含量的变化：80% HRW（0.176 mM）处理的猕猴桃在储存期间WSP含量显著低于对照组，而原果胶含量则显著高于对照组，这表明80% HRW（0.176 mM）处理能减缓不可溶原果胶向可溶性果胶的转化，从而保持果肉的硬度。

6. 细胞壁降解酶活性的抑制：实验观察到80% HRW（0.176 mM）处理显著降低了猕猴桃中纤维素酶、多聚半乳糖醛酸酶（PG）和果胶甲酯酶（PME）的活性，这有助于减缓细胞壁的降解，维持果肉的质地。

7. 呼吸强度和脂质过氧化水平的降低：80% HRW（0.176 mM）处理的猕猴桃显示出较低的呼吸强度，表明其代谢速率降低，有助于延长储存寿命。同时，该处理也降低了脂质过氧化水平，减少了氧化损伤。

8. SOD活性的提高：80% HRW（0.176 mM）处理提高了猕猴桃中SOD的活性，增强了其清除自由基的能力，从而减少了储存期间的氧化损伤。

9. 自由基清除活性的增强：富氢水处理显著提高了猕猴桃清除DPPH自由基、超氧阴离子和羟基自由基的能力，尤其是在储存初期，这种效果更为明显。

10. 细胞结构的保护：透射电子显微镜观察显示，80% HRW（0.176 mM）处理能够更好地保护猕猴桃细胞中线粒体的完整性，延缓细胞结构的退化。

这些结果表明，80% HRW（0.176 mM）处理通过多方面作用机制，包括抑制细胞壁降解、降低呼吸强度、提高抗氧化酶活性和增强自由基清除能力，有效地延缓了猕猴桃的成熟和衰老过程，从而延长了其采后的货架期。

那么，HRW究竟为何可以延缓猕猴桃的货架期呢？有学者推测，是氢气通过减少了乙烯的生物合成成功延长了猕猴桃的保质期。据此，该学者团队筹备了一个非常详细的实验[6]。

---

① 水溶性果胶（Water Soluble Pectin, WSP）

该实验所用的猕猴桃选自中国陕西省眉县的商业果园，挑选时考虑了果实的均匀性、形状以及无机械损伤和疾病，确保实验结果的准确性和可比性。

实验开始前，首先通过氢气罐制备了不同浓度的氢气，然后将氢气注入密封的塑料容器中，制备出不同浓度的氢气环境。实验分为几个部分，包括不同浓度氢气处理、不同处理模式（连续处理24小时和分两阶段处理，每阶段12小时）以及与1-甲基环丙烯（1-MCP）和外源乙烯（C_2H_4）的对照处理。

在实验Ⅰ中，660个猕猴桃被分成11个处理组，每组60个果实，分别在不同浓度的氢气中熏蒸24小时。实验Ⅱ中，基于实验Ⅰ的结果，进一步研究了氢气对猕猴桃乙烯生物合成和品质的影响。实验Ⅲ则研究了外源C_2H_4（ACC）或H_2处理，以及C_2H_4和H_2、ACC和H_2的联合处理对猕猴桃的影响。

实验过程中，定期对猕猴桃的硬度进行测定，以评估果实的软化程度。使用透射电子显微镜（TEM）观察果肉组织的细胞结构变化。通过气相色谱法测定了猕猴桃内源性氢气的浓度，以及不同处理下乙烯的产生量。此外，还测定了1-氨基环丙烷-1-羧酸（ACC）的浓度和乙烯生物合成相关酶的活性，包括ACC合成酶（ACS）和ACC氧化酶（ACO）。

为了深入了解氢气对乙烯生物合成相关基因表达的影响，进行了实时定量RT-PCR分析，测定了ACS和ACO基因的表达水平。最后，对实验数据进行了统计分析，以评估不同处理之间的差异。

通过这些细致的实验设计和严格的操作流程，研究人员能够全面评估氢气对猕猴桃采后保鲜效果的影响，特别是在减少乙烯生物合成、延缓果实软化、细胞壁解体以及降低自然腐烂和病害发生率方面的潜在作用。

学者们的实验结果如下：

1. 内源性氢气（H_2）水平与猕猴桃成熟过程相关：实验结果显示，在未成熟的猕猴桃中检测到的内源性H_2水平高于成熟果实。随着果实成熟，内源性H_2浓度下降，表明H_2水平与果实衰老过程可能存在关联。

2. 氢气处理对猕猴桃软化的延迟作用：通过不同浓度的氢气处理，发现4.5 $\mu L L^{-1}$的氢气在两阶段处理模式下能显著延缓猕猴桃的软化过程。与乙烯受体抑制剂处理组相比，氢气处理组的果实硬度保持得更好。

3. 氢气对乙烯（C_2H_4）生物合成的抑制作用：实验观察到，氢气处理显著降低了猕猴桃整个储存期间的C_2H_4浓度。此外，氢气处理也降低了1-氨基环丙烷-1-羧酸（ACC）的浓度，以及ACC合成酶（ACS）和ACC氧化酶（ACO）的活性。

4. 氢气对乙烯生物合成相关基因表达的影响：通过对ACS和ACO基因表达水平的测定，发现氢气处理减缓了AdACS1和AdACO1基因表达的增加，表明氢气通过影响乙烯生物合成相关基因的表达来抑制乙烯的产生。

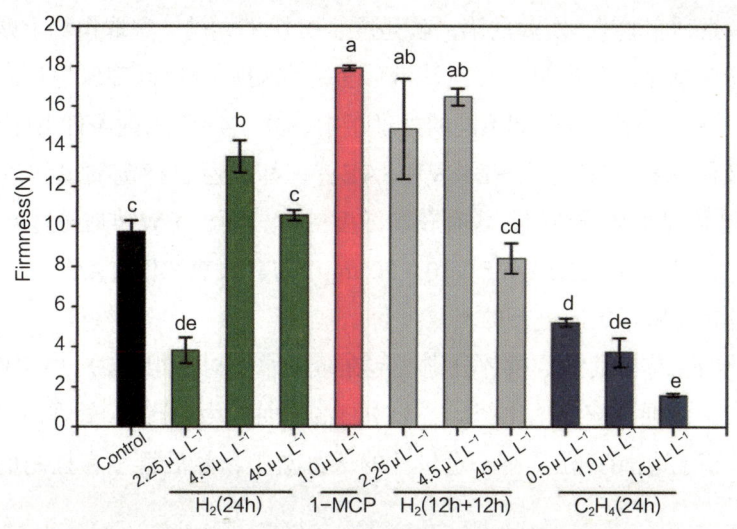

图6-2-1　不同处理方式对猕猴桃硬度的影响①

5. 氢气对猕猴桃成熟和病害发生的抑制作用：外源C_2H_4或ACC处理增强了猕猴桃内源性C_2H_4的产生，但这种增强效应可被氢气处理所减弱。同时，氢气处理也延缓了果实硬度的下降，并减少了猕猴桃在储存期间的自然腐烂和病害发生。

6. 氢气对猕猴桃采后病害的抑制作用：实验还发现，氢气处理减少了猕猴桃采后病害的发生，特别是在拟茎点霉菌引起的腐烂方面。氢气处理的果实在接种拟茎点霉菌后，病害发展受到抑制，病斑的大小和直径都小于对照组。

7. 氢气对猕猴桃抗氧化能力的提高：通过对酚类化合物含量和自由基清除活性的测定，发现氢气处理提高了猕猴桃的抗氧化能力，这可能与其减少病害发生有关。

在长久的实践中，人们发现微酸性电解水（SAEW）也有延缓水果，尤其是鲜切水果衰老的能力。因此，也有学者就SAEW和HRW处理对鲜切猕猴桃的保鲜有何影响这一问题进行了研究。

值得指出的是，SAEW与HRW是两种具有不同特性和应用的水溶液。微酸性电解水是通过电解过程产生的，其特点是具有较低的pH值，通常在5.0~6.5之间，以及较高的氧化还原电位（ORP）。这种水含有多种活性氧物质，例如次氯酸、臭氧和氢氧自由基，这些成分使其具有强大的消毒和杀菌特性。微酸性电解水主要用于食品加工、医疗设施和餐饮业中的清洁和消毒工作。

两者的关键区别在于它们的化学组成和主要功能。SAEW的酸性和活性氧成分使其成为有效的消毒剂，而HRW的中性pH值和富含氢气的特性使其在促进健康和减少氧化应激方面发挥作用。

在这项研究中，学者们为了探究HRW和SAEW对鲜切猕猴桃贮藏保鲜效果的影

---

① 1-MCP代表通过乙烯受体抑制剂对猕猴桃进行处理，Con代表对照组。

响，设计了一系列实验[7]。实验的第一步是准备鲜切猕猴桃，选取市场上购买的、大小一致、无损伤和感染的猕猴桃，经过清洗、去皮和切片处理，确保每片的表面积基本一致。接着，将切片随机分配到不同的处理组中，并在4±1 ℃的条件下储存。

实验涉及的两种水溶液——HRW和SAEW，都是通过特定的电解过程制备的。HRW是通过电解纯净水得到的，含有较高浓度的H_2，而SAEW则是通过电解1%的氯化钠溶液得到的，具有pH值5.5～6.5和10～30 mg/L的有效氯浓度（ACC）。这两种水溶液的制备都是在实验开始前进行的。

实验设计中，将鲜切猕猴桃片分别浸泡在蒸馏水（对照组CK）、HRW、SAEW以及HRW与SAEW的混合溶液（比例1∶1）中，浸泡时间为5分钟。处理后，将猕猴桃片取出、沥干，并打包储存在具有一定尺寸的保鲜盒中，然后继续在控制的温湿度条件下储存8天。

在储存期间，研究人员对猕猴桃片的重量损失、可溶性固形物含量（SSC）、可滴定酸度（TA）、AsA含量、叶绿素含量、颜色、硬度、总酚含量、总黄酮含量、菌落总数、MDA含量和电解质泄漏等指标进行了分析。这些指标有助于评估猕猴桃片在储存期间的生理和生化变化，从而判断HRW和SAEW处理对猕猴桃保鲜效果的影响。

通过这些细致的实验步骤，学者们能够全面评估不同处理对猕猴桃采后保鲜效果的影响，为鲜切水果的绿色保鲜技术提供科学依据。

重量损失和硬度：实验结果显示，HRW、SAEW以及两者的联合处理都能在不同程度上抑制鲜切猕猴桃的重量损失。特别是HRW与SAEW的联合处理在减少重量损失方面效果最显著。在硬度方面，所有处理组的猕猴桃片在储存期间硬度都有所下降，但HRW和SAEW处理的猕猴桃片保持了较高的硬度，其中HRW的效果更为显著。

以下是我们对学者们实验结果的详细介绍：

1. 可溶性固形物含量（SSC）和可滴定酸度（TA）：HRW和SAEW处理能够降低SSC的增加，尤其是HRW与SAEW的联合处理在抑制SSC增加方面效果最好。TA的测定结果表明，HRW处理能够显著提高TA含量，并且联合处理在延缓TA含量下降方面效果最显著。

2. 颜色和叶绿素含量：HRW和SAEW处理延缓了猕猴桃片在储存期间的绿色减退，其中HRW的效果更为明显。叶绿素含量的测定也显示，HRW和SAEW处理的猕猴桃片在储存期间叶绿素含量下降较慢，尤其是HRW与SAEW的联合处理在保持叶绿素含量方面效果最佳。

3. AsA含量和菌落总数：AsA含量在所有处理组中随储存时间延长而下降，但HRW和SAEW处理能够更好地保持AsA含量，特别是联合处理在抑制AsA含量下降方面效果最显著。菌落总数的测定结果显示，SAEW处理显著抑制了菌落总数的增加，HRW处理也有一定的效果，但联合处理在减少菌落总数方面效果最为显著。

4. 总酚和总黄酮含量：HRW和SAEW处理提高了猕猴桃片在储存期间的总酚和总黄酮含量，这表明这些处理有助于提高猕猴桃的抗氧化能力。特别是HRW与SAEW的联合处理在提高总酚和总黄酮含量方面效果最为显著。

5. 电解质泄漏和MDA含量：电解质泄漏和MDA含量是衡量细胞膜完整性的指标。实验结果表明，HRW和SAEW处理能够显著降低电解质泄漏和MDA含量，表明这些处理有助于保持细胞膜的完整性，减少氧化损伤。

综合实验结果，我们不难得出结论，HRW与SAEW的联合处理能够延缓鲜切猕猴桃的成熟，提高其贮藏质量，是一种有前景的保鲜方法。这种联合处理在减少电解质泄漏和MDA、抑制SSC、重量损失和菌落总数的增加、保持叶绿素、颜色、TA和硬度、提高抗氧化剂含量等方面比单独使用HRW或SAEW更有效。

这些结果为鲜切猕猴桃的保鲜提供了新的策略，并为进一步的研究和实际应用奠定了基础。

那么HRW和SAEW的保险作用背后究竟是什么机制呢？也有学者团队对此进行了研究。该实验的过程同上一篇文章有些相似，但学者们将实验测量与分析的重点集中到了猕猴桃的细胞壁上[8]。

综合两方的实验结果，我们可以得到如下结论：

1. HRW+SAEW联合处理可提升抗氧化能力：与这篇文章的对照组相比，H+S（富氢水和微酸性电解水的组合处理）显著降低了鲜切猕猴桃在储存期间的自由基（O_2^-和H_2O_2）含量，并提高了活性氧清除酶（SOD、CAT、POD和APX）的活性，从而增强了果实的抗氧化能力。

2. 细胞壁稳定性维持：在储存过程中，鲜切猕猴桃的硬度和嚼劲持续下降，原果胶和纤维素发生降解。H+S处理显著提高了鲜切猕猴桃中原果胶、纤维素和半纤维素的含量，抑制了可溶性果胶的增加速率，延缓了细胞壁物质的分解，维持了果实细胞壁的完整性。

3. 细胞壁降解酶活性降低：果实硬度下降与细胞壁降解酶（PG、PME、PL、Cx和β-Gal）的活性有关。H+S处理降低了这些酶的活性，抑制了细胞壁主要成分的降解，从而延缓了鲜切猕猴桃组织的软化。

以下是我们对本节探讨的全部内容的总结：

随着中国猕猴桃产业的蓬勃发展，其在国内外市场的影响力不断增强。本产业不仅在农业产值上占据显著地位，更在社会文化和民众日常生活中扮演着至关重要的角色。从北方的温室大棚内的室内种植到南方的温暖湿润气候下的露地种植，中国猕猴桃的种植模式多样化，品种丰富，满足了全球市场的多元化需求。然而，产业的快速增长也带来了诸多挑战，包括食品安全、气候变化、病虫害等问题，对生产标准和技术水平提出了更高要求。

面对这些挑战，中国猕猴桃产业正积极探索新的发展路径。科技创新、品牌建设、市场拓展成为推动产业优化升级的关键措施。其中，氢气处理作为一种新兴的保鲜技术，已显示出在延长猕猴桃货架期、提高果实品质方面的潜力。本节所介绍的研究足以表明，HRW能够显著提高猕猴桃的抗氧化能力，减少自由基含量，维持细胞壁的完整性，从而延缓果实软化和衰老。

本系列研究深入探讨了HRW对猕猴桃保鲜效果的影响及其作用机制。实验结果表明，80% HRW（0.176 mM）处理通过降低呼吸强度、抑制细胞壁降解酶活性、提高抗氧化酶活性等多重作用，有效延长了猕猴桃的采后货架期。此外，HRW与SAEW的联合使用在保持果实硬度、色泽和营养品质方面表现出更佳效果，为鲜切猕猴桃的绿色保鲜提供了新的策略。

展望未来，中国猕猴桃产业将继续坚持科技创新、品牌建设、市场开拓、国际合作的发展策略，不断提升产业的核心竞争力。同时，产业也将更加注重可持续发展和环境保护，推广有机种植、实施节水灌溉、使用生物农药等措施，保护生态环境，提升猕猴桃品质。通过这些努力，中国猕猴桃产业有望在全球市场上占据更加重要的地位，为消费者提供更加健康、美味的产品，为农业现代化和乡村振兴战略做出更大的贡献。

第三节　荔枝

中国的荔枝产业具有悠久的历史和丰富的文化内涵，荔枝作为中国南方地区重要的热带水果之一，不仅在国内享有盛誉，也在国际市场上具有较高的知名度。中国荔枝的主要产区集中在广东、广西、福建、海南等省份，这些地区气候温暖湿润，非常适合荔枝的生长。

荔枝产业在中国不仅带动了地方经济的发展，还促进了农业科技的进步和农业结构的优化。荔枝的品种繁多，包括糯米糍、妃子笑、桂味等，各具特色，满足了不同消费者的需求。随着种植技术的提升和冷链物流的发展，荔枝的销售半径不断扩大，市场影响力日益增强。

然而，荔枝在采后保鲜方面面临一个突出问题——表皮褐变现象。褐变是荔枝果皮在采收、储运过程中容易发生的一种自然生理现象，主要是由于果皮细胞中PPO的活性增强，导致多酚类物质氧化形成棕褐色物质。这种褐变不仅影响荔枝的外观品质，降低消费者的购买欲望，还可能加速果实的腐烂过程，缩短荔枝的货架寿命。

褐变现象对荔枝产业的影响是多方面的。首先，它直接影响到荔枝的市场竞争力，褐变的荔枝难以在市场上获得高价。其次，褐变现象加剧了荔枝采后的损耗，增加了产业的经济损失。此外,褐变还可能掩盖荔枝果实内部的品质问题,如病虫害或腐败,给消费者带来潜在的食品安全隐患。

为了应对荔枝褐变问题,产业界和科研机构进行了大量的研究和探索。通过改良品种、优化栽培管理、改进采后处理技术等措施,如使用抗氧化剂、调节储藏环境的温湿度、采用新型包装材料等,有效地延缓了荔枝褐变的发生,提升了荔枝的保鲜效果。在接下来,我们将介绍一个来自涵盖了中国科学院华南植物园、广东农业科学院和海南大学的年轻学者团队的研究。在他们的研究中,科学家们探索了HRW对荔枝果皮褐变过程中抗氧化系统的影响。实验的目的是评估外源性HRW处理对采后荔枝果品质的影响,并确定HRW对荔枝果抗氧化系统的作用[9]。

实验使用了来自中国广东广州的怀枝荔枝,在商业成熟期采摘后1小时内运送到实验室。挑选出无疤痕和疾病的荔枝,确保形状、颜色和大小一致,然后分为两组,每组75 kg。一组浸泡在超纯水中作为对照组,另一组浸泡在0.35 mM的HRW中,处理3分钟。

处理后,荔枝在25 ± 1 ℃和85%~90%相对湿度的条件下储存。在储存的第0、1、4、7天,随机取样,对果皮进行分析。实验测定了荔枝果皮的褐变程度、呼吸速率、总可溶性固形物(TSS)、可滴定酸度(TA)和果皮颜色。此外,还评估了H_2O_2含量、O_2^-产生率、·OH清除能力、SOD、CAT和POD酶活性等与ROS相关的指标。

为了深入分析HRW对荔枝果抗氧化系统的影响,研究者们测定了GSH相关指标、AsA相关指标以及次级代谢产物相关指标。这包括GSH、GSSG的含量和GR、GPX的活性,AsA、DHA的含量和APX、AAO、DHAR、MDHAR的活性,以及总酚、总花青素和总黄酮的含量。

实验数据通过单因素方差分析(ANOVA)和Duncan多重范围测试进行统计分析,以确定差异的显著性。此外,使用SIMCA软件进行投影到潜在结构判别分析(PLS-DA)和正交投影到潜在结构判别分析(OPLSDA),以识别HRW处理后荔枝果皮中关键的抗氧化系统相关指标。

整个实验过程设计严谨,旨在通过综合分析HRW对荔枝果皮抗氧化系统的影响,为延长荔枝的货架期和保持果品质提供新的策略。

以下是根据学者们发表在*Food Chemistry*的文献,对实验结果做出的详细介绍。

实验结果表明,与对照组相比,HRW处理显著降低了荔枝果皮的褐变指数,并且在整个储存期间保持了较高的果皮红色素含量。此外,HRW处理还显著抑制了荔枝的呼吸速率,延缓了总可溶性固形物(TSS)含量的下降,维持了TSS/TA比率,从而保持了荔枝的果实品质。

HRW处理在储存的第1~4天显著降低了荔枝果皮中超氧阴离子(O_2^-)的产生率,并且在第1天显著提高了H_2O_2含量,但在第4天和第7天则显著降低。此外,HRW处理在第1天提高了CAT、POD和SOD的活性，但随后在第4天和第7天则降低了这些酶的活性。

HRW处理在整个储存期间显著提高了荔枝果皮中GSH含量，并且在储存的第1天和第7天显著提高了GPX和GR的活性，而GST活性则在储存的第4天和第7天显著降低。

HRW处理在储存的第1天降低了AsA含量，但在储存的第4天和第7天则提高了AsA含量。同时，HRW处理在储存的第1天降低了APX活性，但在储存的第4天和第7天则提高了APX活性，而AAO活性则呈现相反的趋势。

HRW处理在储存的第1天提高了总酚和总黄酮的含量，并且在储存的第4天提高了总黄酮和总花青素的含量。然而，HRW处理在整个储存期间显著降低了PAL的活性，并在储存的第1天降低了总抗氧化能力（TAC）。

通过PLS-DA和OPLSDA分析，研究者们确定了16个关键的抗氧化系统相关指标，包括AAO、ANR、APX、CAT、GPX、GST、PAL、PPO和SOD的活性，以及DHA、GSH、GSSG、H_2O_2和总黄酮的含量，O_2^-产生率和·OH清除能力。

通过相关性分析，研究者们发现HRW处理降低了与褐变相关的生理指标，如呼吸速率，并保持了与抗褐变相关的指标，如TSS、色度L*、a和b、TSS/TA和TA。

并且据此，学者们提出了HRW影响荔枝果皮褐变过程的可能性机制。

具体来说，HRW处理显著提升了多种抗氧化酶的活性，包括SOD、CAT、POD、APX、GR和谷胱甘肽过氧化物酶（GPX）。这些酶对于中和ROS具有不可或缺的作用，它们共同构成了荔枝果皮抵御氧化压力的第一道防线。

此外，HRW处理还增加了GSH、AsA、总酚和总黄酮等关键非酶促抗氧化剂的含量。这些物质在维持细胞抗氧化平衡中扮演着至关重要的角色，它们的存在显著提升了荔枝果皮对氧化损伤的抵抗能力。同时，HRW处理通过抑制细胞壁降解酶的活性，有助于保持细胞壁的结构完整性，从而有效延缓了果皮的软化和褐变现象。

更为重要的是，IIRW处理通过调节荔枝果皮中的抗氧化系统，有效减少了ROS的积累，这对于延缓果皮的褐变和衰老过程具有重要意义。这一发现不仅为我们提供了一种新的视角来理解HRW在延长荔枝果皮货架寿命方面的潜在应用，而且为热带水果的采后保鲜技术开辟了新的道路。通过这种机制的阐释，研究者们为荔枝等热带水果的保鲜提供了科学的策略，有望显著提升其市场价值和消费者体验。

随着科技的进步和市场需求的增长，我们有理由相信，中国的荔枝产业将迎来更加辉煌的未来。在这片充满生机与活力的土地上，荔枝产业将继续坚持科技创新、品牌建设、市场开拓、国际合作的发展策略，不断提升产业的核心竞争力。我们期待着，荔枝——这一中国南方的瑰宝，能够以更加鲜美的姿态，走向世界，为人们的生活增添更多的甜蜜与健康。

第四节 蓝莓

在中国广袤的土地上,蓝莓产业如同一颗璀璨的宝石,在健康食品的王冠上熠熠生辉。近年来,随着人们健康意识的提升和对高品质生活追求的不断增强,中国的蓝莓产业迎来了蓬勃发展的春天。从东北的黑土地到山东半岛的丘陵地带,蓝莓园如雨后春笋般涌现,成为推动地方经济发展和农民增收的新引擎。

政府的扶持政策和科技创新为蓝莓产业的发展注入了强大动力。科研人员深入研究蓝莓种植技术,不断优化品种,提高蓝莓的产量和品质。消费者对这种小浆果的热爱,不仅因为它酸甜可口、营养丰富,更因为它所蕴含的健康密码——丰富的抗氧化剂和多种维生素,为人们带来了健康和活力。

蓝莓,这个小小的超级水果,已经成为连接健康与美味的桥梁。它不仅满足了人们对健康食品的需求,更以其独特的营养价值,在国内外市场上赢得了极高的声誉。在山东、辽宁、黑龙江等蓝莓主产区,得天独厚的气候条件和肥沃的土壤,为蓝莓的生长提供了理想的温床。每当蓝莓成熟的季节,一串串蓝紫色的果实挂满枝头,散发出诱人的香气,成为田野间一道亮丽的风景线。

随着科技的进步和市场需求的不断扩大,中国的蓝莓产业正站在新的发展起点上。未来,我们有理由相信,中国的蓝莓产业将以其独特的魅力和无限的潜力,继续在全球市场上绽放光彩,为人们的健康生活贡献更多的"蓝色力量"。

中国的科研人员也在不断探索提高蓝莓品质和延长货架寿命的方法。其中,分子氢灌溉技术作为一种新兴的农业技术,已经显示出在提高蓝莓等水果品质方面的潜力。氢气因其独特的抗氧化特性和对生物体的积极作用而备受关注。研究表明,氢气可以通过调节植物的代谢重编程和抗氧化机制来延缓采后蓝莓的衰老过程。

接下来,笔者将介绍一篇关于分子氢灌溉对蓝莓采后衰老影响的研究文章。这篇文章发表在 *Food Chemistry* 期刊上,题为《氢基灌溉技术延缓采后蓝莓的衰老过程与代谢重编程和抗氧化机制有关》。文章通过综合广泛的靶向代谢组学分析(UPLC-MS/MS)和生化证据,揭示了分子氢灌溉如何直接或间接地调控蓝莓在收获期间的一系列生理响应,特别是延缓采后阶段的衰老过程[10]。研究发现,分子氢灌溉能够引起广泛的代谢重编程和抗氧化机制的变化,这些变化与蓝莓中酚酸和黄酮类化合物的积累密切相关。研究结果为发展基于分子氢的农业技术提供了新的视角,这种技术可以在智能和可持续的方式下增加水果的货架寿命。

在中国南京农业大学的生命科学学院,学者们开展了一系列精心设计的实验,以探究基于分子氢的灌溉技术对蓝莓采后衰老的影响。实验的每一个环节都被严格把控，以确保数据的准确性和可靠性。

实验的第一步是预处理阶段。研究者们选择了位于上海的一个商业蓝莓种植园作为实验地点。在这里，他们种植了名为"绿宝石"的蓝莓品种，并且制备了氢纳米气泡水HNW。

接下来是灌溉处理。从2023年2月中旬开始，蓝莓植株按照每三天一次的频率进行灌溉。每次灌溉被分为四次，每株植物400 mL，每次间隔2小时。这种灌溉方式一直持续到所有蓝莓成熟（大约是2023年7月中旬）。在蓝莓的开花期和结果期，灌溉频率增加到五次，每次灌溉的水量增至700 mL。

在收获后的处理阶段，研究者们从2023年5月到7月手工收获成熟的蓝莓果实，并立即将它们运送到南京农业大学。他们选取了成熟度和大小相似的不同样本进行实验。蓝莓被储存在4±1℃的冰箱中，相对湿度保持在75%～80%，持续12天。在储存期间，每隔三天，例如在第0天、第3天、第6天、第9天和第12天，研究者们会随机选择90个和30个果实分别进行硬度和感官分析。同时，每天还会冷冻25个果实，在液氮中研磨成粉末，然后保存在-80℃下，以备生理测定和代谢组学分析。

此外，研究者们还收集了不同生长阶段的蓝莓果实（G1：初绿果；G2：深绿果；T：转色果；R：成熟果），以观察与苯丙烷途径相关的转录表达。

在实验的代谢组学分析部分，研究者们基于Guo等人（2022）的描述准备了样本，并使用超高效液相色谱-串联质谱（UPLC-MS/MS）进行了广泛的靶向分析。他们采用了特定的色谱柱和流动相条件，以及电喷雾电离源（ESI）和质谱仪进行分析。为了确保数据的准确性，他们还进行了主成分分析（PCA）和层次聚类分析（HCA），并使用R软件包进行数据处理和图形展示。

实验还包括了蓝莓果实硬度和重量损失的测量、总可溶性固形物（TSS）和可滴定酸度（TA）含量的测定、总酚、黄酮和花青素含量的测量，以及总抗氧化活性的评估。这些测量不仅涉及物理性质的测定，还包括了化学成分的分析。

最后，为了评估消费者对蓝莓果实的偏好，研究者们还进行了定量感官评价。他们邀请了10位经过训练的品尝师，根据视觉感知（颜色、萎缩和腐烂）对蓝莓果实的质量进行评价，并为每个属性建立了特定的评分系统。

整个实验过程是复杂而精密的，每一步都体现了科学研究的严谨性和对细节的关注。通过这些实验，研究者们希望能够深入理解分子氢灌溉对蓝莓采后品质的影响，为未来的农业实践提供科学依据。

随着实验的深入，一系列令人振奋的结果逐渐浮出水面。首先，HNW灌溉显著提升了蓝莓的贮藏品质，延长了它们的货架寿命。在冷藏条件下，HNW处理的蓝莓在后期展现出更加鲜活的外观，重量和硬度的减少也得到了有效缓解。这一发现，无疑为蓝莓的采后保鲜提供了新的思路。

进一步的代谢组学分析揭示了蓝莓果实中1208种代谢物的丰富多样性。其中，酚酸和黄酮类物质的显著积累尤为引人注目。这些天然化合物不仅赋予蓝莓深邃的色泽，更是其卓越抗氧化能力的关键所在。实验中，HNW处理的蓝莓在总酚含量（TPC）和总黄酮含量（TFC）上均有显著提升，这一发现与对照组形成了鲜明对比。

　　在分子层面，HNW灌溉对蓝莓苯丙烷途径相关基因的表达产生了深远影响。关键酶编码基因表达的上调，推动了酚类和黄酮类物质的生物合成。这一过程中，抗氧化机制的激活尤为关键，HNW处理显著提高了蓝莓清除自由基的能力，增强了其抗氧化活性，有效抑制了超氧阴离子的产生。

　　此外，HNW灌溉还对蓝莓的风味品质产生了积极作用。在贮藏期间，HNW处理的蓝莓总可溶性固形物（TSS）下降趋势减缓，可滴定酸度（TA）得到调整，从而优化了糖酸比，提升了果实的风味。感官评价结果进一步证实了HNW灌溉对蓝莓采后品质的改善，消费者对这些蓝莓的颜色、口感和整体质量给予了更高的评价。

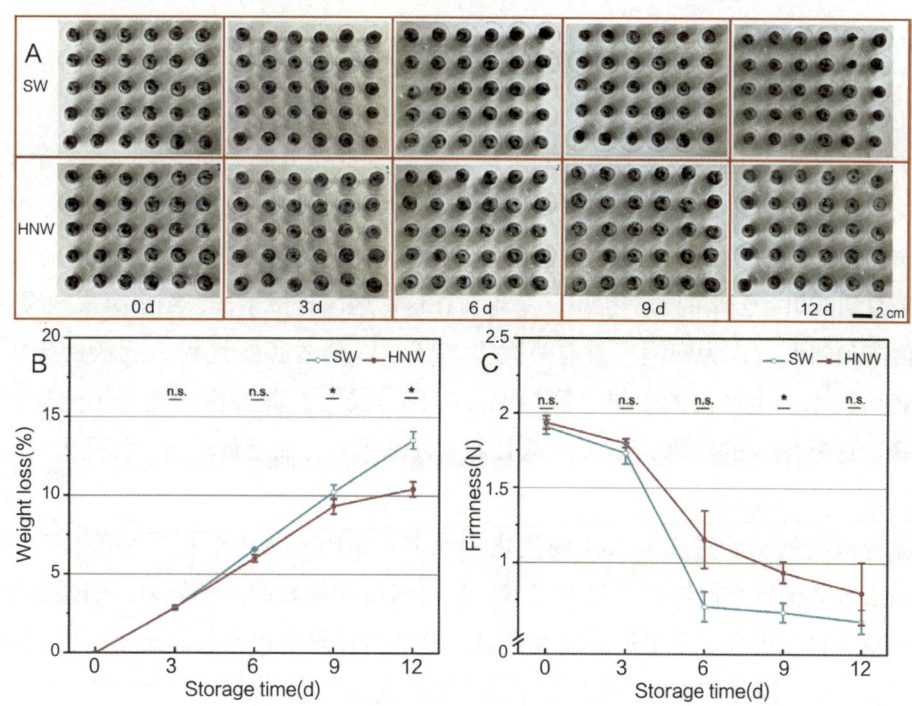

图6-4-1　氢灌溉显著改善了蓝莓在贮藏期间的外观（A）、重量损失（B）和硬度（C）（d表示天）[①]

　　通过这张图片，我们可以发现，氢基灌溉技术为蓝莓的采后保鲜带来了显著的益处。蓝莓的外观得到了显著改善（A），这不仅体现在更加鲜艳和吸引人的颜色上，还包括了果实的完整性和整体的视觉吸引力，使得蓝莓在货架上更加引人注目。

　　在重量损失方面（B），氢灌溉的蓝莓在贮藏期间相比对照组显示出了更少的重量

---

① SW代表对照组。

损失。这一结果揭示了氢灌溉在维持果实水分、减少因水分蒸发导致的质量损失方面的积极作用，为蓝莓的长距离运输和长时间储存提供了有力保障。

此外，果实硬度的保持（C）也是氢灌溉效果的一个重要体现。氢灌溉的蓝莓在贮藏过程中保持了较佳的硬度，这表明其对挤压和碰撞的抵抗能力更强，有助于减少物理损伤，从而延长了蓝莓的货架寿命。这一发现对于蓝莓的商业化生产和销售具有重要的实际意义，为消费者提供了更高质量的产品选择。

这项研究不仅为蓝莓采后保鲜提供了新的策略，更为基于氢的农业技术在提升果实品质方面的应用开辟了新的视野。通过智能和可持续的方式，分子氢灌溉技术有望在未来的农业生产中发挥重要作用，为人们带来更多健康、美味的蓝莓。这项研究，如同一颗种子，已经在中国这片古老而又充满活力的土地上生根发芽，未来必将结出累累硕果。

第五节　苹果

中国，这片古老而又充满活力的土地，孕育了世界上最大的苹果产业。苹果，作为中国重要的经济作物之一，不仅在国内市场占据重要地位，更是走向世界，成为中国农产品出口的一张亮丽名片。中国的苹果种植区域横跨大江南北，从山东、陕西的肥沃平原到四川、云南的秀美山川，苹果树在这些地区扎根生长，结出累累硕果。

山东和陕西，作为中国苹果的两大主产区，以其适宜的气候、肥沃的土壤和先进的栽培技术，生产出的苹果色泽艳丽、口感鲜美、营养丰富，赢得了全球消费者的青睐。这些地区的苹果，不仅味道甘甜、汁液丰富，而且耐贮运，深受国内外市场欢迎。

随着科技的不断进步和农业现代化的推进，中国苹果产业在品种改良、栽培管理、病虫害防治等方面取得了显著成就。科研人员和果农们不懈努力，引进和培育了一批批新品种，提高了苹果的品质和产量。这些新品种苹果不仅满足了国内市场的多样化需求，更在国际市场上展现出了中国苹果的竞争力。

在采后处理和贮藏保鲜方面，中国苹果产业也取得了长足的进步。先进的冷藏技术和气调贮藏方法的应用，显著延长了苹果的保鲜期，减少了采后损耗。此外，自动化的分选、清洗、打蜡、包装等采后商品化处理设备，提高了苹果的加工质量和效率，确保了苹果从田间到餐桌的新鲜度和安全性。

苹果的精深加工也是中国苹果产业链的重要组成部分。苹果汁、苹果醋、苹果脆片、苹果酱等多样化的加工产品，不仅丰富了消费者的选择，更提升了苹果的附加值。这些加工产品通过科学的配方和工艺，保留了苹果的营养成分，满足了现代人追求健康、便捷的生活方式。然而，苹果采后氧化褐变一直是影响苹果品质和货架期的重要问题。为了解决这一问题，科研人员进行了大量的研究探索。其中，中国计量大学的研究团队采用HRW，对苹果采后保鲜进行了创新性研究。这项研究不仅为苹果采后保鲜提供了新的技术手段，也为其他果蔬的保鲜提供了新的思路[11]。

下文中我们将详细介绍这篇文章。

首先，学者们选取新鲜苹果并将其切成均匀的薄片，确保实验结果的可比性。这些苹果切片随后被分为三组，每组接受不同的处理：第一组暴露于空气中作为自然对照，第二组浸泡在去离子水中作为水的对照，第三组则是浸泡在HRW中，以探究其抗氧化效果。

实验过程中，研究人员在处理后0、10、30、60、90和120分钟的时间节点对苹果切片进行了细致的颜色变化观察。这一观察不仅依赖于直观的视觉评估，还通过拍照记录和固体漫反射测试来捕捉苹果切片在氧化过程中颜色的细微变化。该过程利用光谱分析技术，能够精确地测量苹果切片反射光的变化，从而评估氧化程度。

为了进一步评估苹果切片的抗氧化性能，研究人员将处理过的苹果切片粉碎、过滤并离心，提取出苹果汁原液，并制备了不同浓度的苹果汁溶液。这些不同浓度的苹果汁随后被用于自由基清除实验，包括对DPPH自由基、羟基自由基和超氧自由基的清除能力测试。通过测定这些溶液在特定波长下的吸光度变化，研究人员能够量化每种处理对自由基清除的贡献。

此外，实验还包括了对HRW的氧化还原电位（ORP）的测定，这一参数反映了水溶液的宏观氧化还原性，对于理解HRW的还原能力和抗氧化潜力至关重要。同时，研究人员还关注了HRW的溶存时间，即HRW在制备后能够保持其抗氧化特性的时间长度。

范丽丽硕士及其团队通过一系列实验，得出了以下关键结果。

HRW的抗氧化效果：实验结果显示，HRW对DPPH自由基、羟基自由基（·OH）和超氧自由基（O_2^-）均具有一定的清除效果。特别是对超氧自由基的清除能力，HRW的清除率显著高于传统的维生素C抗氧化剂。

HRW对苹果切片颜色变化的影响：通过肉眼观察和固体漫反射测试，研究发现HRW处理的苹果切片在30分钟内具有较好的保鲜效果，如图6-5-1，颜色变化较对照组更为缓慢，表明HRW能有效减缓苹果切片的氧化变色。

HRW的稳定性：实验还考察了HRW在室温下的稳定性，结果表明在最佳条件下制备的HRW可以在5小时内保持较高浓度和稳定性，这对于HRW的实际应用具有重要意义。

HRW对苹果抗氧化性能的影响：HRW处理后的苹果切片在抗氧化性能上有所提升，特别是在清除DPPH自由基方面表现更佳。这表明HRW不仅自身具有抗氧化性，还能增强苹果切片的抗氧化能力。

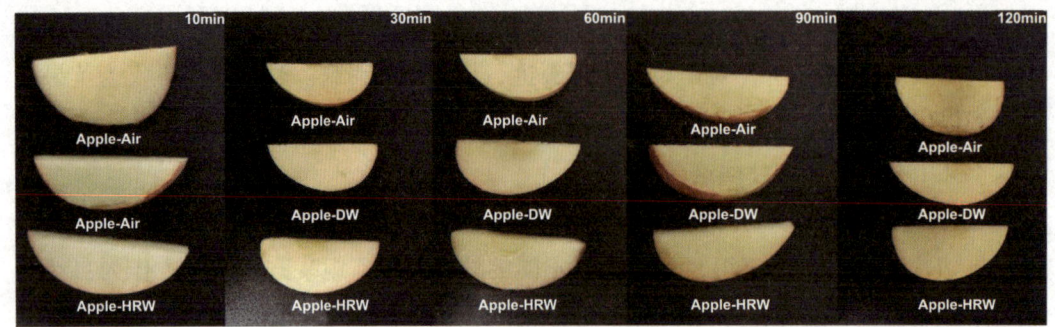

图6-5-1　不同处理时间苹果切片颜色变化的比较图[①]

自由基清除率的定量分析：通过分光光度计测定，研究人员计算了HRW和维生素C对不同自由基的清除率，量化了HRW的抗氧化能力，并与维生素C进行了对比。

苹果切片的物理变化：在不同处理条件下，苹果切片的物理变化（如颜色和亮度）被详细记录和分析，为理解HRW在实际保鲜应用中的效果提供了直观的证据。

通过细致的实验设计和科学的数据分析，研究团队发现HRW在抗氧化性能上展现出巨大潜力。它不仅能显著提高苹果切片的抗氧化能力，还能有效减缓颜色变化，延长保鲜期。这些发现不仅为苹果产业的可持续发展提供了新的思路，也为果蔬保鲜技术的进步贡献了宝贵的知识财富。

随着研究的深入，我们有理由相信，HRW技术将在中国乃至全球的苹果产业中发挥越来越重要的作用。它不仅能够提升苹果的保鲜效果，更能够满足消费者对健康、新鲜食品的需求。未来，HRW的研究与应用将继续扩展，为人类带来更多的福祉和惊喜。

第六节　香蕉

中国，作为全球香蕉产业的重要一员，以其在热带和亚热带地区的广泛种植而闻名。这片丰饶的土地，尤其是广东、广西、海南、福建和云南等省份，以其温暖湿润的气候，成为香蕉生长的天堂。在这里，香蕉不仅是农作物中的瑰宝，更是当地经济的支柱和农民的希望。

随着中国经济的蓬勃发展和国民健康意识的日益增强，香蕉这一富含维生素和矿物质的水果，受到了前所未有的青睐。消费者对健康食品的渴望推动了香蕉产业的迅猛增长，产量连年攀升，品种不断丰富，从传统的大蕉到新兴的苹果蕉，满足了市场的多样化需求。

[①] Air代表未经任何处理就将苹果切片暴露于空气中的对照组，DW代表苹果切片经双蒸水浸泡后暴露于空气中的实验组，HRW代表苹果切片经富氢水浸泡后暴露于空气中的实验组。

在种植技术方面，中国香蕉产业不断探索和创新，采用现代化的栽培管理方法，如精准施肥、病虫害综合防治和水肥一体化等，以提升香蕉的产量和品质。采后处理技术的不断革新，如清洗、分级、打蜡和包装等，有效提高了香蕉的市场竞争力和消费者满意度。

在贮藏保鲜领域，中国香蕉产业同样取得了显著成就。科研人员和农业工作者通过研究香蕉的生理特性和贮藏条件，开发出一系列延长香蕉货架寿命的方法。这些方法不仅减少了采后损失，还为香蕉的远距离运输和全年供应提供了可能，极大地提升了香蕉产业的经济效益。

在探索香蕉采后保鲜技术的进程中，中国科学家们发现HRW在延迟香蕉成熟方面具有潜在的应用价值。HRW作为一种安全、无毒且成本低廉的处理方式，已被证实可以显著延长香蕉的保鲜期。这一发现为香蕉产业带来了新的保鲜策略，有助于提升香蕉产业的整体竞争力。

接下来，笔者将介绍一篇发表在 *Food Chemistry* 期刊上的研究文章，题为《氢水在香蕉采后贮藏期间延缓成熟的作用》[12]。这篇文章详细阐述了氢水处理在延迟香蕉采后成熟过程中的作用机制，包括对乙烯产生和信号传导的抑制，以及对香蕉皮色泽、果肉风味和淀粉降解的影响。这项研究不仅为香蕉采后保鲜提供了新的科学依据，也为其他热带水果的保鲜技术研究提供了参考。

实验从选择健康、成熟的香蕉开始，这些香蕉在收获后立即被运输至实验室，以确保实验的及时性和准确性。研究团队精心设计了实验方案，将香蕉分为两组，一组作为对照组浸泡在超纯水中，另一组则浸泡在含有0.4 mM氢气的HRW中。这一特定的HRW浓度是基于先前实验确定的最佳浓度。

香蕉在HRW中浸泡10分钟后，被放置在室温下晾干2小时，随后每组香蕉被装入聚乙烯袋中，并在控制的环境中储存，环境温度维持在25 ℃，相对湿度保持在85%～90%。在长达26天的储存期内，研究人员定期对香蕉进行取样，以监测和记录香蕉成熟过程中的各种生理和生化变化。

实验中，研究人员使用了先进的仪器和技术来测定香蕉皮的颜色变化，包括采用色度计来测量香蕉皮的色度值，如L*、a*、b*和C，这些值根据CIE系统记录，以反映香蕉成熟过程中颜色的变化。此外，通过测定呼吸速率和乙烯产生速率来监测香蕉的成熟状态，这些指标的变化是香蕉成熟过程中的关键生理反应。

为了更深入地了解HRW对香蕉成熟的影响，研究人员还对香蕉的果肉进行了总可溶性固形物（TSS）和硬度的测定，这些指标直接关联到香蕉的口感和风味。通过显微镜观察，研究人员进一步分析了香蕉果肉中的淀粉粒和细胞壁的微观结构变化，这些结构的变化是香蕉成熟过程中质地变化的直接体现。

在分子层面，研究人员通过提取香蕉的RNA并进行实时逆转录聚合酶链反应

（qRT-PCR）分析，定量研究了与香蕉成熟相关的基因表达变化。这些基因包括与乙烯合成、信号传导、细胞壁降解、淀粉降解和色素降解相关的基因。通过这些分析，研究人员能够揭示HRW处理是如何在分子水平上影响香蕉成熟过程的。如图6-6-1所示，学者们的主要实验结果如下：

1. 成熟延迟：实验显示，经0.4 mM HRW处理的香蕉在储存期间成熟速度显著减缓。与对照组相比，这些香蕉在第26天时仍保持较轻的绿色，而对照组则完全变黄。

2. 乙烯产生和呼吸速率：HRW处理显著降低了香蕉的乙烯产生量和呼吸速率，这些是水果成熟过程中的关键生理指标。与对照组相比，处理组的乙烯产生率保持在较低水平，表明HRW抑制了香蕉成熟过程中乙烯的合成和信号传导。

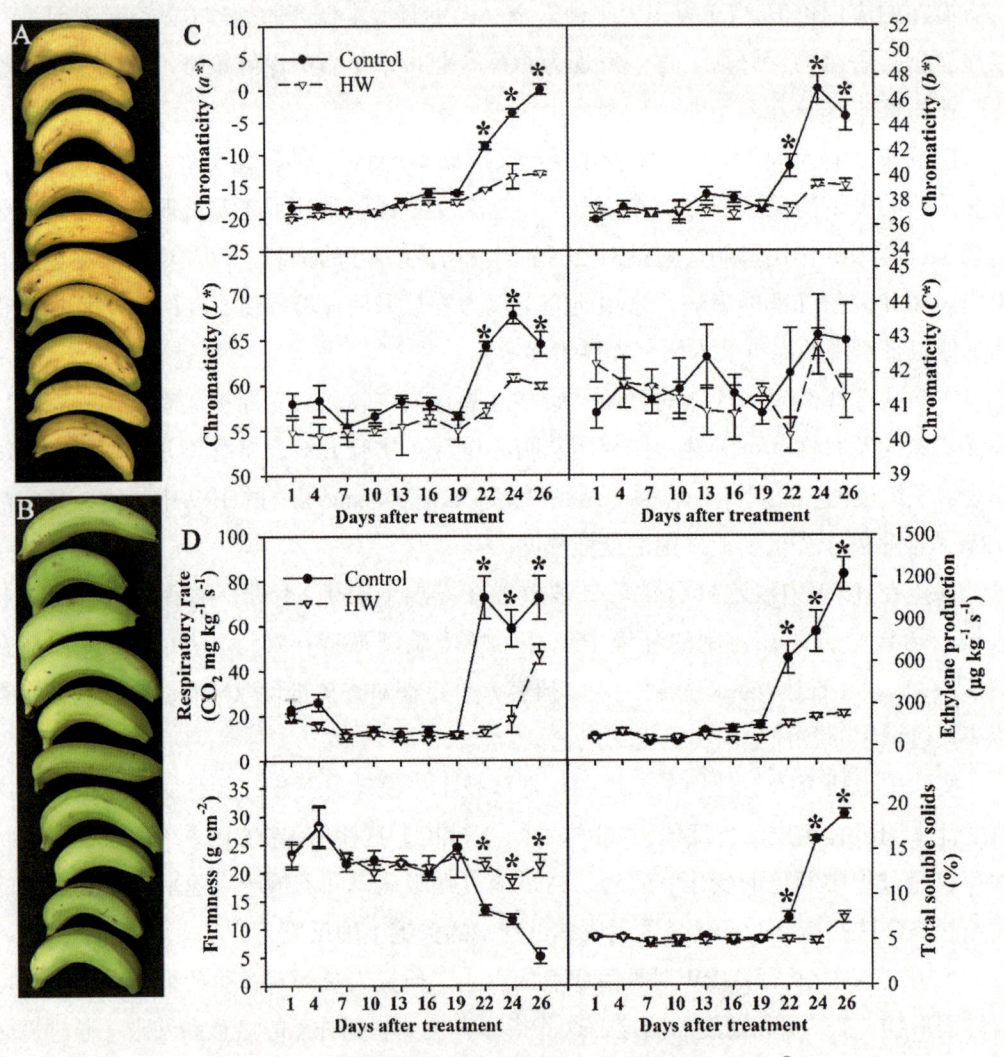

图6-6-1　HRW处理在采后储存期间对香蕉果实的影响[①]

---

① A：第26天的对照果实。B：第26天的HW处理果实。C：根据CIE系统，色度值a^*、b^*、L和C。D：呼吸速率、乙烯产生速率、硬度和总可溶性固形物（TSS）。

3. 色泽变化：HRW处理的香蕉皮在储存期间色泽变化较小，色度值（a*、b*、L*）的增加被有效抑制，这与香蕉皮中叶绿素结合蛋白的表达下调有关。

4. 淀粉和风味物质：HRW处理的香蕉果肉在储存期间淀粉含量下降速度减慢，保持了较高的淀粉、直链淀粉和支链淀粉含量。此外，与风味形成相关的基因表达受到抑制，导致可溶性固体含量（TSS）较低。

5. 细胞壁成分：香蕉皮的细胞壁成分，包括WSP、CDTA[①]溶性果胶、碳酸钠溶性果胶、半纤维素和木质素，在HRW处理下在储存期间降解速度减慢。

6. 微观结构：通过扫描电子显微镜（SEM）和透射电子显微镜（TEM）观察，HRW处理的香蕉果肉淀粉粒和细胞壁的降解速度明显减缓。

7. 基因表达：与乙烯合成、信号传导、细胞壁降解和淀粉降解相关的基因在HRW处理下表达受到抑制，这在分子水平上解释了香蕉成熟延迟的机制。

这些实验结果表明，HRW处理通过多方面作用机制延缓了香蕉的成熟过程，包括降低乙烯产生、抑制乙烯信号传导、减缓细胞壁和淀粉的降解，以及降低风味物质的形成。这些发现为香蕉采后保鲜提供了新的策略，有助于延长香蕉的货架寿命并保持其营养价值和食用品质。

第七节　无籽刺梨

中国无籽刺梨产业，以其独特的地理标志和丰富的营养价值，在国内外市场上展现出了巨大的潜力和魅力。这一产业主要扎根于贵州省安顺市的丰饶土地，得益于当地得天独厚的气候条件和生态环境，为无籽刺梨的生长提供了理想的栖息地。

无籽刺梨（*Rosa sterilis*）不仅是一种口感独特、营养丰富的水果，更是一种集多种健康益处于一体的超级食品。它含有的蛋白质、糖类、有机酸、多种维生素、氨基酸以及多种生物活性成分，赋予了无籽刺梨卓越的营养价值。特别是其维生素C的含量远高于一般水果，为无籽刺梨赢得了"天然维生素宝库"的美誉。

随着健康意识的提高和消费者对高品质食品的追求，无籽刺梨逐渐在市场上脱颖而出，成为健康食品市场上的新宠。它不仅在中国国内受到追捧，更以其独特的风味和营养价值，赢得了国际市场的认可和青睐。

然而，无籽刺梨在采后保鲜方面面临着一系列挑战。由于其较短的货架寿命和易腐烂的特性，无籽刺梨的流通和销售受到了一定程度的限制。这一问题不仅影响了消费者对无籽刺梨的可及性，也制约了无籽刺梨产业的进一步发展和扩张。

---

① 1,2-环己二胺四乙酸（Trans-1,2-Cyclohexanediaminetetraacetic Acid, CDTA）

为了克服这些障碍，中国的研究人员和农业专家一直在不懈努力，探索和开发有效的采后保鲜技术。这些技术旨在延长无籽刺梨的货架寿命，减少在运输和储存过程中的损耗，同时尽可能地保持其原有的营养价值和风味特性。

近期，一项创新性的研究为无籽刺梨的采后保鲜提供了新的解决方案。发表在 LWT - Food Science and Technology 期刊上的文章，详细探讨了HRW处理对无籽刺梨果实品质的积极影响[13]。研究表明，HRW处理不仅能够有效延缓无籽刺梨的成熟和衰老过程，还能够显著提高其抗氧化能力，从而为无籽刺梨的长期保鲜提供了可能。

下文将进一步详细介绍这项研究的实验设计、主要发现以及其对无籽刺梨产业发展的潜在意义。通过深入了解HRW处理对无籽刺梨抗氧化能力和能量代谢的调节作用，我们将为这一新兴产业的可持续发展提供有力的科学支撑和实践指导。

实验从精选无损伤的成熟无籽刺梨开始，这些果实来自安顺市的楚桂健康科技有限公司。利用高纯度（99.99%）的氢气通过特定的装置溶解于蒸馏水中制备出HRW，并通过便携式溶解氢测量仪确保了氢浓度的精确测定为0.6 mM。

实验中，无籽刺梨被短暂浸泡于不同浓度的HRW溶液中，之后在室温下晾干并储存于聚乙烯托盘中，保持适宜的相对湿度。每种处理都进行了三次重复，确保了实验结果的可靠性和重复性。在储存过程中，定期从每组取出样本，用于后续的一系列分析。

研究人员采用了多种方法和仪器来评估HRW对无籽刺梨品质的影响。他们测量了腐烂率、失重率、呼吸速率和硬度，同时也测定了果实中的MDA含量、可滴定酸（TA）、总可溶性固体（TSS）以及超氧阴离子（$O_2^{\cdot-}$）和过氧化氢（H_2O_2）的产生率。此外，利用商业化的试剂盒测定了抗氧化相关酶的活性，包括SOD、CAT、DHAR、GR、APX和MDHAR。

进一步地，研究者们探究了HRW处理对无籽刺梨中抗氧化物质含量的影响，包括AsA和GSH，以及它们的氧化形式——DHA和GSSG。通过测定这些物质的含量，研究人员能够评估HRW对无籽刺梨抗氧化系统的影响。

为了深入了解HRW对能量代谢的影响，研究人员还测定了与能量代谢相关的酶活性，如H^+-ATPase、琥珀酸脱氢酶（SDH）、Ca^{2+}-ATPase和细胞色素C氧化酶（CCO），同时测量了ATP、ADP、AMP的含量及能量电荷比。这些指标有助于揭示HRW处理如何通过调节能量状态来影响无籽刺梨的保鲜效果。

最后，研究人员通过提取RNA并进行qPCR分析，探究了HRW处理对无籽刺梨中关键抗氧化酶和能量代谢相关酶基因表达的影响。这一系列实验不仅为无籽刺梨的采后保鲜提供了新的视角，也为HRW在农产品保鲜领域的应用提供了科学依据。

他们的实验结论如下：

1. 保鲜效果显著：实验结果表明，经过HRW处理的无籽刺梨在储存期间的腐烂率、重量损失、呼吸速率和MDA含量的增加明显低于对照组,这表明HRW处理能有效延缓果实的腐烂和水分流失,保持果实的新鲜度。如图6-7-1。

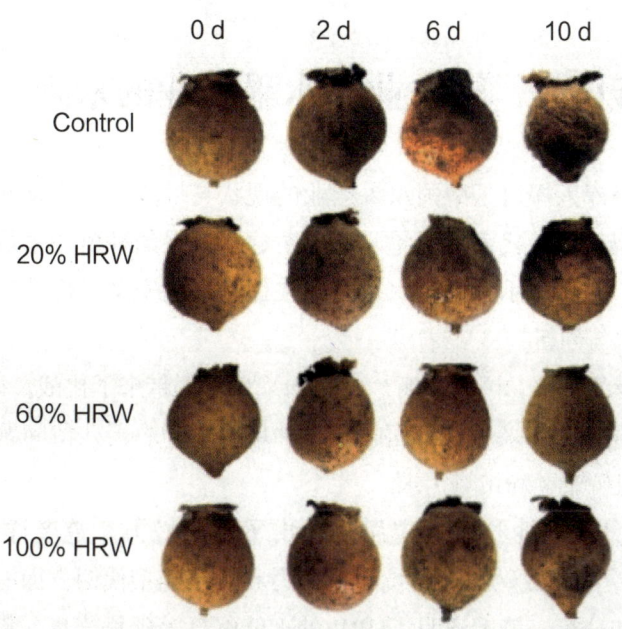

图6-7-1　室温下储存期间,经过0、20%、60%和100% HRW处理的无籽刺梨果实的视觉外观(d表示天)①

2. 抗氧化能力提升:HRW处理显著降低了过氧化氢(H_2O_2)和超氧阴离子(O_2^-)的产生,同时提高了抗氧化相关酶的活性,包括SOD、CAT、DHAR、GR、APX和MDHAR。

3. 抗氧化物质含量变化:HRW处理增加了无籽刺梨中的AsA和GSH含量,同时降低了它们的氧化形式——DHA和GSSG含量,这有助于消除过量的ROS,维持ROS平衡。

4. 能量代谢调节:HRW处理提高了与能量代谢相关的酶活性,包括H^+-ATPase、琥珀酸脱氢酶(SDH)、Ca^{2+}-ATPase和细胞色素C氧化酶(CCO),同时促进了ADP和ATP的水平,降低了AMP含量,这有助于维持细胞的能量状态,延迟果实的衰老。

5. 基因表达调控:HRW处理显著提高了抗氧化酶和能量代谢相关酶的基因表达水平,包括SOD、CAT、APX、GR、MDHAR、DHAR、H^+-ATPase、Ca^{2+}-ATPase、SDH和CCO,这表明HRW通过上调这些关键酶的基因表达来增强无籽刺梨的抗氧化能力和能量代谢。

综上所述,这项研究不仅为无籽刺梨的采后保鲜提供了新的科学依据,也为富氢水在其他水果保鲜中的应用提供了参考。通过HRW处理,不仅可以显著提高无籽刺

---

① Control 代表对照组。

梨的抗氧化能力，还能有效调节其能量代谢，从而在保持果实品质的同时延长其货架寿命。

第八节　氢农业与水果产业的未来

在本章中，笔者深入探讨了中国水果产业的现状与挑战，特别是针对草莓、猕猴桃、香蕉和无籽刺梨这几种代表性水果。通过对这些水果的种植、采后保鲜技术以及氢农业技术的介绍，笔者揭示了中国水果产业在保障食品安全、提升产品品质和应对市场挑战方面的努力与创新。

深受人们的喜爱的草莓，因其易腐烂特性给采后保鲜带来了挑战。以"维生素C的宝库"而闻名的猕猴桃，其采后保鲜面临着品种单一化和农药残留问题。香蕉和无籽刺梨也有着各自的保鲜难题和市场需求。

面对这些问题，氢农业技术的应用展现出了巨大潜力。笔者详细介绍了氢水（HRW）处理在延缓水果成熟、提高抗氧化能力和调节能量代谢方面的显著效果。通过一系列实验数据和分析，笔者证明了HRW处理能够显著延长草莓、猕猴桃、香蕉和无籽刺梨的货架寿命，同时保持甚至提升其营养价值和食用品质。

在草莓产业中，HRW处理不仅延缓了果实的成熟过程，还增强了草莓的抗氧化系统，为草莓的采后保鲜提供了新的策略。对于猕猴桃，HRW处理通过降低呼吸强度、抑制细胞壁降解酶活性、提高抗氧化酶活性等多重作用，有效延长了猕猴桃的采后货架期。在香蕉产业，HRW处理通过抑制乙烯的合成和信号传导，延缓了香蕉的成熟和衰老过程，为香蕉的长期保鲜提供了可能。对于无籽刺梨，HRW处理通过调节抗氧化能力和能量代谢，显著提高了无籽刺梨的抗氧化能力，延长了其货架寿命。

笔者相信，随着科技的不断进步和市场需求的增长，氢农业技术将为中国水果产业带来革命性的变革。它不仅能够提高作物的产量和品质，降低生产成本，增加农户的收入，还能促进地方经济的发展，为实现农业现代化、促进农民增收和推动乡村振兴战略做出积极贡献。

展望未来，笔者期待氢农业技术能够在中国水果产业中得到广泛应用，为消费者提供更加健康、美味的食品选择，同时也为全球水果产业的可持续发展贡献中国智慧和中国方案。通过这些创新技术的应用，我们有理由相信，中国的果园将结出更加丰硕的果实，为人们的生活带来更多的甜蜜与健康。

参考文献

[1] 潘妮, 等. 富氢水对草莓生长发育及光合作用的影响[J]. 南京农业大学学报, 2023, **46**(2): 278-286.

[2] LI L, et al. Preharvest application of hydrogen nanobubble water enhances strawberry flavor and consumer preferences[J]. Food Chemistry, 2022, **377**: 131953.

[3] JIN Z, et al. Molecular hydrogen-based irrigation extends strawberry shelf life by improving the synthesis of cell wall components in fruit[J]. Postharvest Biology and Technology, 2023, **206**: 112551.

[4] ALWAZEER D, ÖZKAN N. Incorporation of hydrogen into the packaging atmosphere protects the nutritional, textural and sensorial freshness notes of strawberries and extends shelf life[J]. Journal of Food Science and Technology, 2022, **59**(10): 3951-3964.

[5] HU H, et al. Hydrogen-rich water delays postharvest ripening and senescence of kiwifruit[J]. Food Chemistry, 2014, **156**: 100-109.

[6] HUA H, et al. Hydrogen gas prolongs the shelf life of kiwifruit by decreasing ethylene biosynthesis[J]. Postharvest Biology and Technology, 2018, **135**: 123-130.

[7] ZHAO X, et al. Effect of hydrogen-rich water and slightly acidic electrolyzed water treatments on storage and preservation of fresh-cut kiwifruit[J]. Journal of Food Measurement and Characterization, 2021, **15**: 5203-5210.

[8] SUN Y, et al. Hydrogen-rich water treatment of fresh-cut kiwifruit with slightly acidic electrolytic water: Influence on antioxidant metabolism and cell wall stability[J]. Foods, 2023, **12**(2): 426.

[9] YUN Z, et al. Effects of hydrogen water treatment on antioxidant system of litchi fruit during the pericarp browning[J]. Food Chemistry, 2021, **336**: 127618.

[10] JIN Z, et al. The delayed senescence in harvested blueberry by hydrogen-based irrigation is functionally linked to metabolic reprogramming and antioxidant machinery[J]. Food Chemistry, 2024, **453**: 139563.

[11] 范丽丽. 氢气微纳米气泡富氢水的制备及其抗氧化性能研究[D]. 中国计量大学, 2021.

[12] YUN Z, et al. The role of hydrogen water in delaying ripening of banana fruit during postharvest storage[J]. Food Chemistry, 2022, **373**: 131590.

[13] DONG B, et al. Hydrogen-rich water treatment maintains the quality of *Rosa sterilis* fruit by regulating antioxidant capacity and energy metabolism[J]. LWT, 2022, **161**: 113361.

第七章
CHAPTER 7

花卉作物

第一节 小苍兰

小苍兰（freesia refracta），又名香鸢尾、小菖兰，属于鸢尾科香雪兰属的多年生草本植物。原产于南非，因其芬芳的香气和优雅的花朵而受到园艺爱好者的喜爱。小苍兰的叶子呈剑形或条形，质地坚硬，通常呈绿色或有深浅不一的条纹。花朵呈漏斗状，色彩丰富，包括白色、黄色、粉色、红色和紫色等多种颜色，常在春季和夏季盛开。

小苍兰喜欢温暖湿润的环境，对光照的需求不是特别高，能适应半荫的生长条件。它们在排水良好、肥沃的土壤中生长得更好。小苍兰的繁殖方式多样，可以通过分球、种子或组织培养进行繁殖。由于其花朵具有浓郁的香气，小苍兰常被用于制作香水和芳香剂。

在园艺上，小苍兰不仅作为盆栽植物受到欢迎，也常被用于切花和花坛布置，为园林景观增添色彩和香气。此外，小苍兰还有着一定的药用价值，其提取物在传统医学中被用来治疗皮肤病和其他疾病。

随着科学研究的深入，人们发现小苍兰在面对各种非生物胁迫时具有一定的适应性，例如通过调节内源激素水平和抗氧化系统来应对干旱、盐分胁迫等环境压力。这些研究不仅有助于了解小苍兰的生物学特性，也为园艺实践中的品种改良和栽培管理提供了科学依据。

在前文中，我们已经领略了氢作为一种肥料，在小麦、大麦、稻米等植物的种植过程中起到的作用。那么像小苍兰这样的作物是否也能响应氢肥呢？有学者展开了研究[1]。

在这项研究中，学者们详细探究了HRW在不同施用时期和方法对小苍兰开花影响的实验过程。实验开始时，选取了小苍兰作为实验材料，并将其分为几个不同的处理组，包括去离子水浸泡种球和浇灌植株作为对照组（CK），50% HRW（0.0375 mM）浸泡种球和去离子水浇灌植株（S），去离子水浸泡种球以及花茎伸出后用50% HRW（0.0375 mM）浇灌植株（I），以及50% HRW（0.0375 mM）浸泡种球加上花茎伸出后用50% HRW（0.0375 mM）浇灌植株（S+I）。

实验中，种球首先被浸泡在不同浓度的HRW或去离子水中，随后植株在生长过程中接受相应的浇灌处理。在花茎伸长期间，对小苍兰的花茎基部进行了激素含量的测定，包括IAA、ZR①、GA_3和ABA的浓度分析。采用酶联免疫法对这些激素含量进行了

---

① 玉米素核苷（Zeatin Riboside, ZR）

精确的测量。

为了进一步分析 HRW 对小苍兰开花过程的影响，学者们还测定了盛花期小苍兰花瓣中的可溶性糖含量，这有助于了解 HRW 是否通过影响可溶性糖的积累进而影响小苍兰的花期。

实验过程中，学者们对小苍兰的生长数据进行了收集，包括开花时间、花茎长度、花茎粗度、花朵直径和小花数。所有的数据收集和分析都严格遵循了科学的方法，以确保实验结果的准确性和可靠性。通过这些详细的实验步骤，研究团队能够深入理解 HRW 在农业应用中的潜力以及其对小苍兰开花过程的生理机制。

学者们的实验结果揭示了HRW对小苍兰开花过程的显著影响。实验中发现，与对照组相比，使用HRW处理的小苍兰在开花用时上显著缩短，特别是同时采用种球浸泡和花茎伸出后浇灌的组合处理（S+I），显示出最佳的开花效果和最长的瓶插寿命。此外，HRW处理显著增加了小苍兰的花茎长度、花茎粗度、花朵直径和小花数，表明HRW对小苍兰花形态建成具有积极作用。

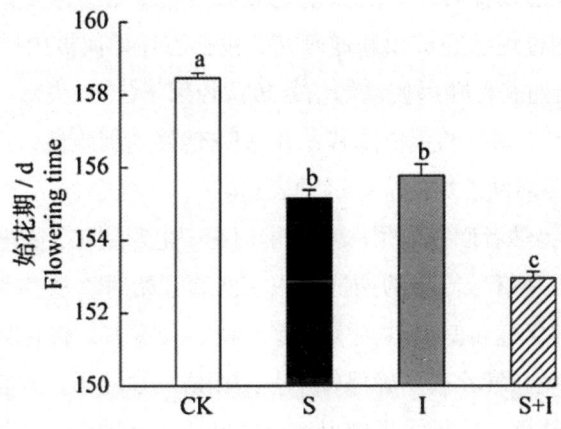

图7-1-1　HRW种球浸泡/或花茎伸出后浇灌对小苍兰开花时间的影响[①]

在生理层面，HRW处理显著提高了小苍兰花茎伸长期花茎基部的IAA、ZR和GA3含量，这些激素在植物生长和开花过程中起着关键作用。同时，HRW处理也显著降低了ABA含量，这可能有助于减少植物的衰老过程。此外，HRW处理显著提高了花朵内的可溶性糖含量，这可能是HRW促进小苍兰开花的另一个重要因素。

综合来看，HRW通过调节植物激素水平和提升花朵内可溶性糖含量，显著促进了小苍兰的生长和开花，为小苍兰的采后保鲜提供了新的策略。这些发现不仅丰富了对HRW在农业上应用的认识，也为进一步研究HRW作用机制提供了重要信息。

---

① CK：去离子水浸泡种球和浇灌植株；处理S：50%HRW浸泡种球和去离子水浇灌植株；处理I：去离子水浸泡和花茎伸出后，50%HRW浇灌植株；处理S+I：50%HRW浸泡种球加上花茎伸出以后50%的HRW浇灌植株。

第二节 月季

月季（*Rosa hybrida* L.）作为全球交易市场上最受欢迎的切花之一，以其美丽的外观和浪漫的寓意深受人们喜爱。然而，切花的采后品质和寿命受到多种因素的影响，包括不同品种的遗传背景、空气品质、湿度、光照和储存温度、水和营养供应等。导致切花衰老的内部生理变化包括茎端堵塞、ROS的增加以及乙烯的过度释放等。为了延长切花的观赏品质，研究者们一直在探索低成本且效果良好的保鲜剂。

乙烯是一种多效性的植物激素，在果蔬成熟和衰老过程中起着关键作用。植物体内的乙烯主要由1-氨基环丙烷-1-羧酸（ACC）合成酶（ACS）和ACC氧化酶（ACO）这两种关键酶合成。研究表明，乙烯的合成在花瓣中被触发，会诱发异常的花卉品质下降和缩短瓶插寿命，同时伴随着ACS和ACO在高乙烯敏感性切花中的过度表达。与此相反，在乙烯不敏感的品种中，花朵衰老和脱落的主要原因是水分胁迫。在拟南芥中，乙烯信号途径的过程已经被较好地研究，包括乙烯如何被内质网（ER）膜上的乙烯受体（ETR）蛋白捕获，随后使乙烯信号负调控因子CTR1失活，导致乙烯信号正调控因子EIN2发生磷酸化调节的蛋白降解，并从ER转移到细胞核，进而激活其下游转录因子EIN3/EIL1，最终启动乙烯响应基因的表达。

在一项研究中[2]，学者们探究了H_2对月季切花"电影明星"品种采后衰老的影响，特别是其对乙烯产生和信号传导的拮抗作用。实验开始时，从兰州的商业种植者那里采集了切花月季，并迅速将其转移到实验室。在实验室中，将花枝在蒸馏水中重新剪切至35 cm长，以避免空气栓塞。确保每个茎上保留三片叶子，并在蒸馏水中重新水合2小时。选择大小、颜色一致且无机械损伤或感染的花朵进行后续处理。实验环境保持在20℃、相对湿度60% ± 5%以及光周期12小时的条件下。

实验中使用了不同浓度的HRW作为氢气处理。通过将纯氢气（99.99%）通入蒸馏水中制备HRW，氢气浓度为0.47 mg/L（0.235 mM）。将不同浓度的HRW（1%，10%，50%和100%）用于处理花枝，对照组使用蒸馏水。所有处理液每日更新。

同时，使用不同浓度的乙烯释放化合物——乙基磷（Ethephon）作为乙烯处理，以探究外源乙烯对切花衰老的影响。将乙基磷溶液调整至pH值6.8～7.0，并每日更换。

为了评估富氢水对采后保鲜的影响，测定了花枝的瓶插寿命、最大花朵直径和相对新鲜重量的变化。在处理期间，每隔一天测量一次花头的乙烯释放量，使用气相色谱法进行分析。同时，测定了花枝中1-氨基环丙烷-1-羧酸（ACC）含量以及ACS和ACO的酶活性，以了解HRW如何影响乙烯的生物合成。

此外，通过RT-qPCR测定了与乙烯生物合成和信号传导途径相关的基因表达水平，包括 $Rh\text{-}ACS3$、$Rh\text{-}ACO1$、$Rh\text{-}ETR1$、$Rh\text{-}ETR3$、$Rh\text{-}CTR1$ 和 $Rh\text{-}EIN3$。为了进一步研究HRW对乙烯受体蛋白的调控作用，进行了烟草中的瞬时表达和检测 $Rh\text{-}ETR3$ 蛋白的实验。

整个实验过程中，学者们详细记录了各种处理对月季切花衰老的影响，并在分子水平上探讨了氢气如何通过影响乙烯的产生和信号传导来延长切花的保鲜期。通过这些方法，研究旨在揭示氢气在采后花卉保鲜中的潜在应用机制。

学者们的实验结果揭示了 H_2 对月季切花"电影明星"品种采后衰老过程中的积极作用。实验显示，外源性氢气通过HRW的形式应用，能够有效延长切花的瓶插寿命并改善其观赏品质。具体来说，1% HRW（0.00235 mM）处理的切花展现出最佳的观赏品质和最长的瓶插寿命，这与其降低乙烯产生、减少1-氨基环丙烷-1-羧酸（ACC）积累、降低ACC合成酶（ACS）和ACC氧化酶（ACO）活性有关。此外，0.00235 mM HRW处理还降低了乙烯生物合成相关基因 $Rh\text{-}ACS3$ 和 $Rh\text{-}ACO1$ 的表达。

在乙烯信号传导方面，HRW处理增加了乙烯受体基因 $Rh\text{-}ETR1$ 在开花期的表达，并在衰老阶段抑制了 $Rh\text{-}ETR3$ 的表达。即使在通过外源性乙烯处理来抑制内源乙烯产生的情况下，HRW对 $Rh\text{-}ETR1$ 和 $Rh\text{-}ETR3$ 表达的影响仍然存在。此外，HRW在瞬时表达实验中直接抑制了 $Rh\text{-}ETR3$ 蛋白水平。

这些结果表明，H_2 通过影响乙烯的产生和信号传导来减轻月季切花的采后衰老。具体而言，H_2 减少了乙烯的产生，这与其减少ACC积累和降低ACS及ACO活性有关。同时，H_2 通过调节乙烯受体基因的表达来影响乙烯信号传导，这些调节作用可能以依赖于乙烯产生和独立于乙烯产生的方式进行。这些发现为利用 H_2 作为采后花卉保鲜剂提供了新的视角，并为进一步研究 H_2 在植物采后保鲜中的作用机制奠定了基础。

在这个实验之后，学者们无意间发现，H_2 似乎可以调节插花茎端的细菌菌落。那么，这种调节可否延长插花的寿命呢？尽管先前的研究已经表明 H_2 或HRW能够通过抗氧化作用延长农产品的保鲜期，但关于 H_2 如何通过调节切花茎端的细菌群落来影响其保鲜的研究还不多见。

在切花采后保鲜过程中，茎端的细菌群落对花的衰老和品质有重要影响。细菌在茎端的积累可能导致茎端堵塞，影响水分和养分的吸收，从而缩短切花的瓶插寿命。因此，了解和调节茎端细菌群落对于延长切花的保鲜期具有重要意义。此外，有益细菌的存在可以减缓叶片黄化、延长衰老、降低乙烯活性，并提高优质花朵的形成和品质。

因此，学者们开展了一项旨在探讨HRW是否能够通过调节切花月季茎端的细菌群落来提高其采后保鲜能力的研究[3]。研究通过生理学方法和16S rRNA基因序列的高通量测序分析，来评估HRW对切花月季茎端切面和木质部细菌群落的影响，以及这些影响如何与切花的水分关系和瓶插寿命相关联。通过这些研究，作者希望为利用 H_2 作为一种新的保鲜剂提供理论依据,并为切花的采后保鲜技术提供新的策略。

在这项研究中,学者们进行了一系列的实验来探究氢气通过调节切花月季茎端细菌群落来延长其瓶插寿命的效果。实验开始时,从兰州的批发市场购买切花月季,并迅速转移到实验室。在实验室中,花枝被重新剪切至约35厘米长,上部保留三片叶子,茎基部插入蒸馏水中浸泡2小时,并用酒精进行表面消毒。选择大小、颜色一致且无机械损伤的花朵进行不同处理。

实验中使用了不同浓度的HRW作为氢气处理。通过将纯氢气通入蒸馏水中制备HRW,氢气浓度为0.47 mM。将HRW稀释至所需的浓度(0.00235 mM、0.0047 mM、0.1175 mM和0.235 mM),对照组使用蒸馏水。每种处理都使用6枝花,将它们放置在通风处,避免直射阳光,每天更换新鲜的测试溶液。

为了评估HRW对切花寿命、花朵直径和新鲜重量变化率的影响,记录了从花朵放入测试溶液到失去装饰价值的天数。花朵直径通过游标卡尺测量,新鲜重量的变化率通过固定时间点称量花朵重量来计算。

此外,学者们还测量了水分吸收、水分损失和水分平衡,以了解HRW如何影响切花的水分状况。通过光学显微镜、扫描电子显微镜(SEM)和共聚焦激光扫描显微镜(CLSM)观察了茎端的细胞结构、细菌堵塞和生物膜形成。

为了了解HRW对茎端切面细菌群落的影响,进行了细菌分离、DNA提取和16S rRNA基因序列的高通量测序。通过培养基培养、革兰氏染色和形态学鉴定,挑选出不同的细菌菌落,并对纯化后的菌落进行基因组DNA提取和测序。

最后,为了验证高通量测序的结果,进行了优势细菌的单独接种实验。选用的菌株是从HRW处理中鉴定出来的,包括荧光假单胞菌(*Pseudomonas fluorescens*)和短小布雷文菌(*Brevundimonas diminuta*)。将这些细菌菌株在营养琼脂上培养,然后调整至不同的浓度用于切花的保存溶液。所有溶液在实验开始时新鲜制备,并且在测试期间不更新。

实验过程中,学者们详细记录了各种处理对切花衰老的影响,并在分子水平上探讨了氢气如何通过影响茎端细菌群落来延长切花的保鲜期。

学者们的实验结果表明,HRW作为H_2的供体,显著提高了切花月季"电影明星"品种的瓶插寿命。具体来说,0.00235 mM的HRW处理显著延长了切花的寿命,减少了茎端木质部导管中的细菌堵塞和腐烂,从而促进了切花的水分吸收。此外,通过16S rRNA基因序列的高通量测序发现,HRW显著增加了茎端切面细菌群落的丰富度指数,表明HRW增加了茎端切面益生菌的丰度。单独的益生菌接种实验也验证了这一结果。因此,HRW通过减少木质部导管中的细菌堵塞和增加茎端切面益生菌的丰度,增加了切花的瓶插寿命和观赏质量。这些发现为利用氢气作为一种新的保鲜剂提供了理论依据,并为切花的采后保鲜技术提供了新的策略。

镁氢化物（MgH_2），是一种在氢能产业和医学研究中使用的高容量储氢材料，因其低成本和丰富的资源而具有巨大的储氢潜力。MgH_2可以通过水解反应在室温下产生氢气，其副产品氢氧化镁［$Mg(OH)_2$］对环境友好。有一个研究旨在评估MgH_2与电解法制备的HRW相比[4]，在切花月季保鲜中的效果，并探讨一氧化氮在MgH_2延长切花保鲜期中的作用。研究结果可能为MgH_2在园艺领域的应用提供新的机遇，并为其他新型氢释放材料的实际应用开辟新途径。

实验使用的月季花切花（卡罗拉）采自中国江苏省南京市的花卉市场，并在一小时内运送到实验室。月季花的茎被剪至25 cm长，保留顶部两片叶子，然后将它们放入含有不同浓度MgH_2的处理溶液中。具体浓度包括0（对照组）、0.0001 $g·L^{-1}$、0.001 $g·L^{-1}$和0.01 $g·L^{-1}$的MgH_2，以及10%的通过电解水得到的HRW（氢气浓度：0.011 mM）。此外，还使用了商业花卉保鲜剂Chrysal Clear Universal Flower Food作为阳性对照。所有处理溶液每日更换，切花在20～25℃、60%～70%相对湿度以及12小时/12小时（昼/夜）的光周期下培养。

为了评估MgH_2对切花月季保鲜期的影响，学者们监测了花的瓶插寿命、相对新鲜重量和花朵直径。瓶插寿命是从切花放入溶液的第一天开始计算，直到花朵枯萎或出现弯颈现象的最后一天。花朵直径通过游标卡尺测量得到。此外，还通过特定的方法测量了花瓣的相对含水量。

为了测定溶液中溶解的氢气浓度，学者们使用了便携式溶解氢测量仪（ENH-1000, TRUSTLEX, Osaka, Japan），并利用气相色谱法对月季花瓣内源性氢气浓度进行了测量。实验中，0.001 $g·L^{-1}$的MgH_2处理在4天的处理期内能够触发并维持切花内源性氢气浓度的增加，随后逐渐降低至基础水平。这一处理浓度的选定是基于预实验结果，旨在模拟通过电解得到的HRW的效果，以探究MgH_2对月季花切花保鲜期的潜在影响。

实验结果表明，使用MgH_2处理的月季花切花在瓶插寿命、花朵直径和花瓣相对含水量方面均有显著提升。与对照组相比，0.001 $g·L^{-1}$ MgH_2处理的切花月季瓶插寿命延长了约2天，这一效果与通过电解水得到的10% HRW处理相似。此外，MgH_2处理显著减少了花瓣中ROS的积累，降低了TBARS的含量，表明减少了脂质过氧化。同时，MgH_2处理还提高了花瓣中SOD、POD、CAT和APX等抗氧化酶的活性，这有助于重新建立氧化还原平衡，减少氧化损伤。此外，实验还发现MgH_2通过促进一氧化氮（NO）的产生来延长切花月季的瓶插寿命，这一点通过使用NO清除剂和一氧化氮合酶抑制剂的实验得到了证实。这些结果表明，MgH_2作为一种方便的氢气供应源，能够有效地延长切花月季的保鲜期，并且其作用机制可能与调节NO的合成有关。

第三节 康乃馨

康乃馨，学名 *Dianthus caryophyllus* L.，是一种广受欢迎的花卉，以其多样的颜色、持久的瓶插寿命和独特的香气而闻名。在全球花卉市场中，康乃馨占据了重要的地位，不仅作为日常装饰和礼物，还在特殊场合如母亲节、教师节和各种庆典中扮演着重要角色。

康乃馨的市场需求稳定，尤其在节日和纪念日期间，需求量会显著增加。花卉产业通过不断的品种改良和创新，培育出了多种颜色和花型的康乃馨，以满足不同消费者的审美需求。此外，康乃馨的保鲜技术也是花卉市场关注的重点，因为延长其瓶插寿命能够减少浪费、降低成本，并提高消费者的满意度。

随着全球贸易的发展，康乃馨的国际贸易也十分活跃。多个国家拥有成熟的康乃馨生产和出口产业链，而进口国则通过高效的冷链物流系统确保花卉的新鲜度和品质。此外，随着消费者对健康和环保意识的提高，有机种植和可持续生产的康乃馨也越来越受到市场的欢迎。

花卉市场的竞争也促使生产商和销售商不断创新营销策略，比如通过线上平台销售、提供定制化服务和增值服务来吸引消费者。同时，花卉市场也面临着一些挑战，如价格波动、供应链的不确定性和消费者需求的快速变化。

总体而言，康乃馨作为一种经典的花卉，在全球花卉市场中占有一席之地，并且随着市场的不断发展和消费者需求的多样化，康乃馨的种植、销售和相关服务也在不断地演进和创新。

然而康乃馨面临着和月季等一样的问题，即切花的保质期非常短暂。因此，有一个中国学者团队就此开展了研究[5]。这项研究旨在评估HNW在延缓切花康乃馨衰老和延长其瓶插寿命方面的潜力，以及其对ROS积累和衰老相关酶活性的影响，从而为发展环保、低成本的切花保鲜技术提供科学依据。

在这项研究中，学者们探究了HNW对切花康乃馨保鲜效果的影响。实验开始时，首先使用氢纳米气泡水生成器制备HNW，通过电解水产生的氢气被注入蒸馏水中形成氢浓度约为$1.0\ \mu g \cdot mL^{-1}$的HNW。同时，作为对照，也准备了常规的HRW，通过氢气发生器将氢气以150 mL/min的速率注入蒸馏水中，持续30分钟。制备完成后，立即将100%饱和的HNW或HRW稀释至所需的浓度（1%, 5%, 10%, 50%, 或者10% v/v），相当于大约$0.01\ \mu g\ H_2 \cdot mL^{-1}$，$0.05\ \mu g\ H_2 \cdot mL^{-1}$，$0.1\ \mu g\ H_2 \cdot mL^{-1}$，$0.5\ \mu g\ H_2 \cdot mL^{-1}$ 或者$0.08\ \mu g\ H_2 \cdot mL^{-1}$的浓度。

实验所用的康乃馨切花购自当地花卉市场，选择无机械损伤、开放程度一致的切花，并将其置于蒸馏水中恢复4小时。之后，将花茎在水下剪切至25 cm长，并保留上部两片叶子。接着，将这些康乃馨分别放入不同浓度的HNW或HRW中预处理3天，每天更换一次溶液，之后转移到蒸馏水中继续瓶插，直至实验结束。在瓶插期间，康乃馨被放置在25℃、80%~85%相对湿度以及12小时光照/12小时黑暗的条件下。

在实验过程中，学者们监测了多种与花卉衰老相关的生理指标，包括花瓣的相对含水量、电解质泄露、活性氧种类（如过氧化氢H_2O_2和超氧阴离子O_2^{-}）的积累，以及细胞死亡情况。此外，还评估了与衰老相关的酶活性，包括核酸酶（包括DNA酶和RNA酶）和蛋白酶。通过这些实验步骤，学者们旨在揭示HNW处理对切花康乃馨保鲜效果的影响，以及氢气在这一过程中的作用机制。

在这项研究中，实验结果表明，HNW处理显著延长了切花康乃馨的瓶插寿命。具体来说，与蒸馏水处理的对照组相比，5% HNW处理显著延缓了花瓣的衰老，减少了水分和新鲜重量的损失，降低了电解质泄露，减少了氧化损伤，并减少了细胞死亡。此外，HNW处理还抑制了核酸酶（包括DNA酶和RNA酶）和蛋白酶活性的增加，这些酶活性的增加与花瓣衰老过程中核酸和蛋白质的降解有关。在氢气浓度方面，新鲜制备的HNW中氢气的初始浓度约为1.0 $\mu g \cdot mL^{-1}$，相当于大约0.5 mM，而常规氢气富集水（HRW）的氢气浓度约为0.8 $\mu g \cdot mL^{-1}$，相当于大约0.4 mM。HNW的高浓度和较长的驻留时间使其成为一种有效的氢气传递方式，有助于提高切花康乃馨的保鲜效果。这些发现为HNW在采后农产品保鲜中的应用提供了基本框架，并展示了HNW作为一种环保、低成本的保鲜技术在花卉保鲜中的潜力。

除了HRW和HNW之外，该学者领导的团队还用MgH_2作为氢气载体开展了实验[6]。在这项研究中，学者们首次将镁氢化物（MgH_2）作为氢气生成源，用于采后花卉保鲜的实验。他们将纯度为98%、粒径在0.5~25 μm的MgH_2与柠檬酸缓冲溶液（CBS，pH值3.4）结合使用，以提高MgH_2水解产生氢气的效率。实验中，将0.1克每升的MgH_2溶解在0.1 M的CBS中，与不同浓度的MgH_2、CBS或10%的氢气富集水（通过水电解获得）单独处理进行比较。实验使用的康乃馨切花"粉钻"在典型的商业成熟阶段购自市场，运输至实验室后，将花茎在蒸馏水中水下剪切至25 cm长，并保留顶部两片叶子。然后将花茎放入含有150 mL不同处理溶液的玻璃瓶中，这些处理包括蒸馏水（对照组）、0.1 g/L每升MgH_2-CBS、不同浓度的MgH_2、CBS以及10% HRW。为了排除氢气的影响，对MgH_2-CBS溶液进行了煮沸处理以去除生成的氢气，并在室温下保存一天直到检测不到氢气为止。实验中还使用了600 μM的NaHS（作为H_2S释放化合物）和10 mM的HT（作为H_2S清除剂）作为对照。所有处理的溶液在整个瓶插期间每天更换，以保持氢气浓度的稳定。

实验结果表明，使用MgH_2与柠檬酸缓冲溶液（CBS）结合的处理显著延长了切花康乃馨的瓶插寿命。具体来说，与对照组相比，0.1 $g \cdot L^{-1}$ MgH_2-CBS处理显著增加了溶液中溶解氢的浓度，并维持了较长时间，其峰值浓度达到了0.80 ppm，并在6小时内保持较高水平。而10%的HRW处理的氢浓度则从初始的0.16 ppm在6小时后降至基本水平。在MgH_2-CBS处理下，康乃馨的瓶插寿命延长了3.9天，达到了11.4天，同时相对新鲜重量（RFW）和花朵直径也得到了更好的保持。此外，通过使用特定的H_2S荧光探针WSP-5监测发现，MgH_2-CBS处理显著增加了康乃馨花瓣内源性H_2S的产生，而H_2S清除剂HT则抑制了这一效应。进一步的实验证实，MgH_2-CBS处理通过H_2S信号通路维持了康乃馨的氧化还原平衡，降低了花瓣中ROS的积累，并减少了衰老相关基因DcbGal和DcGST1的表达。这些发现揭示了MgH_2-CBS通过H_2S信号通路延长切花康乃馨瓶插寿命的潜在机制，为农业实践中MgH_2的应用提供了新的可能性。

第四节　洋桔梗

洋桔梗（学名：*Eustoma grandiflorum Raf.* Shinners），又名草原龙胆，是龙胆科多年生草本植物，原产于北美南部至墨西哥一带。其花朵形态优雅，花瓣层叠如莲，花色丰富，常见紫色、粉色、白色及复色等，花语象征"感动"与"真诚不变的爱"，因此在花艺设计、婚礼装饰和礼品花束中备受青睐。洋桔梗的自然花期集中在春夏季（5～7月），但通过温室调控可实现周年开花，这使得其在鲜切花市场中占据重要地位。

从生长习性来看，洋桔梗喜温暖、光照充足的环境，适宜生长温度为15～28℃，耐寒性较差，冬季温度低于5℃易受冻害，夏季高温超过30℃则可能导致花期缩短或花量减少。它对光照需求较高，需每日至少4～6小时直射光，长日照条件能促进花芽分化，而光照不足易引发徒长或不开花。土壤方面，洋桔梗偏好疏松透气、排水良好的微酸性土壤，常用腐叶土、园土与河沙混合基质，并需添加有机底肥以保障养分。水分管理需遵循"见干见湿"原则，避免积水导致根腐病，生长期需保持土壤微湿，冬季则需减少浇水频率。

在市场前景方面，洋桔梗凭借其优雅的花型和较长的瓶插寿命（鲜切花可维持10～15天），已成为全球花卉市场的重要品种之一。随着消费者对高端花材需求的增长，尤其是婚礼、庆典等场景的应用扩大，洋桔梗的种植面积和品种培育逐年增加。此外，其耐储运特性也使其在国际贸易中具备优势，我国云南、山东等地已形成规模化种植基地，市场潜力可观。

然而，洋桔梗的种植与保存亦存在难点。种植环节中，幼苗期对温度极为敏感，需经历春化作用（低温处理）以打破休眠，否则易出现莲座化现象（叶片簇生、不开花）。病虫害防治亦为挑战，常见病害如根腐病、灰霉病多因湿度过高或施肥不当引发，虫害则以蚜虫、蓟马为主，需定期喷施杀菌剂与杀虫剂。保存方面，鲜切花采收后需及时进行保鲜处理，如使用含蔗糖和杀菌剂的溶液预处液，并控制储存温度在2~4℃，以延长观赏期。总体而言，洋桔梗的种植需精细化管理，但其高附加值与市场需求仍使其成为极具发展潜力的花卉品种。

针对这种备受市场欢迎的花朵在保存方面的难点，研究人员以洋桔梗切花为研究对象，系统开展了氢气调控切花衰老的实验探索[7]。实验首先通过向蒸馏水中持续通入高纯度（99.99%）氢气30分钟制备富氢水（HRW），经气相色谱检测确认饱和溶液中氢气浓度达0.78 mM后，梯度稀释获得0.078 mM、0.39 mM及0.78 mM三个处理浓度。通过预实验筛选发现，0.078 mM HRW对延缓切花衰老效果最为显著，故后续实验聚焦该浓度展开。为探究内源氢气的作用机制，实验同步引入500 μM的2,6-二氯酚靛酚（DCPIP）作为氢气合成抑制剂，并设置HRW与DCPIP协同处理组进行对比验证。

实验采用标准化操作流程：将茎部统一修剪至25 cm的切花置于含不同处理液的玻璃容器中，每日更换新鲜处理液，并在恒温培养箱（25±1℃）中维持14小时光照/10小时黑暗的昼夜节律。实验设计采用完全随机区组法，每组包含3个重复，每重复15支花茎，共45支样本用于瓶插寿命、鲜重及花径动态监测。其中瓶插寿命判定以50%花瓣出现萎蔫或失去观赏价值为标准，鲜重采用定时称量法记录，花径变化通过游标卡尺测量最大展开直径。

针对生理生化指标的检测，研究人员建立了多维度分析体系，以确保实验结果的可靠。

经过多次重复实验之后，学者们得出了如下结论：

实验结果表明，使用0.078 mM富氢水（HRW）处理的洋桔梗切花瓶插寿命显著延长至约11天，较未处理组的7天提升了57%。通过气相色谱分析发现，切花衰老过程中内源氢气浓度呈现先小幅上升后急剧下降的趋势，而HRW处理有效延缓了内源氢气的耗竭速度，维持了较高水平的氢气代谢。当引入500 μM的DCPIP抑制内源氢气合成时，瓶插寿命缩短至5天，且花瓣萎蔫进程加速，但这一负面效应可通过HRW的同步处理得到逆转，验证了内源氢气在延缓衰老中的核心作用。

氧化应激相关指标显示，对照组切花在瓶插过程中过氧化氢（H_2O_2）含量和脂质过氧化产物（TBARS）持续积累，DAB染色显示花瓣组织内活性氧显著聚集。HRW处理组则表现出H_2O_2含量降低42%、TBARS水平下降35%，且染色强度明显减弱，表明氢气通过减轻氧化损伤维持细胞稳态。进一步检测抗氧化酶系统发现，HRW显著提升了超氧化物歧化酶（SOD）、抗坏血酸过氧化物酶（APX）、愈创木酚过氧化物酶（POD）及过氧化氢酶（CAT）的活性峰值，其中SOD活性在瓶插第5天较对照组提高1.8倍，而DCPIP处理则抑制了这些酶的活性表达。

生理代谢指标分析揭示，HRW处理有效延缓了叶绿素降解，瓶插第7天时总叶绿素含量较对照组保留率达68%，同时可溶性蛋白含量下降幅度减少40%。脯氨酸作为重要的渗透调节物质，在HRW处理组中积累量较对照组提高2.3倍，且在DCPIP抑制内源氢气时出现显著降低。值得注意的是，当HRW与DCPIP共同作用时，叶绿素、蛋白及脯氨酸水平的衰减均得到部分恢复，进一步证实氢气通过多途径协同调控延缓衰老进程。

除了HRW外，也有学者利用二氢化镁作为供氢载体，开展了相关研究[8]。该实验的鲜花材料采购自南京市汉中门鲜花市场，学者特意选取了无病害、形态一致的洋桔梗鲜切花，运输至实验室后立即进行预处理：去除茎部老叶，保留顶端2～3片健康叶片，将茎基部斜切45°以增大吸水面积，随后插入蒸馏水中复水4小时备用。二氢化镁（纯度99.895%）由上海交通大学科学中心提供，将其溶解于蒸馏水配制成0.0001 g/L、0.001 g/L及0.01 g/L三种浓度处理液，同时设置蒸馏水为空白对照，富氢水（HRW，0.078 mM H_2）作为阳性对照。

实验采用完全随机区组设计，每种处理包含3个生物学重复，每重复15枝花茎，分别插入含300 mL处理液的玻璃容器中，每日更换新鲜溶液以维持处理浓度稳定。所有处理组置于恒温培养箱（20～25℃）中，模拟12小时光照/12小时黑暗的昼夜节律。瓶插寿命以50%花瓣出现萎蔫、褐色或失去观赏价值为判定终点，每日定时观察记录；花径动态监测采用十字交叉法测量最大展开直径，每枝花重复测量4次取均值。

在生理生化指标检测方面，学者的分析体系同样严谨。

他的实验结果如下：

实验结果表明，二氢化镁（MgH_2）处理显著改善了洋桔梗鲜切花的保鲜效果。与蒸馏水对照组相比，0.001 g/L MgH_2处理的洋桔梗瓶插寿命从7±0.9天延长至8.6±0.9天，增幅达22.9%±2.5%，且与阳性对照富氢水（0.078 mM H_2）处理效果相当。花径动态监测显示，0.001 g/L MgH_2处理组的花径在第4天达到峰值5.49±0.10 cm，较对照组（5.31±0.11 cm）增加3.39%±0.32%，表明其能有效促进花朵开放。此外，DAB染色与脂质过氧化分析显示，MgH_2处理显著降低了花瓣中H_2O_2积累及TBARS含量，同时提升了超氧化物歧化酶（SOD）、抗坏血酸过氧化物酶（APX）等关键抗氧化酶的活性。内源氢气浓度检测进一步揭示，0.001 g/L MgH_2处理使花瓣内源H_2水平在瓶插第4天达到峰值，较对照组提高39.96%±4.18%，暗示其可能通过调控氢气代谢维持氧化还原稳态。所有数据均通过三次独立重复验证，统计差异显著性达$P<0.05$水平，证实MgH_2通过多重生理调控途径延缓洋桔梗鲜切花衰老进程。

第五节　万寿菊

万寿菊（*Tagetes erecta* L.），又名非洲菊或玛格丽特菊，属于菊科万寿菊属的一年生草本植物。原产于墨西哥，现在全球温带和亚热带地区广泛栽培。这种植物以其多样鲜艳的色彩、易于照料和强大的适应性而受到园艺爱好者的青睐。万寿菊的花朵大而色彩丰富，包括黄色、橙色、红色和白色等，有时单朵花就能展现出多种色彩。它的叶片羽状深裂，绿色且略带粗糙质感。茎干直立且粗壮，能够生长至1 m高或更高。

万寿菊对光照的需求较高，喜爱充足的阳光，同时也能适应半阴的环境。它对温度的适应性较强，既耐热也耐寒，尽管极端低温可能会对其生长造成一定影响。在土壤方面，万寿菊不挑剔，能在多种土壤类型中生长，但更偏爱肥沃且排水性好的土壤。在栽培上，万寿菊通常在春季播种，发芽的适宜温度为20～25 ℃。由于不耐水湿，浇水需适量，避免根部积水。在生长期间，适量施肥可以促进花朵的盛开。

除了作为观赏植物，万寿菊在园林绿化中也有广泛应用，能够为环境增添色彩和活力。此外，某些地区的传统医学中也会利用万寿菊的花和叶，认为它们具有清热解毒等功效。总而言之，万寿菊不仅观赏价值高，还因其易于栽培和适应性强的特点，成为园艺中不可或缺的植物。

在一项研究中，学者们探究了氢气对万寿菊不定根发育过程中生理变化的影响[9]。实验使用了不同浓度的HRW，以0.8 mM的氢气浓度对万寿菊的插条进行处理。首先，将万寿菊种子在控制条件下发芽，然后在无菌的条件下移除幼苗的主根，并将这些插条置于含有不同浓度HRW的培养基中。这些培养基包括1%（0.008 mM），10%（0.08 mM），50%（0.04 mM），和100%（0.8 mM）的HRW，每种处理都旨在评估不同氢气浓度对生根的影响。实验过程中，定期监测插条的根数和根长，并记录相应的照片。

为了进一步分析氢气对万寿菊生理变化的影响，学者们还测量了插条的RWC、气孔开度和电解质泄漏。通过将新鲜叶片在蒸馏水中浸泡并测定其鲜重（Wf）、吸水后的重量（Wt）以及烘干后的重量（Wd），计算出RWC。同时，通过测量插条在不同时间点的气孔开度和电解质泄漏，评估了细胞膜的完整性和植物的水分保持能力。

此外，学者们还对万寿菊插条中的代谢成分含量进行了测定，包括水溶性碳水化合物（Water-soluble Carbohydrate, WSC）、淀粉和可溶性蛋白。通过特定的生化方法，如浓硫酸-苯酚法测定WSC，淀粉经淀粉葡萄糖苷酶消化，测定释放的葡萄糖得出淀粉含量，考马斯亮蓝法测定可溶性蛋白，以评估氢气处理对这些代谢成分的影响。

为了探究氢气对与生根相关的酶活性的影响，学者们测定了POD、PPO和IAAO的活性。这些酶活性的测定是通过比色法进行，通过测量在特定波长下的吸光度变化来计算酶活性。

整个实验过程中，学者们对氢气处理的万寿菊插条进行了详细的生理和生化分析，以揭示氢气在植物不定根发育中的作用机制。通过这些实验步骤，研究旨在为农业生产中利用氢气提供潜在的应用策略，并为理解氢气在植物生长发育中的作用提供新的视角。

在这项研究中，学者们发现不同浓度的HRW对万寿菊不定根的发育具有显著影响。实验结果显示，与对照组相比，50%（0.4 mM）HRW处理显著增加了万寿菊插条的根数和根长。此外，氢水处理还显著降低了气孔开度，这可能与相对含水量的增加有关。氢水处理还减少了不定根发育过程中的电解质泄漏，表明氢水有助于保持细胞膜的完整性。在代谢成分方面，氢水处理的插条中水溶性碳水化合物、淀粉和可溶性蛋白的含量较对照组为高。与对照组相比，氢水处理显著提高了POD、PPO和IAAO的活性。这些结果表明，氢气通过增加相对含水量、代谢成分、生根相关酶活性，并同时保持细胞膜完整性，促进了万寿菊不定根的发育。这些发现为氢气在植物不定根发育中的潜在应用提供了新的视角，并为农业生产中利用氢气提供了可能的应用策略。

● 参考文献

[1] 宋韵琼, 等. 富氢水施用时期和施用方法对小苍兰开花的影响及其生理机制[J]. 上海交通大学学报（农业科学版），2017, **35**(3): 10-17.

[2] WANG C, et al. Hydrogen gas alleviates postharvest senescence of cut rose 'Movie star' by antagonizing ethylene[J]. Plant Molecular Biology, 2020, **102**: 271-285.

[3] FANG H, et al. Hydrogen gas increases the vase life of cut rose 'Movie star' by regulating bacterial community in the stem ends[J]. Postharvest Biology and Technology, 2021, **181**: 111685.

[4] LI Y, et al. Magnesium hydride acts as a convenient hydrogen supply to prolong the vase life of cut roses by modulating nitric oxide synthesis[J]. Postharvest Biology and Technology, 2021, **177**: 111526.

[5] LI L, et al. Hydrogen nanobubble water delays petal senescence and prolongs vase life of cut carnation (*Dianthus caryophyllus* L.) flowers[J]. Plants, 2021, **10**(8): 1662.

[6] LI L, et al. Magnesium hydride-mediated sustainable hydrogen supply prolongs the vase life of cut carnation flowers via hydrogen sulfide[J]. Frontiers in Plant Science, 2020, **11**: 595376.

[7] SU J C, et al. Endogenous hydrogen gas delays petal senescence and extends the vase life of lisianthus cut flowers[J]. Postharvest Biology and Technology, 2019, **147**: 148-155.

[8] 李莹. 二氢化镁在鲜切花保鲜中的应用及其作用机理[D]. 南京农业大学, 2020.

[9] ZHU Y, LIAO W. The metabolic constituent and rooting-related enzymes responses of marigold explants to hydrogen gas during adventitious root development[J]. Theoretical and Experimental Plant Physiology, 2017, **29**(3): 123-133.

第八章
CHAPTER 8

草地作物

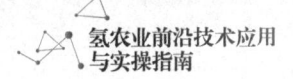

第一节 苜蓿

紫花苜蓿，学名Medicago sativa，属于豆科苜蓿属的多年生草本植物。它是一种重要的饲料作物，广泛用于农业和畜牧业，因其丰富的营养价值和高蛋白含量而被誉为"牧草之王"。紫花苜蓿的叶片由三片小叶组成，呈羽状复叶，花朵呈紫色或淡紫色，具有较高的观赏价值，常被用于草地和园林景观的美化。

这种植物具有很强的适应性，能够生长在多种土壤类型中，但更偏好排水良好、肥沃的土壤。紫花苜蓿对环境条件的适应范围较广，能够耐受一定的干旱和寒冷，但在温暖湿润的气候下生长更为旺盛。它通过根部的共生固氮菌能够提高土壤的肥力，因此在农业轮作中扮演着重要角色。

紫花苜蓿不仅在农业上具有重要价值，还在生态保护和水土保持方面发挥着作用。它的根系发达，能够有效地固定土壤，减少水土流失。此外，紫花苜蓿在植物科学研究中也是一个重要的模型植物，常被用于研究植物对非生物胁迫的响应机制，包括耐旱性、耐盐性等。

一、HRW通过减少一氧化氮的产生减轻渗透胁迫对苜蓿的影响

随着科学研究的深入，有中国学者发现[1]紫花苜蓿在面对渗透胁迫和盐胁迫等逆境时，能够通过调节内源性信号分子，如一氧化氮和脯氨酸等，来增强自身的耐逆性。这位作者的研究成果不仅有助于提高紫花苜蓿的栽培和利用效率，也为其他植物的逆境生理研究提供了重要的参考。

这篇论文的研究背景主要聚焦于植物在面对非生物胁迫，特别是渗透胁迫和盐胁迫时的生理响应和分子机制。在自然环境中，植物经常遭受各种非生物胁迫，这些胁迫严重影响植物的生长和发育，甚至导致植物死亡。其中，渗透胁迫和盐胁迫是农业生产中常见的限制因素，它们通过干扰植物的水分吸收和体内离子平衡，影响植物的正常生理功能。

一氧化氮（NO）和脯氨酸作为植物体内的信号分子和渗透调节剂，它们在植物响应非生物胁迫和调控生长发育中起着关键作用。外源H_2的应用不仅可以提高植物的抗氧化能力，缓解氧化应激，还可能通过影响NO和脯氨酸的代谢来增强植物的渗透胁迫耐性。

此外，褪黑素作为一种重要的植物激素，也在植物应对各种非生物胁迫中显示出其独特的功能。研究表明，褪黑素能够通过调节植物体内的多种生理生化过程，增强植物对盐分胁迫等非生物胁迫的抵抗能力。然而，褪黑素和内源H_2如何协同作用，以

及它们在植物耐盐性中的具体分子机制尚不完全清楚。

基于此，论文旨在深入探讨H_2和褪黑素在植物响应渗透胁迫和盐胁迫中的作用机制，以及它们如何通过影响NO和脯氨酸等关键分子的代谢来提高植物的耐逆性。通过这些研究，不仅能够为农业生产中提高作物的抗逆性提供理论依据，也为氢农业和氢农学的发展提供新的视角和技术支持。

在这项研究中，学者们设计了一系列实验来探究氢气（H_2）如何通过一氧化氮（NO）增强紫花苜蓿幼苗对渗透胁迫的耐受性。实验的起点是制备HRW，这是通过将纯氢气以150 mL/min的速率通入1000 mL培养液中，持续约30分钟来实现的。通过气相色谱分析，确认了HRW中氢气的浓度，并将其稀释至所需的实验浓度（0.078 mM、0.390 mM和0.585 mM）。

紫花苜蓿的种子首先经过表面消毒处理，然后在控制条件下发芽。发芽后的幼苗被转移到含有1/4 Hoagland溶液的育苗盒中，并在特定的光照和温度条件下生长。实验过程中，幼苗被暴露于不同浓度的HRW以及模拟低氧环境的富氮水，以此来模拟植物在自然环境中可能遇到的胁迫条件。

为了模拟渗透胁迫，使用了聚乙二醇（PEG）作为渗透剂。在预处理阶段，幼苗被分别用HRW、富氮水、NO供体（SNP）、NO清除剂（PTIO和cPTIO）以及脯氨酸等不同处理液进行预处理，然后转移到含有PEG的溶液中，以诱导渗透胁迫。预处理的时间和处理液的浓度都是通过预实验确定的。

在实验过程中，学者们使用了多种仪器和技术来监测植物的生理反应，包括激光共聚焦扫描显微镜（CLSM）来检测细胞内NO的荧光信号，分光光度法来定量测定NO含量以及高效液相色谱法（HPLC）来测定脯氨酸含量。此外，还进行了组织化学染色来评估脂质过氧化和质膜完整性，以及硫代巴比妥酸反应产物（TBARS）测定来评估脂质过氧化程度。

为了进一步探究分子机制，实验还包括了抗氧化酶活性的测定，总RNA提取和cDNA合成，以及荧光定量PCR来分析基因表达量。这些步骤涉及植物材料的收集、冷冻保存、研磨、离心以及与各种试剂的反应等。

最后，为了评估H_2和NO对蛋白质S-亚硝基化的影响，使用了生物素转化法来检测渗透胁迫下苜蓿幼苗总蛋白的S-亚硝基化修饰。这包括了蛋白质的提取、SDS-PAGE电泳、转膜、抗生物素抗体检测等步骤。

整个实验过程设计严谨，涵盖了从宏观的植物生长状况观察到微观的分子层面分析，旨在全面理解H_2和NO在植物响应渗透胁迫中的作用机制。

作者通过一系列实验最终认为，在HRW浓度为0.58 mM的条件下，外源施用的氢气最能够缓解紫花苜蓿幼苗因渗透胁迫而产生的生长抑制，显著提高了幼苗在地上部位的鲜重与干重。在其他HRW浓度下，氢分子对紫花苜蓿幼苗响应渗透胁迫和盐胁迫亦有帮助。根据学者们通过实验得到的结果，他们认为，这种帮助很可能是因为氢气通过激活一氧化氮信号通路，触发了一系列协同的生理与分子响应机制。具体而言，氢气诱导的一氧化氮生成（部分依赖硝酸还原酶途径）作为关键下游信号，通过以下途径发挥作用：

1. 促进渗透调节物质积累：一氧化氮通过上调脯氨酸合成相关基因的表达，显著增加脯氨酸的累积，从而维持细胞渗透平衡并稳定生物大分子结构；

2. 调控蛋白质翻译后修饰：一氧化氮依赖的蛋白质S-亚硝基化修饰可调节胁迫响应蛋白的功能活性（如抗氧化酶或信号转导蛋白），增强细胞对渗透逆境的适应能力；

3. 强化抗氧化防御系统：氢气通过激活超氧化物歧化酶（SOD）、抗坏血酸过氧化物酶（APX）等抗氧化酶活性，有效清除活性氧（ROS），并协同NO信号重建氧化还原稳态，减少氧化损伤；

4. 整合氧化还原信号网络：氢气介导的氧化还原平衡重塑通过一氧化氮信号与其他代谢通路（如脯氨酸代谢、抗氧化系统）形成正向调控环路，最终系统性提升紫花苜蓿幼苗对渗透及盐胁迫的耐受性。

二、HRW通过减少一氧化氮的产生减轻铝对苜蓿根伸长抑制的影响

还有一篇文章的实验背景集中在探讨HRW对苜蓿根部伸长抑制的缓解作用，特别是在铝毒性条件下。铝是植物生长中常见的限制因素，尤其是在酸性土壤中，铝的毒性可以显著抑制根部的伸长，这是植物铝毒性最早期和最明显的症状之一。铝通过与细胞壁和质膜相互作用，干扰根部的正常生长，导致植物生长受阻。因此，本研究旨在评估HRW对苜蓿根部在铝胁迫下的生理作用及其可能的分子机制，以期为提高植物对铝毒性的耐受性提供新的策略。研究背景强调了铝毒性对农业生产的潜在影响，以及探索氢气作为一种新型生物调节剂在植物耐铝机制中的潜在应用价值[2]。

首先，他们从商业渠道获取苜蓿种子，并进行了表面消毒处理，然后在25 ℃的黑暗条件下进行发芽。发芽后的种子被转移到含有营养介质的塑料容器中，在控制环境条件下培养，以确保一致的生长条件。

在实验中，研究人员使用了不同浓度的$AlCl_3$溶液来处理苜蓿幼苗，以模拟铝胁迫的环境。同时，他们准备了不同饱和度的HRW，这些HRW是通过将纯度为99.99%的氢气（H_2）通入0.5 mM $CaCl_2$溶液中制备的，制备过程中氢气的流速为150 mL/min，持续时间为30分钟。实验中使用的HRW的氢气浓度分别为1%，10%，50%和100%的饱和度，其中新鲜制备的HRW中氢气的浓度通过气相色谱分析确定为0.22 mM，并在25 ℃下至少保持12小时的相对恒定水平。

研究人员将苜蓿幼苗分别置于含有不同浓度$AlCl_3$和不同饱和度HRW的溶液中进行处理，以评估HRW对铝胁迫下苜蓿幼苗根伸长的影响。在处理过程中，他们定期监测

幼苗的生长状况，包括根和芽的鲜重和干重，以及根尖的铝积累情况。此外，为了深入了解HRW对苜蓿幼苗根部一氧化氮（NO）产生的影响，研究人员还利用了电子顺磁共振（Electron paramagnetic resonance, EPR）技术来测定根部的NO含量。

整个实验过程中，研究人员对不同处理组的苜蓿幼苗进行了详细的观察和记录，以确保能够准确评估HRW在铝胁迫下对苜蓿生长的影响。通过这些实验步骤，研究人员旨在揭示HRW在植物耐铝机制中的潜在作用及其可能的分子机制。

在这篇文章中，实验结果表明HRW对苜蓿在Al胁迫下的根部伸长具有显著的积极影响。具体来说，与对照组相比，经过HRW处理的苜蓿幼苗在铝胁迫下显示出较低的根部伸长抑制率。特别是50%饱和度的HRW处理，对缓解铝诱导的根部伸长抑制效果最为显著。

此外，HRW处理还降低了苜蓿根部的铝积累，减少了铝在根尖的积累，这一点通过组织化学染色得到了证实。在分子水平上，HRW通过减少一氧化氮（NO）的产生来发挥作用，这表明NO在铝胁迫下的根部伸长抑制中起到了关键作用。实验中使用了一氧化氮清除剂（如PTIO和cPTIO）来验证NO在这一过程中的作用，结果表明，NO清除剂能够减轻铝或SNP诱导的根部伸长抑制，这与HRW处理的效果相似。

进一步的分析显示，HRW处理能够降低苜蓿根部在铝胁迫下的NO产生，这与根部伸长的恢复密切相关。而且，HRW处理还影响了与NO合成相关的酶活性，特别是硝酸还原酶（NR）活性，这表明NR介导的NO产生可能至少部分参与了铝诱导的根部伸长抑制。

综上所述，实验结果揭示了HRW通过减少NO的产生，增强了苜蓿对铝胁迫的耐受性，这为利用HRW作为一种潜在的农业应用手段提供了科学依据。

三、HRW减少镉胁迫对苜蓿的影响

还有一篇文章研究了HRW对苜蓿在镉（Cadmium, Cd）胁迫下的生理作用及其可能的分子机制[3]。镉是一种有毒重金属，主要通过自然和人为活动污染环境，它能够被植物迅速吸收，从而对植物的光合作用、呼吸作用和氮代谢产生严重影响。镉的积累不仅会抑制植物生长，还可能导致叶绿素减少、坏死或程序性细胞死亡，甚至细胞死亡。由于镉能够通过食物链对人类健康构成威胁，因此减少作物中的镉含量对于食品安全至关重要。文章中提到，镉毒性与氧化应激之间存在密切联系，镉能够刺激活性氧种（ROS）的产生，进而影响抗氧化防御系统，引发氧化应激。抗氧化网络由酶促系统和非酶促组分构成，其中SOD、CAT、谷胱甘肽过氧化物酶（GPX）等在维持植物细胞内氧化还原稳态中起着重要作用。此外，GSH的稳态对于植物对重金属的耐受性至关重要。因此，本研究旨在探究HRW在缓解苜蓿植物镉毒性中的作用，以及其潜在的分子机制，以期为农业生产系统中的镉解毒提供有效的策略。

首先，他们将苜蓿种子在5%次氯酸钠溶液中消毒10分钟，然后在蒸馏水中彻底清洗后在25 ℃的黑暗条件下发芽1天。接着，选取均匀的幼苗转移到含有四分之一强度Hoagland营养液的塑料容器中，在光照培养箱中培养5天，每天光照14小时，光强度为200 $\mu mol·m^{-2}·s^{-1}$，温度为25 ± 1 ℃。

实验中，学者们使用了不同浓度的HRW对苜蓿幼苗进行预处理，这些HRW是通过将纯度为99.99%的H_2通入四分之一强度Hoagland营养液中制备的，通气速率为150 mL/min，持续60分钟。制备好的HRW被迅速稀释到所需的浓度（1%，10%，50%），其中新鲜制备的HRW中氢气的浓度通过气相色谱分析确定为0.22 mM，并在25 ℃下至少保持12小时的相对恒定水平。

在预处理阶段，苜蓿幼苗被置于不同浓度的HRW中12小时，随后转移到含有75 μM $CdCl_2$的溶液中继续培养72小时，以模拟镉胁迫条件。实验过程中，学者们定期观察并记录幼苗的生长状况，包括根长、鲜重和干重等指标。此外，他们还对幼苗的根尖进行了染色，以评估镉的积累情况。在实验的最后阶段，学者们收集了根组织样本，用于后续的生理和分子水平分析，包括抗氧化酶活性测定、基因表达分析以及GSH含量的测定等。

通过这些实验步骤，学者们旨在揭示HRW对苜蓿幼苗在镉胁迫下生长抑制、氧化损伤和镉积累的影响，以及HRW如何通过调节抗氧化系统和谷胱甘肽稳态来提高植物对镉胁迫的耐受性。

在这项研究中，实验结果揭示了HRW对苜蓿在镉胁迫下的积极影响。具体来说，与对照组相比，经过10% HRW预处理的苜蓿幼苗在镉胁迫下显示出显著的生长促进效果，包括根长、鲜重和干重的增加。此外，HRW处理显著降低了镉诱导的氧化应激，这通过减少TBARS含量和提高抗氧化酶系统活性来实现，包括SOD、CAT、谷胱甘肽过氧化物酶（GPX）和APX。

实验还发现，HRW预处理显著抑制了镉胁迫下苜蓿根尖的ROS产生，减少了脂质过氧化和细胞膜损伤，这通过3,3'-二氨基联苯胺（DAB）染色和席夫试剂（Schiff's reagent）检测得以证实。此外，HRW处理的苜蓿幼苗在镉胁迫下表现出较低的镉积累量，这与镉吸收和转运相关基因表达的下调有关。

在分子水平上，HRW预处理显著提高了抗氧化相关基因的表达，包括Cu/Zn-SOD、Mn-SOD、APX1/2、GPX以及如γ-谷氨酰半胱氨酸合成酶（ECS）、谷胱甘肽合成酶（GS）、同型谷胱甘肽合成酶（hGS）和谷胱甘肽还原酶（GR1/2）这些与谷胱甘肽代谢相关的酶基因。这些结果表明，HRW通过调节抗氧化防御系统和谷胱甘肽稳态，增强了苜蓿对镉胁迫的耐受性。

总之，这些发现表明HRW是一种有效的策略，可以减轻镉对苜蓿的毒性影响，并通过提高抗氧化能力来保护植物免受氧化损伤。这些结果为利用HRW作为一种潜在的农业应用手段，以减少作物中的镉残留和提高食品安全提供了科学依据。

四、HRW减少汞胁迫对苜蓿的影响

在2014年，由同一位学者领导的研究团队还探究了HRW能否减少汞胁迫对苜蓿的影响[4]。

在这项研究中，学者们首先制备了HRW，通过将纯度为99.99%的H_2从氢气发生器中产生的气泡通入1 L四分之一强度的Hoagland溶液中，通气速率为每分钟150毫升，持续40分钟。制备出的HRW随后迅速稀释至所需浓度（1%，10%，和50% [v/v]）。在实验条件下，使用气相色谱法分析显示，新制备的HRW中氢气的浓度为0.22 mM，并在25 ℃下至少保持12小时相对恒定。

实验所用的植物材料是苜蓿的种子，经过表面消毒后在黑暗中25 ℃下发芽一天。发芽后的幼苗被转移到塑料培养箱中，并在营养培养基（四分之一强度的Hoagland溶液，pH值6.0）中继续培养四天，培养条件为光照培养箱中25 ± 1 ℃，光强度200 $\mu mol \cdot m^{-2} \cdot s^{-1}$，每天14小时光照周期。

随后，5天龄的幼苗被用于实验，分别用含有不同浓度HRW的四分之一强度Hoagland溶液处理，或单独用不同浓度的氯化汞（$HgCl_2$）处理，然后继续在10 mM氯化汞溶液中培养24小时或指定时间点。未经化学处理的样本作为对照组（Con）。实验结束后，收获30株幼苗的根部组织，测定其鲜重（FW）和干重（DW），并拍摄幼苗照片。同时，收获的根部组织被用于立即使用或在液氮中快速冷冻，然后储存在-80 ℃条件下，以备后续测定。

此外，学者们还进行了一系列的测定，包括TBARS含量的测定以评估脂质过氧化水平，根部离子渗漏的测定以反映汞毒性，以及汞含量的测定。为了进一步分析，还进行了组织化学分析，检测ROS的产生，以及通过各种染色方法评估脂质过氧化和质膜完整性的损失。通过这些实验步骤，学者们旨在探究HRW对苜蓿幼苗在面对汞胁迫时的生理效应。

实验结果显示，0.022 mM的HRW对苜蓿幼苗面对氯化汞（$HgCl_2$）时的保护作用最好。当苜蓿幼苗暴露于$HgCl_2$时，观察到ROS的产生增加，导致生长受到抑制和脂质过氧化水平上升。然而，通过HRW的处理，这些负面效应得到了明显的缓解。具体来说，与单独$HgCl_2$处理的幼苗相比，经HRW预处理的幼苗表现出较低的TBARS含量，这表明脂质过氧化受到抑制。同时，HRW显著降低了相对离子渗漏，这是细胞膜损伤的一个指标，意味着HRW有助于保持细胞膜的完整性。此外，HRW还减少了Hg在幼苗根系中的积累，这表明HRW能够减轻汞的毒性效应。

在抗氧化防御系统方面，HRW显著提高了过氧化物酶（POD）和APX的活性，这两种酶均参与清除过氧化氢。同时，HRW还逆转了Hg诱导的SOD活性的增加。在转录水平上，HRW预处理也增加了与抗氧化防御相关的基因表达，包括POD、APX、γ-谷氨酰半胱氨酸合成酶（ECS）、谷胱甘肽合成酶（GS）、MDHAR和GR。这些基因的上调有助于增强幼苗的抗氧化能力，从而减轻氧化损伤。

此外，HRW还有助于恢复苜蓿幼苗根系中的还原型GSH和还原型AsA水平，这两者在维持细胞内氧化还原平衡中起着关键作用。通过这些机制，HRW不仅减轻了$HgCl_2$诱导的氧化应激，还重新建立了氧化还原平衡，从而提高了苜蓿幼苗对汞毒性的耐受性。这些结果表明，HRW作为一种潜在的农业应用手段，可能有助于提高作物在重金属污染环境中的生长性能。

五、HRW减少百草枯[①]胁迫对苜蓿的影响

还有篇文章通过在百草枯胁迫下对紫花苜蓿幼苗进行实验[5]，首次提供了证据，表明在受到氧化胁迫的高等植物中，内源性H_2的产生增加，并通过HRW的预处理来模拟由百草枯胁迫引发的生理反应，从而探讨了H_2如何调节由百草枯触发的氧化损伤和幼苗生长的抑制。

实验中，紫花苜蓿幼苗被暴露于不同浓度的百草枯溶液中，以评估其对根伸长的影响。研究发现，随着百草枯浓度的增加，幼苗根的伸长受到抑制，呈现出剂量依赖性。同时，通过气相色谱法测定了内源性H_2含量，结果显示百草枯胁迫可以诱导紫花苜蓿幼苗内源性H_2的产生，且这种产生与百草枯浓度和处理时间有关。

为了进一步研究氢气的生理作用，学者们制备了不同浓度的HRW，通过将高纯度的氢气（99.99%）以150 mL/min的速率通入1000 mL的蒸馏水中，持续30分钟来制备。制备出的HRW随后被稀释至所需的浓度，其中氢气浓度通过气相色谱分析确定，新鲜制备的HRW中氢气浓度为0.22 mM，并在25 ℃下至少12小时内保持相对恒定。

紫花苜蓿种子在表面消毒后，在黑暗中于25 ℃下发芽一天，然后转移到含有营养介质的塑料室中生长。在5天的生长后，将幼苗转移到含有不同浓度HRW或百草枯的水溶液中进行处理，或转移到含有百草枯的琼脂板上进行进一步的胁迫处理。此外，为了模拟不同的环境胁迫，如干旱、高盐分或低温，1周龄的植株被暴露于相应的胁迫条件下。

在完成上述处理后，学者们对幼苗进行了采样，用于后续的生理和分子生物学分析。这些分析包括RWC和根伸长率的测定，以及对脂质过氧化产物（如TBARS）含量的测定。此外，还进行了抗氧化酶活性的测定，包括SOD、POD和APX的活性测定。通过这些实验步骤，学者们旨在揭示氢气对植物在氧化胁迫下抗氧化系统的影响，以

---

① "百草枯（Paraquat）是一种联吡啶类广谱除草剂，化学式为$C_{12}H_{14}N_2$，因高毒性和不可逆肺纤维化作用，2016年起我国已全面禁止其生产与销售¹。"本书旨在说明所涉及的实验中用到此成分，无不良引导。

（¹数据来源：国家农业农村部公告，2016年）

及其在提高植物耐受性方面的潜在作用。

进一步的实验中，通过HRW预处理（50%，0.11 mM）的幼苗表现出了对百草枯诱导的氧化胁迫的增强耐受性，这通过根生长的抑制减轻、脂质过氧化的减少以及ROS水平的降低得到了证实。具体来说，与未经过HRW预处理的幼苗相比，经过HRW预处理的幼苗在百草枯胁迫后，其根的生长受到了较小的抑制，并且叶片中MDA的含量显著降低，表明脂质过氧化程度减轻。此外，通过组织化学染色和荧光显微镜观察，发现HRW预处理显著减少了百草枯诱导的超氧阴离子（O_2^-）和过氧化氢（H_2O_2）的积累。抗氧化酶活性测定结果表明，HRW预处理显著提高了SOD、过氧化物酶（POD）和APX的活性，并且这些抗氧化酶的基因表达水平也相应上调。这些结果表明，氢气通过增强抗氧化系统的活性，提高了植物对氧化胁迫的防御能力。此外，HRW预处理还提高了植物在面对干旱、高盐和低温等其他非生物胁迫时的耐受性，这进一步证实了氢气在提高植物抗逆性中的潜在应用价值。

第二节 草地早熟禾

有学者深入探讨了HRW对草地早熟禾（*Poa pratensis*）耐盐性的影响，以及其与抗氧化酶活性之间的关系[6]。

实验中使用的HRW是通过将纯度为99.99%的氢气（H_2）通入1/4 Hoagland营养溶液中制备的，其中氢气浓度为0.22 mM。这一浓度的HRW在25 ℃下至少12小时内保持相对恒定，为研究提供了稳定的氢气环境。研究采用50%（0.11 mM）的HRW对草地早熟禾进行叶片喷施和灌根处理，分析了在200 mM NaCl胁迫条件下，HRW处理对草地早熟禾叶片干物质含量、相对含水量、叶绿素含量、电解质外渗（Electrolyte leakage, EL）及抗氧化酶活性的影响。

实验结果显示，与白光对照组相比，HRW处理显著增加了盐胁迫条件下细胞的持水能力，提高了叶片的叶绿素含量，并降低了EL值。在0 mM、5 mM和20 mM盐胁迫条件下，通过分析活性氧（Reactive oxygen species, ROS）和丙二醛含量，发现HRW处理显著降低了ROS含量，增加了细胞膜稳定性，同时提高了长时间盐胁迫条件下部分抗氧化酶的活性，并诱导了抗氧化酶基因CAT2、APX1、MR的下调表达。

在抗氧化酶活性方面，与对照组相比，200 mM NaCl胁迫显著增加了草地早熟禾叶片中SOD、POD、CAT、APX、GR、DHAR和单氢抗坏血酸还原酶（Monodehydroascorbate reductase, MDHAR）的活性。而HRW处理则显著降低了长时间盐胁迫条件下的SOD活性，同时提高了CAT、APX、DHAR和MDHAR的活性。

此外，研究还发现，在盐胁迫条件下，草地早熟禾抗氧化酶基因*CAT2*、*APX1*和

*MR*的表达量上调，而HRW处理则降低了这些基因的表达量。这表明，HRW可能通过调节抗氧化酶基因的表达，降低ROS含量，从而提高草地早熟禾的耐盐性。

综上所述，本研究结果表明，HRW通过调节草地早熟禾体内的ROS含量和抗氧化酶活性，显著提高了其耐盐性，为草坪草耐盐生理和氢气生物学研究提供了新的视角和理论依据。

● 参考文献

[1] 苏久厂, 等. 氢气缓解渗透和盐胁迫及延长切花保鲜期的分子机制[D]. 南京农业大学, 2020.

[2] CHEN M, et al. Hydrogen-rich water alleviates aluminum-induced inhibition of root elongation in alfalfa via decreasing nitric oxide production[J]. Journal of Hazardous Materials, 2014, **267**: 40-47.

[3] CUI W, et al. Alleviation of cadmium toxicity in *Medicago sativa* by hydrogen-rich water[J]. Journal of Hazardous Materials, 2013, **260**: 715-724.

[4] CUI W, et al. Hydrogen-rich water confers plant tolerance to mercury toxicity in alfalfa seedlings[J]. Ecotoxicology and Environmental Safety, 2014, **105**: 103-111.

[5] JIN Q, et al. Hydrogen gas acts as a novel bioactive molecule in enhancing plant tolerance to paraquat-induced oxidative stress via the modulation of heme oxygenase-1 signaling system[J]. Plant, Cell & Environment, 2013, **36**(5): 956-969.

[6] 张韦钰, 王春勇, 杜红梅. 富氢水对草地早熟禾耐盐性的影响以及与抗氧化酶活性的关系[J]. 草地学报, 2021, **29**(7): 1436-1446.

第九章
CHAPTER 9

菌菇作物

第一节 斑玉蕈

斑玉蕈又名真姬菇、蟹味菇,学名 *Hypsizygus marmoreus*,是一种在亚洲尤其是中国和日本广受欢迎的食用菌。它以其独特的口感和营养价值而闻名,其肉质细嫩、风味独特,含有丰富的蛋白质、维生素和矿物质,是一种高蛋白、低脂肪的健康食品。斑玉蕈不仅味道鲜美,而且具有增强免疫力、抗疲劳和抗衰老等健康益处,因此在市场上备受消费者青睐。随着人们对健康饮食意识的提高,斑玉蕈的市场需求逐年增长。它不仅在新鲜农产品市场上有稳定的需求,还被广泛应用于加工食品,如罐头、干制品和速冻食品。此外,随着食用菌深加工技术的发展,斑玉蕈也被用于提取功能性成分,如多糖和生物活性肽,进一步拓宽了其市场应用范围。

但是,就目前的斑玉蕈工厂化养殖层面而言,其资金门槛十分高昂。这种现象主要由多维度投入需求共同构成。工厂化生产需配备精密的环境控制系统,包括恒温恒湿设备、光照调节装置和二氧化碳监测系统等基础设施,例如湖北省《斑玉蕈菌种生产技术规程》明确要求严格灭菌流程和标准化出菇管理[1],仅塑料瓶装培养料(单瓶720~750g)的规模化容器采购和自动化流水线建设即需数百万元起步。其次,长达105天的生产周期远超金针菇(40天)等食用菌品种,导致企业需持续承担菌种维护、能源消耗和人工成本等运营压力,以日产5吨的工厂为例,若提升10%产能需额外投入数月的资金链支撑。此外,斑玉蕈对温度(13~16℃)、湿度(85%~95%)等参数极度敏感,技术研发涉及菌种改良、病虫害防控及环境参数优化,头部企业如雪榕生物每年需投入数千万元用于技术迭代。最终,行业规模效应显著,2022年国内斑玉蕈产量达54.62万吨,但龙头企业凭借12.82%的毛利率优势占据市场主导地位[2],小型企业因无法承担初始设备投入和持续研发成本而难以参与竞争,形成典型的资本密集型产业格局。

面对着这种投入高、低毛利率,但是市场前景好、需求大的工厂化养殖产品,富氢水是否能提供帮助呢?这里我们介绍一下来自两个不同学者团队的三篇文章。

来自南京农业大学的郝海波围绕富氢水对斑玉蕈在工厂化生产中的产量、品质和作用机制的调控展开了详细的实验,他的实验分为三个部分[3]:

1. 产量影响实验:评估不同浓度的富氢水对斑玉蕈的高产和低产菌株的增产效果;

2. 品质与保鲜实验:分析富氢水对子实体营养成分的影响以及采后贮藏期间的生理变化;

3. 作用机制探究:通过对抗氧化酶系统、信号通路基因表达及木质素降解酶的活性研究,揭示富氢水的作用机理。

下文中,我们将介绍富氢水对斑玉蕈的产量、品质与保鲜方面的影响,并简单地介绍其作用机制。

实验一：产量影响实验

该文通过工厂化生产实验系统评估了富氢水对斑玉蕈产量的影响，实验选用工厂化栽培菌株SIEF3154（高产）和SIEF3153（低产）为研究对象，处理方式为搔菌后分别添加0.225 mM、0.450 mM、0.900 mM浓度的HRW溶液，对照组使用标准生产用水，生产过程中严格控制环境参数（温度13～16℃、湿度85%～95%），采收周期约105天，每处理设置32瓶样本并重复试验2次，数据经SPSS软件进行显著性差异分析。结果表明，HRW对两种菌株均表现出显著增产效应：高产菌株SIEF3154在0.225 mM、0.450 mM、0.900 mM HRW处理下分别增产7.61%、7.63%和10.22%，其中高浓度处理效果更为突出；低产退化菌株SIEF3153的增产幅度更为显著，对应浓度处理组产量增幅分别达11.75%、12.93%和22.23%，且0.900 mM HRW处理组与对照组差异达到极显著水平（$P<0.05$）。该实验证实富氢水不仅能够有效提升斑玉蕈工厂化生产的产量稳定性，还对低产退化菌株表现出显著的修复增效作用，为优化食用菌生产工艺提供了重要依据。

富氢水在斑玉蕈的工厂化生产层面能提供的帮助不仅这些，也有学者通过一系列实验探究了富氢水对斑玉蕈在在镉（$CdCl_2$）、盐（NaCl）和氧化（H_2O_2）胁迫下的保护作用[4]。学者们首先将斑玉蕈菌丝预暴露于镉（50 μM $CdCl_2$）、盐（1% NaCl）和氧化（2 mM H_2O_2）三种胁迫环境24小时，随后转移至含0.8 mM H_2的HRW或普通水（对照）中连续处理5天。通过固体培养基（PDA）测量菌丝生长直径、液体培养基（PDB）测定生物量变化，并结合原子吸收光谱（$CdCl_2$）、电感耦合等离子体发射光谱（ICP-OES，NaCl）及化学试剂盒（H_2O_2）分析菌丝内污染物积累量。结果显示，HRW处理显著促进胁迫后菌丝的生长恢复：在$CdCl_2$胁迫下，HRW处理组菌丝生物量恢复至对照组的80%，而普通水处理组仅恢复50%。同时，HRW有效降低菌丝内污染物富集，其中Cd^{2+}、Na^+和H_2O_2的积累量分别减少20.08%、9.89%和30.39%，表明HRW不仅缓解胁迫对菌丝生长的抑制作用，还通过减少毒性物质吸收增强其耐受能力。

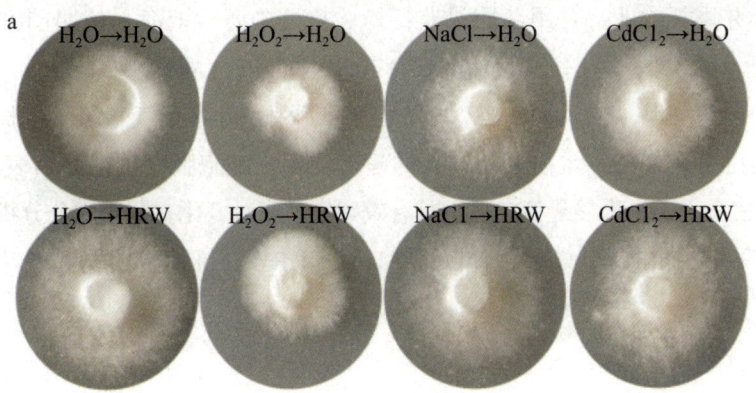

图9-1-1　HRW处理对受到不同胁迫条件的斑玉蕈菌丝生长的影响

实验二：富氢水对子实体品质及保鲜的作用

文章以斑玉蕈高产菌株SIEF3154为研究对象，系统探究了HRW处理对子实体营养品质与采后保鲜性能的影响[3]。研究采用0.225 mM和0.450 mM两种HRW浓度（通过电解法制备，H_2浓度经气相色谱验证），以未处理组为对照。子实体采收后随机分为三组，分别浸泡于不同浓度HRW溶液30分钟，沥干后分装于聚丙烯（PP）保鲜盒（每盒50 g），于4℃冷库中贮藏12天，每隔3天取样检测。

通过国家标准化方法（如GB 5009.3-2010）检测，研究发现，0.450 mM HRW显著提升营养成分含量，其中多糖、总糖及总氨基酸分别增加34.5%、15.5%和12.2%。在采后贮藏实验中，4℃条件下PP保鲜盒贮藏12天的监测数据显示，HRW处理有效延缓品质劣变：质构仪测定显示0.225 mM HRW处理组在贮藏第6天后硬度下降速率较对照组减缓27%，失重率与相对电导率升幅分别降低18%和22%，表明其通过维持细胞膜完整性减少水分流失。生化分析显示，HRW处理显著激活抗氧化防御系统，贮藏后期（6~12天）SOD、CAT、GR和APX活性较对照组提高1.3~2.1倍，同时硫代巴比妥酸法检测的MDA含量降低30%~40%，qRT-PCR结果进一步证实SOD、CAT等关键抗氧化酶基因表达量上调1.5~3.8倍。感官评价表明，经HRW处理的子实体在贮藏第9天仍保持90%以上的色泽完整度与形态评分，货架期较对照组延长2~3天，这为食用菌采后绿色保鲜技术开发提供了重要理论依据。

该学者团队后面又再度细化了这个实验[5]，学者们的实验材料采自上海光明森源生物科技有限公司的斑玉蕈。他们将成熟菌丝体经刮刀机处理后分为四组：对照组（普通水浸泡）及25%（0.1 mM）、50%（0.2 mM）、100%（0.4 mM）HRW处理组。HRW由北京富氢源饮料公司提供，初始氢气浓度为1.0 mM，开启后30分钟内降至0.8 mM，最终稳定于0.4 mM（25℃下维持至少12小时）。处理后的子实体置于4℃、80%相对湿度的黑暗环境中储存12天，定期取样分析理化指标、营养成分及抗氧化能力。

学者们将每10个子实体分为一组，称量储存前后的重量变化、硬度变化、相对电导率变化，并委托农业部食用菌质量监督检验检测中心（上海）依照国家标准检验其水分、多糖、粗纤维、蛋白质、总糖以及17种氨基酸的含量。

最终学者们发现，0.1 mM HRW处理显著抑制菌盖开伞及气生菌丝生长，延缓腐烂进程，同时维持较低的重量损失和较高的菌盖硬度。细胞膜完整性分析表明，0.1 mM HRW组的RELR和MDA含量最低，显示其有效减轻膜脂过氧化。营养成分分析中，0.2 mM HRW对多糖和总糖的提升效果最佳，而0.1 mM HRW在维持蛋白质和氨基酸含量方面表现突出。

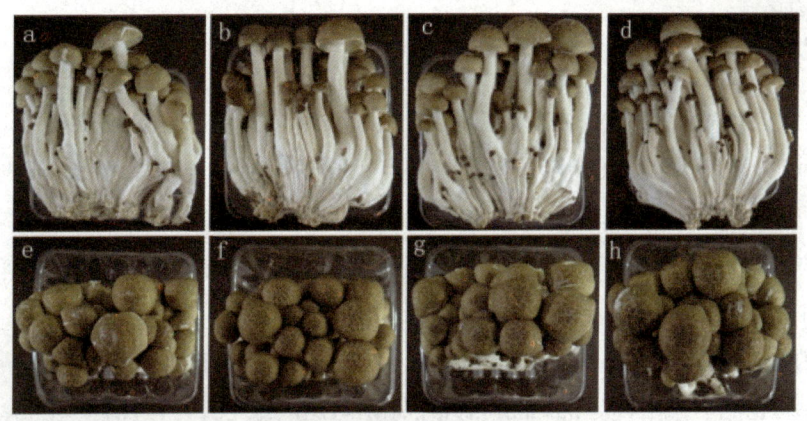

图9-1-2　HRW处理对真姬菇采后储存12天中感官品质的影响①

实验三：作用机制探究

富氢水在促进斑玉蕈产量提升、缓解镉/盐/氧化胁迫损伤以及增强采后保鲜效果中起到了很好的作用。为了探究其作用机制，学者在斑玉蕈的种植和保鲜两个阶段设计了三个实验，分别探究了：富氢水如何影响信号通路，调控基因表达；通过菌丝损伤实验，探究富氢水与蕈菌抗氧化系统的关系；通过木质素降解酶系与菌丝代谢实验，探究富氢水如何影响子实体的代谢。

研究发现[3]，富氢水可以通过快速激活菌丝损伤后的关键信号通路，促进菌丝修复与再生；通过增强谷胱甘肽系统和过氧化氢酶活性，缓解损伤诱导的氧化应激；通过上调木质素降解酶活性，加速木质素降解，为菌丝提供更多碳源，促进生物量积累，最终提高子实体产量。

斑玉蕈工厂化生产的资本与技术壁垒曾令许多企业望而却步，但富氢水的应用为这一领域注入了革新力量。科学数据已清晰揭示：富氢水不仅是提升产量的"催化剂"——通过激活抗氧化系统和信号通路，修复退化菌株、抵御逆境胁迫；更是品质的"守护者"——维持细胞膜完整性、延缓营养流失，将货架期延长至新的高度。这些发现不仅破解了斑玉蕈高成本生产的困局，更将食用菌产业推向绿色、高效的新维度。

未来，随着富氢水技术的深度优化与规模化应用，斑玉蕈的工厂化生产有望突破"高投入、低毛利"的桎梏，惠及更多中小型企业。而这一技术的潜力远不止于此——从镉污染修复到功能性成分提取，从精准环境调控到跨物种推广，富氢水或将成为食用菌乃至现代农业的"万能钥匙"。站在科学与产业的交汇点，我们看到的不仅是斑玉蕈的黄金时代，更是一个以创新驱动、以可持续为核心的农业未来。

让富氢水之光照亮每一株菌丝，让科技之力滋养每一口健康！

---

① 图9-1-2中，字母a、e代表对照组；字母b、f代表25% HRW处理组；字母c、g代表50% HRW处理组；字母d、h代表100% HRW处理组。

● 参考文献

[1] DB42/T 1608—2020, 斑玉蕈菌种[S]. 湖北省市场监督管理局, 2020.

[2] 华经产业研究院. 2024年中国真姬菇行业深度研究报告[R]. 北京: 华经产业研究院, 2024.

[3] 郝海波. 富氢水对斑玉蕈工厂化生产中产量与品质的作用研究[D]. 南京: 南京农业大学, 2017.

[4] ZHANG J, et al. Hydrogen-rich water alleviates the toxicities of different stresses to mycelial growth in *Hypsizygus marmoreus* [J]. AMB Express, 2017, 7: 107.

[5] CHEN H, et al. Hydrogen-rich water increases postharvest quality by enhancing antioxidant capacity in *Hypsizygus marmoreus* [J]. AMB Express, 2017, 7: 221.

第十章
CHAPTER 10

水产行业

中国，作为世界上重要的海洋与陆地大国之一，拥有绵延的海岸线、广阔的海洋领土和丰富的河流资源，这为其带来了丰富多样的水域资源。从东海的富饶渔场到南海的珊瑚礁，再到渤海和黄海的广阔海域，中国的每一片海域都孕育着种类繁多的水生生物；从长江的浩瀚流域到黄河的滔滔水流，再到珠江和淮河的丰饶水域，中国的每一条淡水流域都滋养着丰富多样的水产资源。这些资源不仅为中国人的餐桌提供了源源不断的新鲜食材，更成为国家农业发展的重要组成部分。

中国的水产品种类繁多，包括各种鱼类、贝类、甲壳类、海藻等，它们不仅味道鲜美、营养丰富，还具有很高的经济价值。水产业的发展，对于推动农业现代化具有重要意义。通过引入先进的养殖技术、捕捞方法和加工工艺，中国水产业不断优化产业结构，提高产品质量和附加值，从而促进了整个农业领域的现代化进程。

同时，水产业在促进农民增收方面发挥着重要作用。在许多沿海地区，水产业已成为当地农民的主要收入来源。通过发展特色水产养殖、深加工和品牌建设，农民能够获得更高的经济效益，有效提高了生活水平和生活质量。

此外，水产品在保障国家粮食安全方面也扮演着不可替代的角色。随着人口的增长和资源的日益紧张，水产品作为蛋白质的重要来源，对于平衡膳食结构、满足人民营养需求具有重要意义。中国政府高度重视水产业的可持续发展，通过制定相关政策和措施，保护水域生态环境，合理开发利用水生资源，确保水产品的稳定供应。

在全球化的背景下，中国水产品还积极参与国际市场竞争，通过提高产品质量和品牌形象，不断提升国际市场的竞争力。这不仅为中国渔业带来了更多的发展机遇，也为世界渔业的繁荣做出了贡献。

视角转回到国内，随着国民经济的持续增长和人民生活水平的显著提升，中国水产品市场呈现出旺盛的发展势头。消费者对高品质、多样化水产品的需求日益增长，这不仅推动了水产品加工业的快速发展，也催生了冷链物流、电子商务等新型业态的兴起。水产品市场的繁荣，不仅满足了人们对健康饮食的追求，也为渔业经济的转型升级提供了强大动力。

然而，水产品在储存和运输过程中的保鲜问题，一直是制约行业发展的关键瓶颈。水产品的易腐特点，使得其在没有适当保鲜措施的情况下，很快就会发生品质下降甚至腐败变质。传统的化学保鲜方法虽然能在一定程度上延长水产品的保质期，但伴随的食品安全和环境问题也引起了消费者的广泛关注和担忧。

我们要承认，这些传统的水产品保鲜方法确实在一定程度上满足了市场对延长食品保质期的需求，时至今日，它们仍旧是必不可少的。然而这些方法是有着相当明显的局限性。首先，化学防腐剂的使用虽然能有效抑制微生物生长，但长期摄入可能对人体健康产生潜在风险，同时也可能影响水产品原有的风味和营养价值。其次，冷藏和冷冻方法虽然能够暂时减缓微生物活动和酶反应，但它们需要昂贵的设备和持续的能源消耗，这不仅增加了保鲜成本，还对环境造成了负担。此外，冷藏和冷冻不能从根本上解决水产品的腐败问题，一旦恢复常温，微生物会迅速繁殖，导致食品迅速变质。再者，传统的真空包装虽然可以减少氧气接触，降低氧化反应，但它无法完全阻止微生物生长，且在包装破损后容易导致食品更快地变质。此外，一些水产品在经过长时间的冷藏或冷冻后，可能会出现脱水、口感变差等问题，影响消费者的食用体验。最后，随着消费者对食品安全和健康意识的提高，对天然、无添加的保鲜方法的需求日益增长，传统保鲜方法已难以满足市场的新需求。

在此背景下，氢气作为一种创新的保鲜技术，以其独特的生物学特性和环境友好性，为水产品的保鲜提供了全新的解决方案。氢气在医学和健康领域的应用已经显示出广泛的潜力，而在食品保鲜领域，氢气的引入则为延长水产品的保质期、保持其新鲜度和营养价值提供了新的可能性。

本章节将通过对一篇研究文章的详细分析，展示氢气在水产品保鲜域的应用成果和研究进展。该研究主要涵盖了氢气在改良气氛中的应用，显著延长了虹鳟鱼的保质期。通过这一研究，我们可以更深入地了解氢气在水产品的潜力以及它如何为我国水产品市场的发展带来新的机遇和挑战。

第一节　虹鳟鱼和马鲛鱼

生物胺（Biogenic Amines，BAs）在鱼类产品储存期间的形成是一个复杂且具有挑战性的问题。这些化合物，包括组胺、酪胺、尸胺、腐胺等，主要是通过微生物活动产生的脱羧作用从游离氨基酸转化而来。在鱼类产品中，生物胺的积累不仅会显著影响食品的感官品质，如口味和气味，还可能对消费者的健康构成威胁。

在储存过程中，鱼类中的微生物，尤其是那些能够产生脱羧酶的微生物，会利用氨基酸作为底物，通过脱羧反应生成生物胺。这一过程不仅会导致食品风味的劣变，还可能产生一些具有潜在毒性的化合物。例如，组胺是一种常见的生物胺，其过量摄入可能会引发组胺不耐受，导致消费者出现过敏反应，甚至食物中毒。此外，某些生物胺如酪胺和尸胺，还可能与心血管疾病的发生有关。

由于生物胺的形成与微生物的生长密切相关，因此控制生物胺的积累需要从抑制微生物活动入手。传统的冷藏方法虽然可以在一定程度上延缓微生物的生长，但效果有限，尤其是在储存时间较长的情况下。此外，生物胺的形成还受到多种因素的影响，包括原料的新鲜度、加工技术、储存条件、微生物的种类以及酶的活性等。

因此，研究者们一直在寻找更有效的保鲜技术，以控制生物胺的形成并延长鱼类产品的货架寿命。而气调包装（MAP）和加入分子氢的改良气调包装（RAP）是近年来研究的热点[1]。

自从MAP技术作为一种先进的食品保鲜技术出现后，食品工业的工程人员得以通过精心调整包装内气体的组成来延长食品的保质期并维持其新鲜度。这种方法的核心在于减少包装内的氧气浓度，同时增加二氧化碳、氮气或其他气体的比例。通过这种方式，MAP能够有效减缓食品的氧化过程以及微生物的生长，从而延缓食品变质。

MAP技术的关键优势在于其对食品原有品质的保护。降低氧气浓度可以减少食品中的氧化反应，这些反应往往会导致食品颜色变化、风味变差以及营养价值下降。同时，增加二氧化碳有助于抑制某些有害微生物的生长，尤其是在肉类和鱼类产品中，适量的二氧化碳可以显著提升保鲜效果。氮气作为一种惰性气体，其填充作用有助于排除包装内的空气，进一步减少氧化机会。

此外，MAP技术还可以控制包装内的湿度，这对于保持某些食品如水果和蔬菜的新鲜度至关重要。通过维持适宜的湿度水平，MAP能够减少食品在储存和运输过程中的水分损失，保持其自然的口感和质地。这种技术的应用减少了对化学防腐剂的依赖，为消费者提供了更安全、更健康的食品选择。

鉴于MAP通过降低氧气浓度和增加二氧化碳浓度，有助于抑制微生物的生长和酶的活性，从而可能延缓生物胺的形成。那么利用氢气改良MAP的RAP是不是可以通过引入分子氢，利用其还原性质，创造出一个低氧化还原电位（ORP）的环境呢？是否有可能对抑制微生物的生长和生物胺的形成具有额外的潜在效果呢？

一个来自土耳其的学者团队，就上述问题开展了研究，而他们的研究结果，也可以为我们提供回答。

在这篇研究中，学者们为了探索MAP和加入分子氢的RAP对生物胺形成的影响，设计了一系列精心的实验步骤。首先，他们从幼发拉底河和黑海分别捕获了虹鳟和马鲛鱼作为实验材料。捕获后，所有鱼样立即被运送至实验室，并在冰水中清洗，随后去头、去内脏。接着，将大约500 g的鱼样包装在聚乙烯层压聚苯乙烯板中，并使用聚乙烯膜（100 μm厚度）覆盖，通过包装机（Lipovak, KV-600, Turkey）进行封装。每个包装包含2条虹鳟或10条马鲛鱼（去头、去内脏、保留皮肤）。

实验中使用了不同的气体配方进行包装，包括两种MAP（MAP1为50% CO_2/50% N_2，MAP2为60% CO_2/40% N_2）和两种RAP（RAP1为50% CO_2/46% N_2/4% H_2，RAP2为60% CO_2/36% N_2/4% H_2），以及作为对照的空气包装。然后学者们将封装好的鱼样置于4 ℃的冷藏环境中储存15天。包装中气体与产品的比例大约为1∶1（体积比）。

在储存期间，研究人员在第0天、第5天、第10天和第15天对每组样品进行了生物胺形成的评价。为确保实验的准确性，每个时间点的采样和每组的分析都使用了两个不同的包装。此外，为了分析样品中的生物胺含量，研究人员采用了高效液相色谱法（HPLC），并根据Bulut等人的方法进行了样品准备和分析。样品经过过氯酸提取、离心、碱化、缓冲、丹磺酰氯衍生化等一系列步骤，最终在HPLC系统中进行分析。

学者们通过对比改良气氛包装（MAP）和加入分子氢的改良气氛包装（RAP）以及对照组（空气包装）对虹鳟和马鲛鱼在4 ℃冷藏储存15天内的生物胺形成的影响，得出了一些关键的发现：

对照组（空气包装）：在储存期间，生物胺的含量显著增加。特别是组胺、酪胺、尸胺和腐胺等杂环、芳香和脂肪族二胺的水平在储存结束时显著上升。这表明在传统冷藏条件下，微生物的生长和脱羧酶活性较为活跃，导致生物胺的积累。

MAP1组（50% CO_2 /50% N_2）：与对照组相比，MAP1组的生物胺形成受到了一定程度的限制。这表明通过降低氧气浓度并增加二氧化碳浓度，可以抑制微生物的生长和脱羧酶的活性，从而减缓生物胺的形成。

MAP2组（60% CO_2 /40% N_2）：MAP2组同样显示出对生物胺形成的抑制效果，但与MAP1组相比，增加的二氧化碳浓度似乎对某些生物胺（如组胺和尸胺）的抑制效果更为显著。这意味着更高比例的二氧化碳在抑制微生物生长方面更为有效。

RAP1组（50% CO_2 /46% N_2 /4% H_2）：在RAP1组中，加入4%的分子氢显著降低了生物胺的形成。与MAP组相比，RAP1组在储存期间生物胺的水平更低，显示出氢气在抑制生物胺形成方面的潜在效果。

RAP2组（60% CO_2 /36% N_2 /4% H_2）：RAP2组也显示出与RAP1组相似的效果，即在储存期间生物胺的形成受到了显著抑制。这进一步支持了分子氢在改良气氛包装中对抑制生物胺形成的积极作用。

总体而言，实验结果显示，与传统的冷藏储存相比，MAP和RAP技术能够更有效地控制生物胺的形成。特别是RAP技术，通过在包装气氛中加入分子氢，显示出了对生物胺形成的更强抑制效果。这些发现为开发新的食品保鲜技术提供了重要的科学依据，并可能对提高鱼类产品的安全性和延长其货架寿命具有重要意义。

参考文献

[1] ÇELEBI SEZER Y, et al. The effects of hydrogen incorporation in modified atmosphere packaging on the formation of biogenic amines in cold stored rainbow trout and horse mackerel[J]. Journal of Food Composition and Analysis, 2022, **112**: 104688.

第十一章
CHAPTER 11

畜牧业

改革开放40年间,中国畜牧业实现了显著的发展成果。产业规模显著扩大,发展质量稳步提升,生产方式不断优化升级。畜牧业对农业乃至整个国民经济的持续健康发展起到了至关重要的支撑作用。自2018年起,非洲猪瘟疫情、中美贸易关系的波动以及2020年新冠病毒的全球蔓延,均对国内畜禽产业的发展和畜禽产品贸易造成了深远的影响。在这一背景下,深入分析中国畜牧业经济的发展趋势、特点以及面临的主要挑战,并提出相应的对策建议,对于实施农业农村优先发展战略、增强中国农业的国际竞争力以及确保重要农产品的稳定供应具有极其重要的意义。

自20世纪80年代起,随着国家对猪肉、鸡蛋、牛奶等畜产品价格的放开,畜牧业迎来了快速发展期,总产出持续攀升。然而,自2000年起,畜牧业的增长势头开始放缓,其在农林牧渔业总产值中的比重在2008年达到峰值35.5%后,逐渐呈现下降态势,至2019年已降至26.7%。

经过一段时期的快速增长,中国目前的肉类和牛奶生产均处于停滞状态。具体来看,肉类总产量自2010年起进入平台期,2015年之后更出现了下降趋势;牛奶总产量自2008年"三聚氰胺"事件后也步入了停滞期;而禽蛋产量自1997年起便步入了低速增长阶段。

中国畜产品生产大致经历了三个阶段。对于肉类而言,2000年之前是快速增长期,1980—2000年间,年均增长率达到8.4%;2000—2010年为低速增长期,年均增长率降至2.9%;2010—2019年则进入停滞期,2019年肉类产量为7758.8万吨,年均增长率为-0.3%。牛奶生产方面,2000年之前为缓慢增长期,年均增长率为10.4%;2000—2008年为快速增长期,年均增长率达到17.5%;2008年至今为停滞期,年均增长率仅为0.6%,2019年产量为3201.2万吨。禽蛋生产自1996年之前为高速增长期,年均增长14.9%;1997年之后进入低速增长期,1996—2019年年均增长2.3%[1]。

2019年,受非洲猪瘟疫情影响,猪肉产量大幅下降,而作为动物蛋白重要来源的禽蛋产量则迎来了近10年来的最大同比增幅,显示出其替代性优势。

自2008年首次出现肉类贸易逆差以来,中国肉类产品的进口量和依存度显著增加。猪肉进口量自2009年起急剧上升,而牛肉和羊肉的进口量也自2012年起大幅增加。在2009—2019年间,猪肉进口量从13.5万吨激增至199.4万吨,其在国内产量中的占比从0.3%上升到4.7%。同期,牛肉进口量从6.1万吨增至166.0万吨,占比从1.0%上升至24.9%;羊肉进口量则从12.4万吨增至39.2万吨,占比从3.1%上升至8.0%。相比之下,禽肉进口量自2010年以来总体保持稳定,波动在50万吨左右。2019年,猪肉价格的飙升推动了对替代性肉类的需求,导致禽肉进口量激增至79.7万吨。

与2010年相比,2019年中国的禽肉产量和进口量均显著提高。尽管如此,中国的肉类出口规模相对较小。2019年，中国猪牛羊禽肉的进口量达到484.3万吨，而出口量仅为54.1万吨，其中禽肉出口量占到了94.7%。猪肉、牛肉和羊肉的出口量分别为2.7万吨、218.0吨和1954.3吨。在不考虑库存因素的情况下，如果将总产量与净进口量之和视为总需求量，那么2000—2019年间，国内猪肉、牛肉和羊肉的新增需求分别有38.9%、51.5%和14.3%依赖进口，而禽肉的新增需求则完全由国内供给满足。从自给率的角度来看，2000—2019年间，中国猪肉自给率从99.8%降至95.6%，牛肉自给率从100.2%降至80.1%，羊肉自给率从99.5%降至92.6%。与猪肉和牛羊肉不同，禽肉产量的增长量超过了需求的增长量，自给率从97.6%提高到98.8%。

从肉类消费结构来看，预计猪肉和禽肉消费将保持稳定，而动物蛋白消费的主要增长将来自牛羊肉和水产品。猪肉进口量预计将保持稳定并略有增长。近年来，中国牛肉和羊肉进口量的大幅增长，一方面是由于国内肉类消费结构的快速升级和猪肉消费的饱和，牛羊肉消费量迅速增加，但国内生产已无法满足需求，必须依赖进口；另一方面，国际贸易环境的改善，如与新西兰、澳大利亚的自贸协定，以及"一带一路"倡议下内陆地区进口肉类指定口岸的开放，也促进了牛羊肉的进口。2018年和2019年牛羊肉进口量的增加，除了上述因素外，还受到了非洲猪瘟导致的牛羊肉对猪肉的替代消费需求增长的影响。

在乳制品方面，自20世纪90年代中期起，中国已成为乳制品净进口国，贸易逆差不断扩大。2006—2019年间，中国乳制品进口总量从34.78万吨增至297.3万吨，进口总额从5.58亿美元增至111.3亿美元。干乳制品和液态奶的进口量分别从34.33万吨和0.46万吨增至204.9万吨和92.4万吨。中国的乳制品出口量相对较小，主要出口产品为供应香港的鲜奶。2019年，中国乳制品出口量为5.4万吨，其中干乳制品0.9万吨，液态奶3.0万吨。同年，乳制品净进口量为291.9万吨，相当于国内牛奶产量的54.1%，国内奶源自给率约为65.6%。在原料奶产量停滞不前的情况下，国内95.6%的新增乳制品消费需求是通过进口得到满足的。

总结而言，改革开放40年间，中国畜牧业经历了显著的发展，产业规模扩大，生产方式升级，但近年来面临非洲猪瘟、贸易关系变化和新冠病毒等挑战，导致肉类和乳制品的进口依赖度增加。同时，随着国内消费结构的升级和国际贸易环境的改善，中国肉类和乳制品的进口量持续增加，显示出对国际市场的依赖性。

可以说中国的畜牧产业目前正面临着三大挑战，分别是：生产增长放缓与结构调整的挑战、大量畜牧进口带来的贸易逆差挑战、国际市场影响国内市场导致肉产品市场价格持续大幅波动的挑战。为应对这些挑战，已经有不少学者从多方面提出了建议：有的建议加强畜产品质量监督，提高国际竞争力；有的建议健全市场信息服务体系，合理引导生产与流通；还有人建议提高产业组织化水平，完善产业链利益联结机制。而同时，氢农业的引入和发展，有望为畜牧业带来新的增长点，通过技术创新提升产业的整体竞争力和可持续发展能力。氢农业作为一项新兴技术,在畜牧业中展现出了多方面的潜在作用。首先,它通过提高饲料中营养成分的吸收和利用,改善了饲料的营养价值。这不仅提升了饲料转化率,还有助于降低养殖成本。其次,氢分子的抗氧化特性对于增强畜体的健康和免疫力至关重要。它能够减轻氧化应激,提高畜体的抵抗力,减少疾病的发生,从而降低养殖业的医疗成本。

此外,氢水喂养的畜产品,如肉类和乳制品,可能会因营养价值和口感的提升而在市场上更具竞争力。这不仅能够满足消费者对高品质畜产品的需求,也能为生产者带来更高的经济回报。

环境保护和可持续发展也是氢农业的重要贡献。它通过改善畜类排泄物的处理,减少了有害气体的排放,有助于缓解畜牧业对环境的压力。在资源利用效率方面,氢水技术的应用同样展现出巨大潜力,特别是在干旱和水资源紧张的地区,它能够显著提高水资源的利用效率,减少水和肥料的浪费。

综上所述,氢农业在畜牧业中的应用前景广阔,它不仅能够提升畜产品的质量和生产效率,还能够促进环境的保护和资源的可持续利用。随着技术的不断发展和应用的深入,氢农业有望成为推动中国畜牧业转型升级的重要力量。

只是目前,学界对于"氢农业对畜牧动物的影响"的研究不如植物那么多。其可能的原因主要如下:

研究起步较晚:氢农业作为新兴领域,在医学和生物学中的应用研究相对较新。尽管在植物学研究中已有一定基础,但在畜牧动物领域的研究却起步较晚,导致相关研究较少。

技术挑战:在动物体内研究氢的吸收、分布和代谢面临着一系列技术难题。例如,如何确保氢气的稳定供给、如何准确测量体内氢气浓度等,都是需要解决的关键问题。

生物学复杂性:与植物相比,动物的生理机制更为复杂。氢对动物健康和生长性能的影响可能涉及多种生物学途径和相互作用,这无疑增加了研究的复杂性。

研究资源分配:科研资源总是有限的,它们往往更多地集中在对畜牧业影响更直接、更显著的因素上,如饲料配方、疾病防控等。对于氢这类可能影响较小或不明确的研究领域,科研资源的投入相对较少。

医学背景优先:对动物影响的研究往往会优先考虑医学方面,主要是因为在这一领域的研究者多具有医学背景。这导致氢在医学领域的研究得到了更多的关注和资源,而在畜牧动物领域的研究则相对缺乏。

在本节中,笔者将向读者们呈现当前学术界对氢在畜牧动物上应用的最新研究成果。具体来说,笔者将介绍中外学者们分别就氢对山羊、肉鸡和雌性仔猪影响的研究成果。

笔者相信，这些跨学科的研究成果不仅能够为畜牧产业中氢应用的现有研究提供新的视角，而且能够激发更多学者对这一领域的研究兴趣。这些发现有望成为推动氢在畜牧产业应用研究的催化剂，引领我们进入一个充满新发现和创新应用的新时代。

第一节　山羊

来自中国、加拿大和智利的学者们进行了一次跨国的联合研究[2]。该研究的成果发表在著名期刊 *British Journal of Nutrition* 上。这篇文章的实验背景集中在研究微量元素镁（尤其是以单质形态存在的镁）对山羊瘤胃发酵和微生物群落的影响。在反刍动物的瘤胃中，碳水化合物的发酵过程会产生挥发性脂肪酸（VFA）、二氧化碳（CO_2）和分子氢（H_2）。这些产物对宿主动物的能量供应至关重要，其中乙酸和丙酸分别是脂肪和葡萄糖的主要前体物质。在瘤胃中，甲烷古菌作为H_2的主要消费者，通过发酵过程产生甲烷（CH_4），维持瘤胃中H_2的低分压。然而，当甲烷生成被抑制时，H_2的积累可能会阻碍还原电子载体的再氧化，对发酵和纤维消化产生不利影响。此外，H_2不仅作为甲烷生成的底物，还参与VFA的生产过程。不同的VFA生产途径会释放或结合不同数量的H_2（或还原辅因子中的还原当量对）。因此，研究者提出了假设，通过在山羊饲料中补充单质镁，可以增加瘤胃液中的溶解氢（dH_2），进而改变瘤胃发酵和微生物群落的组成。这项研究的目的是通过实验验证这一假设，并探讨单质镁补充对山羊瘤胃发酵和微生物群落的具体影响。

研究者采用了随机区组设计，将20只生长中的山羊分配到两种处理中，这两种处理都提供相同的基础饲料，但分别含有1.45%的氢氧化镁［$Mg(OH)_2$］和0.6%的单质镁。

实验山羊被分配到10个区组中，每个区组包含两只山羊，每只山羊随机分配到两种饲料处理中的一种。山羊被饲养在单独的栏中，并且有自由接触到新鲜水源。饲料是在初步实验中确定对山羊健康无害的配方。

在进行测量之前，山羊对饲料有一个28天的适应期。在适应期的前10天，饲料按自由采食提供，目标是5%的剩料率。接下来的18天，根据之前测量的干物质摄入量调整每日饲料量，以最小化饲料选择。

在适应期结束后，收集了山羊的粪便和尿液以测定养分消化率。通过口服胃管采集瘤胃内容物，用于分析发酵产物和微生物群落，并使用呼吸室测量甲烷排放。

然后学者们对瘤胃内容物进行了pH值测量、溶解氢和溶解甲烷浓度的测定，以及挥发性脂肪酸（VFA）浓度的测量。

实验结果显示，单质镁补充对山羊的瘤胃发酵和微生物群落产生了显著影响。具体来说，单质镁的补充显著提高了瘤胃液中的溶解氢（dH_2）浓度，在早晨喂食后2.5小时增加了180%。此外，单质镁的补充还降低了瘤胃中挥发性脂肪酸（VFA）的总浓度，减少了乙酸与丙酸的比率，降低了真菌的拷贝数，而增加了丙酸的摩尔百分比、甲烷菌的拷贝数、溶解甲烷（dCH_4）的浓度以及甲烷排放量。这些变化表明，单质镁的补充不仅影响了瘤胃发酵过程，还改变了微生物群落的组成，特别是减少了真菌的数量，同时增加了甲烷生成微生物的数量。此外，实验还发现，瘤胃中的溶解氢与乙酸摩尔百分比和真菌拷贝数呈负相关，而与丙酸摩尔百分比和甲烷菌拷贝数呈正相关。这些结果综合表明，单质镁的补充通过增加瘤胃中的溶解氢浓度，抑制了瘤胃发酵，增强了甲烷生成，并可能将发酵途径从乙酸转向丙酸，同时通过减少真菌和增加甲烷菌来改变微生物群落。

第二节 肉鸡

在探讨氢气在食品保鲜领域的应用时，我们发现其不仅在提升肉类产品贮藏品质方面具有潜力，还在动物营养和健康方面展现出积极作用。继将氢气引入牛肉馅冷藏过程中保护其品质属性和安全性的研究之后，科学家们进一步拓宽了视野，将注意力转向了氢气对活体动物——特别是肉鸡——可能带来的益处。在集约化养殖环境下，肉鸡常常面临氧化应激的挑战，这不仅影响它们的生长性能，还可能损害肉品质和肠道健康。鉴于此，研究者们着手研究HRW对肉鸡生长性能、抗氧化能力、肉品质和盲肠微生物群的潜在影响，旨在为养殖业提供一种新的、可能的解决方案，以改善肉鸡的整体健康和生产效率。这一研究背景基于对氢气生物活性的深入了解，以及对现代养殖实践中动物福利和产品品质提升的不断追求。

为此目的，学者们设计了一系列的实验流程[3]。

首先，他们选取了来自江苏京海禽业集团有限公司120只体重相似（49±1 g）的一日龄雄性AA肉鸡，并随机将它们分成两组，每组包含6个重复，每个重复有10只鸡。对照组的肉鸡饮用自来水，而实验组的肉鸡则饮用富氢纳米气泡自来水。实验持续了42天。

在饲养管理方面，肉鸡采用三层笼养，所有肉鸡按照常规程序进行免疫，自由采食和饮水。在实验期间，鸡舍的温度、湿度和光照都按照标准程序进行控制和调整。

为了确保HRW的供应，学者们构建了一个富氢饮水系统，该系统由氢气发生器和纳米气泡HRW发生器组成，能够24小时不间断地供应氢浓度不低于0.6 mmol·L^{-1}的HRW。

在实验期间，学者们记录了肉鸡的死亡和淘汰数量以及每日的采食量，并在第1

天、第21天和第42天禁食8小时后测量并记录了体重,以计算死淘率、平均日采食量、平均日增重和料重比。

在实验的第42天,学者们从每个重复中选取了一只体重最接近平均值的肉鸡进行采样。他们采集了血样以获得血清,用于后续的抗氧化功能测定;采集了鸡胸肉样本用于肉品质测定和氨基酸、脂肪酸组成分析;采集了肝组织样本用于抗氧化功能分析;并以粗麻绳结扎盲肠,收集了盲肠内容物用于盲肠微生物群分析。

在检测指标和方法方面,学者们参照了农业行业标准和先前的研究方法,对肉品质、氨基酸和脂肪酸、血清及肝脏抗氧化能力进行了测定。此外,他们还使用QIAamp® PowerFecal® Pro Kit试剂盒提取了盲肠食糜菌群DNA,并进行了16S rRNA测序,以分析微生物群落的组成。

最后,所有数据都使用专业软件进行了统计分析,以确保实验结果的准确性和可靠性。整个实验过程严格遵守了科学研究的原则和方法,以期得到HRW对肉鸡各方面影响的科学证据。

学者们的实验结果详细地反映了HRW对肉鸡生长性能、抗氧化能力、肉品质和盲肠微生物组成的影响。以下是实验结果的具体介绍:

1. 生长性能:HRW对肉鸡的生长性能没有显著影响。在实验的42天期间,饮用HRW的肉鸡与饮用自来水的对照组相比,在体重、日增重、采食量、料重比和死亡率等指标上没有观察到统计学上的显著差异。

2. 抗氧化能力:HRW显著提高了肉鸡血清中的总抗氧化能力(T-AOC)和超氧化物歧化酶(T-SOD)活性,同时降低了肝脏中的ROS和MDA含量。此外,肝脏中的CAT活性也极显著提高。

3. 肉品质:在肉品质方面,HRW组的鸡胸肉剪切力显著低于对照组,表明肉的嫩度有所提高。HRW还改变了鸡胸肉中氨基酸和脂肪酸的组成,提高了亮氨酸、赖氨酸和必需氨基酸的比例,同时降低了十一烷酸的比例,并提高了棕榈油酸、油酸、芥酸、γ-亚麻油酸、α-亚麻油酸和单不饱和脂肪酸的比例。

4.盲肠微生物组成:HRW显著提高了盲肠食糜中产丁酸盐菌(如*Mediterraneibacter*、*Kineothrix*、*Roseburia*)和寡养单胞菌属(*Stenotrophomonas*)的相对丰度,而降低了马赛菌属(*Massilimaliae*)和共生小杆菌属(*Symbiobacterium*)的相对丰度。

5. 相关性分析:研究还发现,盲肠食糜中的差异菌属与胸肌氨基酸、脂肪酸指标存在相关性。特别是,产丁酸盐菌与胸肌中的某些氨基酸和脂肪酸呈正相关,而与十一烷酸呈负相关。

综上所述,虽然HRW对肉鸡的生长性能没有显著影响,但它对提高肉鸡血清和肝脏的抗氧化功能、改善鸡胸肉品质以及调节盲肠菌群具有积极作用。这些结果表明,HRW可能通过改善抗氧化状态和调节肠道微生物组成,对肉鸡的健康和肉品质产生积极影响。然而，这些发现需要在更大规模的集约化养殖条件下进一步验证。

第三节　仔猪

在探讨富氢水对肉鸡生长性能、抗氧化能力、肉品质和盲肠微生物群的积极影响之后，我们的视野将进一步拓展至富氢水在猪只健康领域的应用。特别是在面对饲料污染这一养殖业中常见的问题时，富氢水及其相关添加剂的潜在价值愈发受到关注。

饲料中的镰刀菌毒素，主要由镰刀菌属（*Fusarium*）的真菌产生，是一类在农业生产中普遍存在的污染物。这些毒素不仅在受感染的谷物和饲料原料中存在，而且在饲料加工和储存过程中也可能形成。镰刀菌毒素的种类繁多，包括脱氧雪腐镰刀菌醇（DON）、玉米赤霉烯酮（ZEN）、T-2毒素等，它们对猪只的健康和生产性能有着深远的影响。

镰刀菌毒素的主要危害之一是引起断奶仔猪的生长抑制。这些毒素可以干扰猪只的消化系统，导致食欲减退、营养吸收不良，从而影响仔猪的体重增长和整体发育。长期暴露于这些毒素之下，猪只可能会出现慢性中毒症状，包括生长迟缓、饲料转化率下降，严重时甚至导致生长发育停滞。

除了生长抑制，镰刀菌毒素还会引发氧化应激。氧化应激是细胞内抗氧化系统与ROS之间平衡失调的状态，会导致细胞损伤和功能障碍。在猪只体内，镰刀菌毒素可以增加ROS的产生，超出机体自身的清除能力，导致氧化还原系统失衡。这种状态不仅损伤细胞膜、蛋白质和DNA，还可能激活炎症反应，进一步影响猪只的健康[4]。

此外，氧化应激还与多种疾病的发生发展有关，包括肝脏损伤、免疫系统功能下降、心血管疾病等[5]。在养殖业中，这不仅增加了猪只的疾病风险，还可能导致治疗成本的增加和生产效率的降低。

因此，饲料中的镰刀菌毒素对猪只的健康和生产性能构成了严重威胁。为了保障猪只的健康、提高生产效率，以及维护肉类产品的质量和安全，寻找有效的策略来减轻镰刀菌毒素的影响变得尤为重要。这包括改进饲料加工和储存技术、使用毒素吸附剂、开发疫苗，以及探索新型添加剂如富氢水和乳果糖等，以增强猪只的抗氧化能力和提高对毒素的抵抗力。鉴于此，研究者们开展了一项创新性研究[6]，旨在评估富氢水和乳果糖这两种干预措施在缓解由镰刀菌毒素引起的负面影响方面的有效性。通过这项研究，我们可以更深入地理解富氢水和乳果糖如何通过抗氧化机制来保护猪只，以及它们在改善肠道健康和促进生长方面的潜在作用。

我们可以先一起看一下学者们设计的实验步骤。

1. 饲料准备

首先，使用禾谷镰刀菌（*Fusarium graminearum*）菌株2021培养并制备受镰刀菌毒素污染的玉米。将菌丝体接种到经灭菌处理的玉米上，并在特定温湿度条件下孵化，以模拟自然污染情况。对照组使用未经接种的玉米。

2. 实验饲料配制

根据国家研究委员会对猪只的营养需求推荐，配制了两种实验饲料。一种是未受污染的对照饲料（NC），另一种是含有镰刀菌毒素的饲料（MC）。饲料中不添加抗生素、激素和防腐剂。

3. 实验设计

选取24只健康的断奶仔猪，随机分配到四种处理组，每组6只。四组分别为：对照组（NC）、受镰刀菌毒素污染饲料组（MC）、MC饲料加乳果糖组（MC + LAC）和MC饲料加富氢水组（MC + HRW）。

4. 适应期和实验期

在6天的适应期后，各组猪只开始接受为期25天的相应处理。每天两次（上午10:00和下午14:00），按照每公斤体重10 mL的量给予处理液。对照组和MC组口服无氢水（HFW），MC + HRW组接受HRW，MC + LAC组接受500 mg/kg体重的乳果糖（溶于10 mL HFW）。

5. 样本收集

在实验的第21天，收集猪只的血浆样本，以测量不同处理前后的氢气水平。实验结束时，猪只被安乐死，采集血清和肝脏样本。

6. 生理和生化指标测定

使用商业ELISA试剂盒测定血清中的生长激素、PYY和CCK水平。利用试剂盒分析血清和肝脏中的氧化剂和抗氧化参数。

7. 氢气浓度测量

使用氢气传感器测量血浆和肝脏样本中的氢气浓度。

根据学者们公开发表的论文，他们的实验结果主要包括以下几个方面：

（1）氢气浓度：实验中发现，乳果糖（LAC）处理组在给药前就显示出比其他三组更高的血浆氢气浓度，而HRW处理组在给药两小时后的血浆氢气水平显著高于其他组。在肝脏中，LAC处理组的氢气浓度也显著高于其他三组。

（2）生长性能：镰刀菌毒素污染的饲料显著降低了仔猪的平均日增重（ADG）和平均日采食量（ADFI）。与仅喂食污染饲料的MC组相比，HRW和LAC处理组均显著提高了ADG和ADFI。

（3）食欲调节激素水平：镰刀菌毒素污染饲料导致血清中饱腹激素肽YY（PYY）和胆囊收缩素（CCK）水平升高。HRW和LAC处理均降低了这些激素的水平，与未受

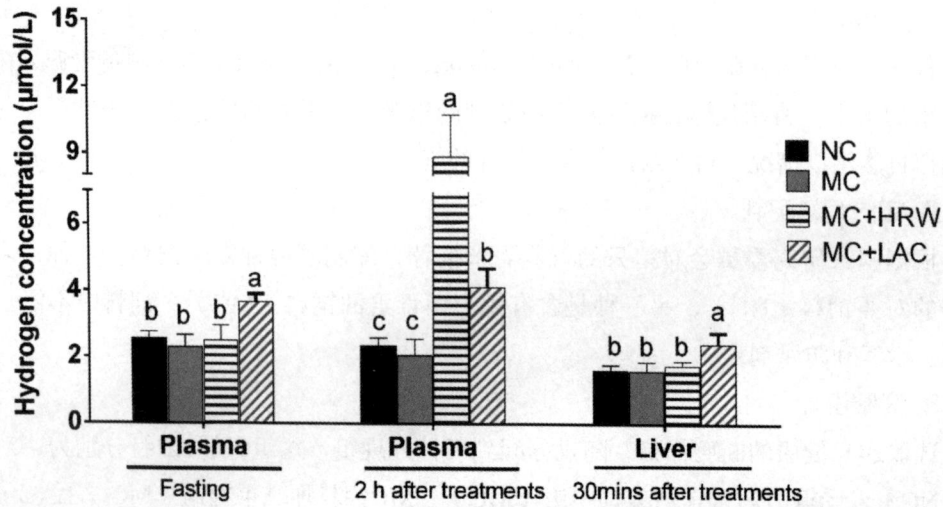

图11-3-1 乳果糖和富氢水对食用镰刀菌毒素污染饮食的雌性仔猪血浆和肝脏氢浓度的影响[①]

污染饲料的对照组（NC）相比无显著差异。

（4）氧化和抗氧化状态：在血清和肝脏中，MC组的氧化标志物水平［如血清总碳基和8-羟基脱氧鸟苷（8-OH-dG）］显著高于其他三组，而抗氧化酶［如CAT、总超氧化物歧化酶（Total-SOD）、铜锌超氧化物歧化酶（CuZn-SOD）和锰超氧化物歧化酶（Mn-SOD）］活性在MC组中显著降低。HRW和LAC处理降低了血清和肝脏中的氧化标志物水平，并提高了抗氧化酶的活性。

实验结果表明，富氢水和乳果糖的口服给药都能对抗镰刀菌毒素引起的生长抑制和氧化损伤。这些发现部分支持了研究假设，即补充氢产生性益生元可能通过增加肠道内氢气产生来提高抗氧化能力。这项研究提供了有关富氢水和乳果糖在动物饲料中应用的潜在益处的初步证据，尤其是在对抗由饲料中的镰刀菌毒素引起的负面影响方面。然而，这些结果需要在更广泛的条件下进一步验证。

第四节 畜牧业的氢未来

在本章，我们穿越了中国畜牧业改革开放四十年的辉煌历程，目睹了它从规模的扩大到质量的提升，再到生产方式的不断革新。这段历程不仅见证了畜牧业对国家经济的重要支撑作用，也反映了在面对非洲猪瘟、中美贸易摩擦和新冠病毒等挑战时的坚韧与适应。

---

① NC（阴性对照），基础饮食；MC，镰刀菌毒素污染的饮食；MC + LAC，MC饮食加乳果糖处理；MC + HRW，MC饮食加富氢水处理。

我们探索了富氢水这一新兴领域，发现它在畜牧产业中的应用前景广阔。从山羊瘤胃微生物群落的调理到肉鸡的整体健康，再到雌性仔猪对抗镰刀菌毒素的保护，富氢水展现出了其独特的潜力。它不仅能够提升肉类产品的品质和安全性，还能够增强动物的抗氧化能力，改善肠道健康，从而提高生产效率。

通过细致的实验设计和科学的数据分析，研究者们揭示了富氢水对肉鸡生长性能的非显著性影响，却显著提高了血清和肝脏的抗氧化能力，改善了肉品质，并通过调节氨基酸与脂肪酸的组成，促进了盲肠中有益菌群的生长。同样，在仔猪的研究中，富氢水和乳果糖的添加显著减轻了镰刀菌毒素引起的生长抑制和氧化应激。

这些发现，如同晨曦中的露珠，预示着氢农业在畜牧业中的光明前景。它们不仅为我们提供了保障畜产品品质和安全的新型解决方案，也为畜牧业的可持续发展开辟了新的道路。

然而，这一领域的研究仍处于起步阶段，许多问题尚待深入探讨。我们期待未来的研究能够进一步揭开富氢水在畜牧业中应用的神秘面纱，为全球畜牧业的绿色发展贡献中国智慧和中国方案。

在这一过程中，我们深刻体会到，无论是面对传统挑战还是把握新兴机遇，科学研究和技术创新都是推动畜牧业不断前行的不竭动力。让我们携手共进，以开放的心态迎接每一个可能，用科学的力量点亮畜牧业的未来。

● 参考文献

[1] 韩磊, 等. 中国畜牧业经济形势分析及对策研究[J]. 畜牧经济, 2021, **57**(2): 224-230.

[2] WANG M, et al. Molecular hydrogen generated by elemental magnesium supplementation alters rumen fermentation and microbiota in goats[J]. British Journal of Nutrition, 2017, **118**: 401-410.

[3] 朱赫, 等. 富氢水对肉鸡生长性能、抗氧化能力、肉品质和盲肠微生物的影响[J]. 南京农业大学学报, 2024, **48**(01): 180-189.

[4] 陈祥兴, 等. 镰刀菌毒素对断奶仔猪生长性能、小肠二糖酶活性和抗氧化能力的影响[J]. 饲料研究与应用, 2015, **35**(6): 1875-1878.

[5] ZHANG P J, et al. Oxidative stress and diabetes: antioxidative strategies[J]. Frontiers of Medicine, 2020, **14**(5): 583-600.

[6] Zhang WJ, et al. Hydrogen-Rich Water and Lactulose Protect Against Growth Suppression and Oxidative Stress in Female Piglets Fed *Fusarium* Toxins Contaminated Diets[J]. Toxins, 2018, **10**(6):228-241.

第十二章
CHAPTER 12

其他农产品

第一节 药用作物

一、当归

当归,学名 *Angelica sinensis*,是一种在中医中极为重要的草本植物,被誉为"补血圣药"。它原产于中国,已有数千年的药用历史,尤其在妇科领域中,当归被广泛用于调经、缓解痛经、改善血虚等症状。当归含有的活性成分包括挥发油、有机酸、多糖、维生素以及多种微量元素,这些成分共同作用,使得当归具有补血活血、调经止痛、滋润肌肤等多重功效。

在现代医学研究中,当归的药理作用得到了进一步的证实和拓展。研究表明,当归具有改善微循环、抗氧化、抗炎、提高免疫力等多种生物活性。此外,当归还被用于治疗心血管疾病、抗肿瘤、抗过敏等,显示出其在现代医学中的潜力。

在中国市场上,当归因其显著的药用价值而享有很高的声誉。随着人们对健康生活方式的追求和中医药文化的普及,当归的市场需求持续增长。中国不仅是当归的主要生产国,也是最大的消费国。当归的种植主要集中在甘肃、陕西、四川等地区,这些地方的自然条件非常适合当归的生长,保证了其质量和产量。

当归的产业链在中国已经相当成熟。从种植、收获、加工到销售,形成了完整的供应链。随着技术的发展,当归的加工方式也日益多样化,包括切片、粉末、提取物等,以满足不同消费者的需求。此外,当归还被广泛应用于功能性食品、保健品、化妆品等行业,市场前景广阔。

然而,当归市场的发展也面临着一些挑战。首先,品质控制是关键,因为不同产地、不同种植条件下的当归,其药用成分含量可能存在差异。其次,野生资源的保护和合理开发利用也是行业发展需要考虑的问题。

而HRW,作为一种新兴的农业投入品,为应对当归种植中面临的挑战提供了潜在的解决方案。首先,氢肥的引入可以增强植物的抗逆性,减轻由于非生物胁迫如重金属、盐害等对当归生长造成的负面影响。先前研究表明,富氢水能够提升植物对这些胁迫条件的耐受性,从而有助于保持当归生长的稳定性和产量的可靠性。

其次,富氢水具有促进植物生长发育的作用,这在丁芳芳等人的研究中得到了证实。通过使用不同浓度的富氢水溶液浇灌当归,研究发现,与普通自来水浇灌相比,富氢水处理显著增加了当归的株高、叶宽及根系生长,特别是当富氢水饱和度为50%时,增产效果最为显著。这表明氢肥能够通过促进植物生长发育,提高当归的产量和生长性能。

此外，氢肥作为一种无毒、无害的农业投入品，对于提高当归的品质和安全性具有积极作用。在食品和药品安全日益受到重视的今天，使用氢肥可以减少化学肥料和农药的使用，降低当归中有害物质的残留，提高产品的市场竞争力。

最后，氢肥的应用还有助于实现农业的可持续发展。作为一种环保型肥料，氢肥的使用不会对环境造成污染，反而能够改善土壤结构，提高土壤的肥力和生物活性，从而有助于构建一个更加健康和可持续的农业生态系统。

我们将首先详细介绍一下富氢水的投入当归种子发芽的影响。

（一）富氢水对当归种子发芽的影响

学者的实验过程如下[1]：

首先选取甘肃省岷县产出的当年健康、籽粒饱满且大小均一的当归种子进行实验，种子经过去翅处理后备用。富氢水的制备采用金属镁型氢棒插入自来水中密封反应约12小时生成饱和氢水，随后通过稀释得到不同浓度梯度（0、10%、30%、50%）的富氢水溶液，对应的H2浓度分别为0 mM、0.055~0.065 mM、0.165~0.195 mM和0.275~0.325 mM。

实验设计采用正交试验方法，以浸种时富氢水浓度、浸种时间、发芽时富氢水浓度为三个考察因素，每个因素设置四个水平，构成L16(4)正交表共16组处理组合。

具体操作中，种子首先在室温下按不同浓度和时间进行富氢水浸种处理，随后使用0.1%氯化汞溶液进行6分钟表面消毒。发芽实验采用铺有高温灭菌细沙的发芽床，每培养皿放置50粒种子并保持湿度，置于25℃暗培养箱中培养。

观测指标包括发芽率、发芽势、发芽指数、活力指数及α-淀粉酶活性，其中发芽动态每24小时记录一次，胚芽突破种皮视为有效萌发，最终发芽率计算为培养16天的累计发芽比例，发芽势统计培养8天内的萌发比例。

发芽指数通过逐日发芽数与对应天数的比值累加获得，活力指数则结合发芽指数与胚芽长度均值计算。α-淀粉酶活性测定采用比色法，通过麦芽糖生成量计算酶活力。实验设置每组5个平行重复，数据分析采用方差检验评估各因素对发芽指标的显著性影响，最终通过正交试验结果确定最优处理组合并进行验证实验。整个过程严格参照《农作物种子检验规程》执行，重点关注富氢水处理对种子生理生化特性的影响机制。

学者们的实验结果显示，通过正交试验设计对浸种时富氢水浓度、浸种时间、发芽时富氢水浓度三个因素的优化组合进行分析后，当归种子的萌发指标和生理活性均呈现显著变化。在发芽率方面，各因素对结果的影响程度依次为浸种时间>浸种浓度>发芽浓度，其中浸种时间具有统计学显著性（F比值=19.637，$p<0.05$）。

当浸种时间为24小时，发芽率最高可达76.2%，验证实验进一步表明，在最优处理组合即浸种浓度50%（0.275~0.325 mM）、浸种时间24小时、发芽浓度10%（0.055~0.065 mM）下，发芽率提升至90%。发芽势的变化趋势与发芽率一致，浸种时间的影响最为显著（F比值=5.643，$p<0.05$），最优条件下发芽势达到72%，较对照组提升约89.5%。发芽指数与活力指数的分析显示，浸种时间和发芽浓度的交互作用显著，其中浸种时间延长至24小时可令发芽指数提高至26.2，而活力指数则因胚芽长度的增加得到同步提升。

α-淀粉酶活性的测定结果表明，浸种浓度和浸种时间对酶活性具有显著促进作用（F比值分别为18.597和13.475，$p<0.05$）。当浸种浓度提升至50%时（0.275～0.325 mM），酶活性最高达6.81 $mg \cdot g^{-1} \cdot min^{-1}$，较对照组增长约142%。这一结果与发芽指标的提升呈正相关，证实富氢水通过增强种子内淀粉代谢能力加速萌发。

方差分析还显示，发芽时使用的富氢水浓度对发芽率和α-淀粉酶活性影响较弱，但对发芽势和发芽指数仍有一定优化作用，10%浓度（0.055～0.065 mM）为最佳选择。最终验证实验中，最优处理组合下的α-淀粉酶活性达到6.51 $mg \cdot g^{-1} \cdot min^{-1}$，与理论预测值高度吻合。

此外，实验数据表明，浸种时间延长至24小时可显著提高种子含水量，打破休眠状态，而富氢水的外源补充可能通过增强内源性氢气释放，进一步缓解氧化应激，从而综合促进当归种子的萌发效率。这些结果为富氢水在农业生产中应用于种子预处理提供了理论和实践依据。

（二）富氢水对当归生长性能的影响

该学者团队还对富氢水浇灌对当归的生长性能做了专门的实验[2]。

在针对本课题的进一步研究中，研究人员着手探索HRW对当归生长性能的影响。实验开始时，选取了适量的当归苗，并确保它们处于健康的生长状态。研究的核心在于评估不同浓度的HRW对当归植株的生长指标，如株高、叶宽、根长以及产量的具体作用。

实验过程中，首先制备了不同浓度的HRW溶液。这一步骤通过向自来水中插入金属镁型氢棒来实现，该方法能够在大约12小时后制得饱和氢水。随后，将饱和氢水用自来水稀释，得到不同浓度的HRW溶液。

实验设置了多个处理组，包括使用自来水，15%、25%、50%、75%和100%的HRW溶液进行灌溉处理，以及一个对照组。将当归植株分别灌溉这些不同浓度的溶液，并在0～4℃的条件下进行预冷处理。

预处理完成后，植株被栽种在标准化的试验地中，所有培养条件如温度、湿度和光照等均被严格控制，以保证实验结果的可靠性。在培养期间，研究人员定期监测并记录植株的生长情况，包括株高、叶宽、根长等关键指标。

此外，实验还包括了对植株生长性能的详细分析，如单株鲜重和鲜归产量的测定。这些指标有助于全面评估HRW对当归生长性能的影响。实验结束后，通过科学的统计方法对收集到的数据进行分析，比较不同处理组与对照组之间的差异。

这一系列精心设计的实验取得了十分令人满意的结果。学者们发现以下结果：

1. 生长指标的显著提升：实验结果显示，与使用自来水浇灌的对照组相比，使用不同浓度HRW浇灌的当归植株在株高、叶宽和根长等生长指标上均有显著提升。特别是当HRW浓度达到50%时，这些生长指标的提升最为显著。

2. 产量的显著增加：实验数据表明，使用HRW浇灌的当归产量与自来水浇灌的对照组相比有明显增加。随着HRW浓度的增加，当归产量呈现出先增大后减小的趋势，其中50%浓度的HRW浇灌对产量的增加贡献最大。

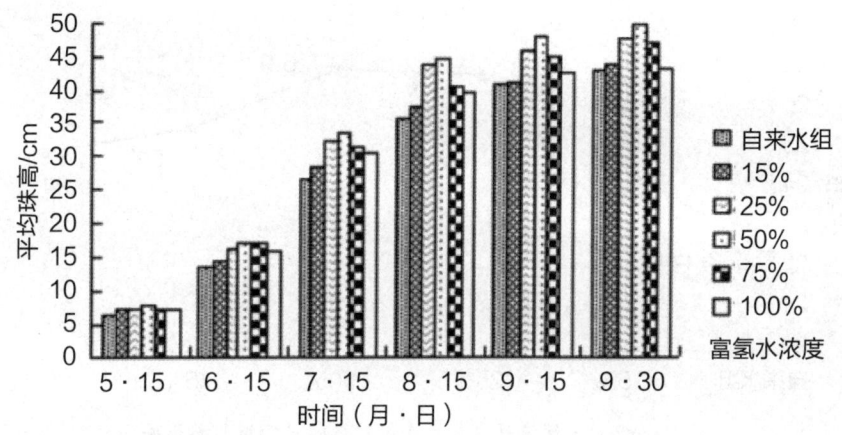

图12-1-1　不同浓度富氢水浇灌对当归平均株高的影响

3. 生长性能的变化趋势：实验观察到，随着HRW浓度的增加，其对植株生长性能的影响呈现先增加后减小的趋势。当HRW的饱和度为50%，也即H_2浓度为0.275～0.325 mM时，能够最大程度地促进当归的生长和产量。

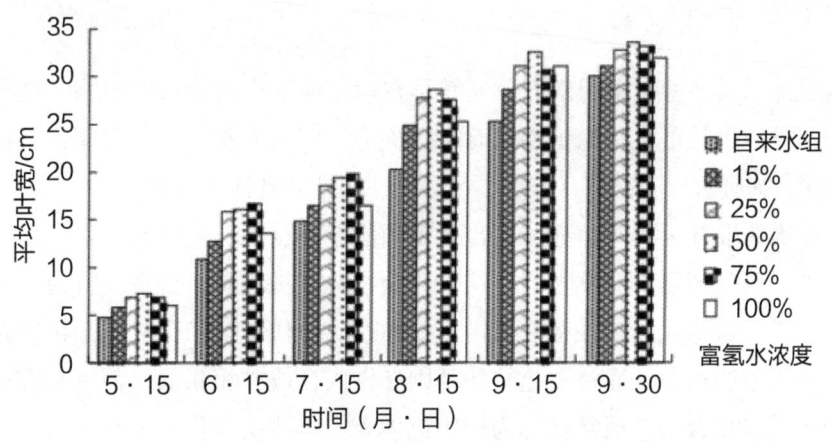

图12-1-2　不同浓度富氢水浇灌对当归平均叶宽的影响

4. 生理功能的调节作用：实验还探讨了HRW对当归植株生理功能的调节作用。尽管具体的生理生化指标数据未在摘要中提及，但研究表明HRW可能通过影响植物激素的信号传导或代谢来促进植物生长发育。

5. 产量的具体数据：使用50%饱和度（0.275～0.325 mM）的富氢水当归产量最高，达到了4.83 kg/3m^2，折合为16100 kg/hm^2。这一数据显著高于自来水浇灌的产量3.70 kg/3m^2，折合为12333 kg/hm^2。

6. 生长状况的图像化展示：实验结果通过图表的形式展示，如图12-1-1、图12-1-2和图12-1-3分别展示了不同浓度HRW浇灌对当归平均株高、叶宽和根长的影响，直观地反映了HRW对当归生长的促进作用。

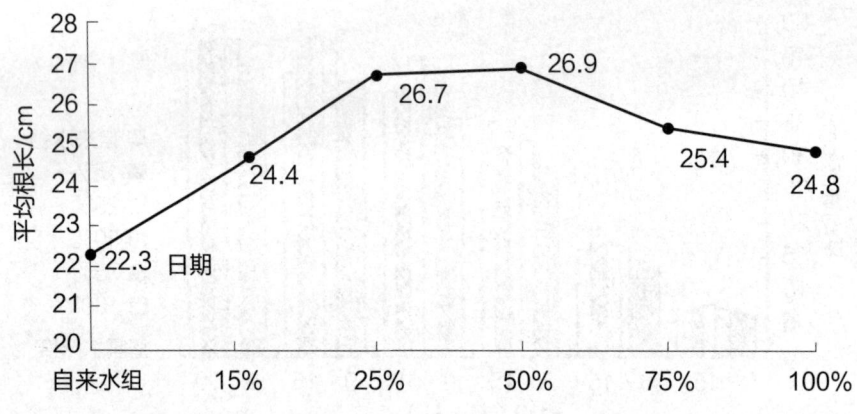

图12-1-3　不同浓度富氢水浇灌对当归平均根长的影响

根据学者丁芳芳团队的研究，我们可以得出结论，HRW作为一种潜在的植物生长调节剂，对特定植物种类的生长具有积极影响。综合两篇文章，50%饱和度（0.275～0.325 mM）的富氢水显著提高了当归种子的发芽率，也提高了其生长性能和产量，表明其在农业应用中具有重要的潜力。

二、五指毛桃

五指毛桃，是一种在中国南方，尤其是在岭南地区广泛分布的植物。这种植物既是传统中药材，也是可食用的植物，有时被称为"广东人参"。在民间，它被用于治疗多种疾病，如脾虚、肺结核、虚弱、风湿病、盗汗和乳汁不通等。

五指毛桃的根部是其药用部分，含有多种活性化合物，包括香豆素、黄酮类化合物和挥发油。现代药理学研究表明，这些化合物具有抗氧化、抗炎、抗菌、抗病毒和抗肿瘤的效果。这些化合物在植物体内主要通过次生代谢途径合成，是植物在受到生物或非生物因素胁迫时，通过表达抗病基因在体内合成并积累的一系列具有抗病性的低相对分子质量化合物，通常被称为植物抗生素。这些次生代谢产物不仅对植物自身的防御机制至关重要，也为人类提供了丰富的药物资源。

五指毛桃主要分布在中国的广东、广西、江西、福建、云南和香港，以及东南亚国家。由于其根部的药用价值，这种植物在传统中医中被广泛使用，尤其在南方地区，它被视为一种重要的药材。此外，五指毛桃也因其根部的保健功效而被用于食品和饮料中。

在农业和园艺方面，五指毛桃的栽培和利用为当地社区提供了经济价值，并且由于其对多种环境胁迫的耐受性，它在可持续农业和生态恢复项目中也显示出潜力。然而，作为一种药用植物，其活性成分的含量和质量受到多种因素的影响，包括生长条件、病虫害压力以及收获和加工方法。因此，研究如何通过农业技术，例如使用HRW灌溉，来提高五指毛桃的药用价值和产量，对于中药产业的发展具有重要意义。

有一个中国学者团队对此展开了研究[3]。他们分析了HRW处理对五指毛桃根部代谢和基因表达的影响，以揭示氢气如何调控植物根部的代谢途径，尤其是酚丙烷类化合物的生物合成和代谢，这对于提高五指毛桃药材的品质和产量具有重要的实际意义。同时，这项研究也有助于深入理解氢气在植物体内的生物学作用机制，为氢农业在中药材栽培中的应用提供理论依据。

实验开始前，首先制备了HW，通过将纯度为99.99%的氢气（H_2）以每分钟200 mL的速率通入5升纯净水中，持续3小时以获得饱和HRW。使用氢气便携式测量仪（Trustlex Co., Ltd., ENH-1000, Japan）测定HRW的氢气浓度，确保其浓度为0.4 mM。

实验所用的五指毛桃植物均来自华南植物园，选取生长状况相似的植株，将其均匀分为两组：处理组和对照组。处理组的植物每周使用HRW灌溉一次，共进行3次，而对照组则使用同等量的纯净水进行灌溉。15天后，收集两组植物的根部样本，利用液氮迅速冷冻，随后储存于-80 ℃的环境中，以备后续的代谢物提取和RNA测序。

为了进行代谢物提取和分析，将冷冻的根部样本研磨成粉末，使用预冷的80%甲醇和0.1%甲酸进行提取。提取液经过离心后，上清液被收集并用于液相色谱-质谱联用系统（LC-MS）分析。使用Vanquish UHPLC系统（Thermo Fisher, MA, USA）和Orbitrap Q Exactive系列质谱仪（Thermo Fisher, MA, USA）进行非靶向代谢物分析。通过LC-MS/MS系统分析，检测了包括HRW处理组和对照组在内的12个样本，以揭示HRW处理对五指毛桃根部代谢的影响

此外，为了深入了解HRW处理对五指毛桃根部代谢途径的影响，研究者们还进行了转录组测序分析。从HRW处理组和对照组的根部样本中提取总RNA，并使用NEBNext® Ultra™ RNA Library Prep Kit for Illumina®（NEB, Ipswich, MA, USA）构建RNA-Seq测序文库。测序数据通过Illumina Hiseq平台生成，以分析HRW处理对五指毛桃根部基因表达的影响。

整个实验过程中，研究者们严格控制实验条件，确保实验的准确性和重复性，以期为后续的数据分析提供可靠的基础。

实验结果显示，与对照组相比，经HRW处理的五指毛桃根部在转录组和代谢组层面发生了显著变化。具体来说，HRW处理组中有173个基因表达下调，138个基因表达

上调。通过液相色谱-质谱（LC-MS）进行的差异代谢物分析显示，在正离子模式下有168个代谢物和负离子模式下有109个代谢物表现出显著差异。在上调的代谢物中，发现了五指毛桃的主要活性成分，如苯丙烷类化合物，包括柚皮素、香豆素、橙皮素和苯并呋喃等。综合转录组和代谢组数据分析表明，正离子模式下有四个最相关的代谢途径被过度富集，负离子模式下一个途径被富集。在代谢物与差异表达基因（DEGs）的关系中，苯丙烷生物合成和代谢起着重要作用。这表明苯丙烷生物合成和代谢可能是HRW调节的主要代谢途径。转录组分析还显示，大多数表达量变化绝对值大于等于1的DEGs是转录因子基因，且它们大多与植物激素信号转导、抗逆性和次生代谢，主要是苯丙烷生物合成和代谢有关。这些发现为揭示氢的植物效应机制提供了重要证据，并为氢农业在中药材栽培中的应用提供了理论基础。

三、灵芝

灵芝，学名 *Ganoderma lucidum*，是一种在亚洲尤其是中国和日本有着悠久药用历史的真菌。它属于多孔菌科，因其独特的光泽和形状，常被赋予神秘和象征长寿的寓意。灵芝含有多种生物活性化合物，包括多糖、三萜类化合物、甾体、肽类和核苷类等，这些成分被认为对人体健康有多方面的益处，如增强免疫力、抗疲劳、抗氧化和调节血糖等。

在传统中医中，灵芝被用作一种滋补药材，用于调养身体和治疗多种疾病。现代医学研究也在探索其潜在的药理作用，包括抗肿瘤、抗病毒、抗炎和神经保护等。随着人们对健康和自然疗法越来越感兴趣，灵芝及其相关产品在全球市场上的需求不断增长。

市场前景方面，随着全球消费者健康意识的提高和对天然补充剂的偏好增加，灵芝产品的市场潜力巨大。从保健食品到化妆品，再到药品，灵芝的应用范围越来越广泛。此外，随着科研的深入，灵芝的有效成分和作用机制将被进一步阐明，这可能会推动新产品的开发和市场扩展。然而，市场的发展也面临着挑战，包括产品质量的标准化、功效的科学验证以及国际市场监管的适应等。总体而言，灵芝作为一种具有深厚文化底蕴和健康益处的植物，其市场前景是乐观的，但也需要行业持续的努力和创新来实现其全部潜力。

有学者就富氢水对灵芝的形态、生长和次生代谢方面的影响开展了研究[4]。

实验所用的HRW是通过将氢气（99.99%纯度）通过气泡的方式注入无菌水中制备的，气泡注入速率为150 mL/min，持续60分钟。得到的饱和HRW的浓度为0.22 mM。实验中，将5 mL的饱和HRW立即加入到95 mL的马铃薯葡萄糖肉汤（PDB）培养基中，以稀释至5%的浓度。对照组则使用5毫升的无菌水。实验在28 ℃的条件下进行，将灵芝的菌丝体在完全培养基（CYM）中培养7天，然后在培养的第四天加入HRW，第五天加入醋酸（HAc）。

在这项研究中，学者们探究了HRW对灵芝在ROS胁迫下形态、生长和次生代谢的影响。实验中，HAc被用作ROS的胁迫诱导剂，而HRW则用来缓解由HAc诱导的ROS胁迫。研究中使用了不同浓度的HRW处理灵芝，以评估其对灵芝生长和代谢的影响。

在这项研究中，学者们发现5%（0.011 mM）HRW处理显著降低了ROS含量，维持了灵芝菌丝体的生物量和极性生长形态，并在醋酸（HAc）诱导的氧化胁迫下减少了次生代谢。此外，HRW的作用在很大程度上依赖于在HAc胁迫下恢复灵芝中的谷胱甘肽系统。研究中使用了两种谷胱甘肽过氧化物酶（GPX）缺陷株、经过巯基琥珀酸（MS，一种GPX抑制剂）处理的野生型（WT）株，以及GPX过表达株进行了进一步研究。结果显示，在缺乏GPX功能的情况下，HRW无法缓解HAc诱导的ROS过量产生、生物量减少、菌丝体形态变化和次生代谢生物合成增加。而过表达GPX的菌株表现出对HAc诱导的氧化胁迫的抗性。因此，研究表明HRW通过谷胱甘肽过氧化物酶在HAc胁迫下调节灵芝的形态、生长和次生代谢。此外，该研究还为研究其他真菌中的ROS系统提供了一种方法。

四、茵陈

茵陈，学名*Artemisia capillaris*，是菊科蒿属的一种多年生草本植物，也是一种传统的中药材。它以其细密的枝叶和独特的香气而著称，广泛分布于中国的多个省份，尤其在湿润的河边、旷野和路旁等地。茵陈在中医中被认为具有清热利湿、利胆退黄的功效，常用于治疗黄疸、肝炎、皮肤病等病症。此外，茵陈还含有丰富的黄酮类化合物、香豆素、三萜类化合物等活性成分，这些成分赋予了它抗氧化、抗炎、抗病毒等多种药理作用。

随着人们健康意识的提高和对天然药物需求的增加，茵陈的市场前景看好。在医药领域，茵陈提取物可以作为原料药或保健品成分，用于开发治疗肝病、胆病等药物。在食品工业中，茵陈的嫩叶可以作为食材，用于制作茶、酒或其他健康食品。此外，茵陈的精油也可用于化妆品和日化产品中，作为天然香料和活性成分。然而，茵陈的市场发展也面临挑战，包括野生资源的可持续利用、人工种植技术的提升、产品质量标准的制定以及市场监管的加强等方面。总体而言，茵陈作为一种药食同源的植物，其市场潜力巨大，但需要行业各方面的共同努力，以实现其资源的可持续开发和利用。

有学者开展了富氢水对茵陈产量及有效成分影响的研究[5]：

实验通过使用不同含量的富氢水对茵陈植株进行浇灌和喷洒，以此来模拟不同环境条件下茵陈的生长状况。具体实验过程如下。

首先，研究团队将氢气通过纳米气泡氢机设备注入去离子水中，制备出氢水浓度分别为0.625 mM（非饱和组）和1.25 mM（饱和组）的HRW溶液。利用富氢测试笔测定新制备的饱和HRW中氢气浓度，并确保在室温下密封保存12小时以维持相对稳定的氢浓度。

接着，选取生长状况一致的茵陈幼苗，将其移栽至装有基质的小花盆中进行培养。然后，每天定时使用自来水、0.625 mM HRW、1.25 mM HRW对植株进行喷洒和隔天浇灌，整个实验周期持续25天。在实验期间，每3天测量一次茵陈植株的横径和高度，以监测植株的生长情况。

此外，为了对茵陈植株中的黄酮/酚类化合物进行精准靶向的定性定量分析，实验结束后，从每组选取6株植株进行分析。首先，将冻干后的样品研磨并提取，然后利用液质联用仪（LC/MS）进行精准检测，以评估HRW处理对茵陈中有效成分含量的影响。

通过这一严谨的实验设计和操作流程，学者们能够系统地研究富氢水对茵陈生长及其药用成分的具体作用，为进一步探讨富氢水在中药种植领域的应用提供了科学依据。

实验结果显示，在第15天，与对照组相比，非饱和组（0.625 mmol/L HRW）的植株横径和体积有明显增加，而饱和组（1.25 mmol/L HRW）则没有明显变化。到了第25天，不同浓度的HRW处理组的植株横径和体积都明显增加，尤其是非饱和组的湿重和干重也显著增加（$P<0.05$）。此外，不同浓度的HRW能够调控13个差异代谢物（$P<0.05$），并能够上调天竺葵素-3-氯化葡萄糖苷等6个化合物的含量。这些发现表明，HRW不仅能增加茵陈的产量，还能通过提高有效成分的含量来提升茵陈的质量。研究还发现，HRW通过多靶点、多通路调控茵陈的生长过程，并增强其药理作用，为中药的绿色种植和品质提升提供了新的思路。

五、党参

党参，学名*Codonopsis pilosula*，是桔梗科党参属的多年生草本植物，主要分布于中国北方的高原和山区。党参以其肉质根入药，是中国传统中药材中重要的补益药材之一。在中医中，党参被认为具有补中益气、生津止渴、健脾益肺的功效，常用于治疗脾胃虚弱、气血两亏、体倦乏力等症状。现代药理研究也表明，党参含有多种活性成分，如党参多糖、党参苷、挥发油等，具有增强免疫力、抗疲劳、抗衰老等多种生物活性。

随着人们对健康和天然药物的日益重视，党参的市场前景看好。在医药领域，党参被广泛用于制药工业，是多种中成药和保健品的原料。在食品工业中，党参也被用作药膳的食材，开发出一系列保健食品和饮品。此外，随着国际市场对中药的认可度逐渐提高，党参的出口市场也呈现出增长的趋势。

有中国学者研究了富氢水处理对党参的影响[6]。

在这项研究中，学者们探究了HRW对党参多糖含量的影响。实验过程首先涉及HRW的制备，通过使用氢气发生器产生的氢气，经过40分钟的鼓泡过程来制备HRW。制备完成的HRW浓度大约在0.075 mM，并且能在室温下15小时内保持相对稳定的浓度。

接下来，党参种子被随机分为9组，每组使用不同浓度的HRW进行处理。这些浓度包括去离子水以及80%、70%、60%、50%、40%、30%、20%、10%的HRW溶液。种子在这些溶液中浸泡直至裂口，大约需要5天时间。之后，种子与细砂混合均匀撒播于花盆中，并使用相应的HRW进行浇灌，每周约500 mL，直至党参成熟可采收。

整个实验过程中，学者们精心设计并控制了实验条件，以确保能够准确评估不同浓度HRW对党参多糖含量的影响。通过这种方法，研究团队能够系统地研究HRW在中药栽培中的应用潜力。

在这项研究中，学者们发现使用HRW处理党参后，党参中的多糖含量会随着HRW浓度的增加而增加。具体来说，当HRW的浓度达到50%（0.0375 mM）时，党参多糖的含量达到最高值，为36.45%。这一结果表明，HRW在这一特定浓度下能够显著促进党参中多糖的积累。此外，与未经HRW处理的党参相比，其多糖含量为28.3%，而经50%（0.0375 mM）HRW处理后的党参多糖含量显著提高，这与之前的研究结果一致，即HRW能够促进植物根系的生长和发育。这些发现为HRW在中药栽培中的应用提供了理论依据，并可能有助于提高党参药材的附加值和相关产业的发展。

第二节　农副产品

一、中国对虾干

氢气不仅能在生鲜水产品和水产品的养殖过程中发挥作用，同样也可以引用于经过深加工的水产品的保鲜工作。这里有一篇刊载于*Food Control*的来自于中国学者的文章。该文章的实验背景主要关注于中国对虾（*Fenneropenaeus chinensis*）干制品的保存问题。中国对虾因其高蛋白、低脂肪和丰富的氨基酸含量而受到消费者的喜爱，但这也使得新鲜对虾非常容易腐败。在储存过程中，由于微生物污染和体内酶活性导致的蛋白质分解或脂质氧化会对水产品的储存质量产生负面影响，导致水产品资源的浪费，商业价值下降，甚至可能出现食品安全问题。

传统的干制方法可以通过降低水分含量和水活性来延长水产品的保质期，但这并不能完全阻止干制品在储存期间的质量恶化。为了保持水产品的新鲜度和延长其保质期，人们通常使用化学防腐剂，如亚硝酸钠、苯甲酸钠和二氧化硫。然而，消费者越来越关注这些化学添加剂对人体和环境可能产生的不良影响。因此，开发了多种新型的保存方法，当然包括了天然化合物的应用和我们前文所述的气调包装（Modified Atmosphere Packaging，MAP）。

MAP通过应用适当的气体比例来延长水产品的保质期，常用的气体包括二氧化碳（CO_2）和氮气（N_2）。但是，二氧化碳的过度使用可能会导致某些食品质量下降，同时还需要考虑对环境的影响。因此，当前行业面临的一个紧迫挑战是建立一种新的环保型干制水产品储存方法。

尽管已有研究表明氢气对某些动物性食品具有保存效果，但关于氢气在干虾上应用的研究尚未见报道。因此，学者们开展了研究。他们的研究目的是调查用H_2改良后的MAP（即RAP）是否能够保持干虾的储存质量，并使用加速储存技术（高温和湿度）来缩短长期储存条件下的实验时间。并且他们希望能通过这些实验，为高蛋白质干水产品的保存开辟新的视角。

学者们进行了一系列精心设计的实验来评估RAP对中国对虾干在加速储存过程中保鲜效果的影响[7]。实验首先从山东省烟台市渤海湾的一家对虾干制造工厂采购了对虾干，并通过冷链快速将其运输到实验室。选择形状和大小相似且外观无明显损伤的对虾干进行实验。实验将对虾干分为四组，每组大约400±5 g，并将其放置在密封的塑料容器中。对照组容器内充满空气，而其他三个改良气氛处理组分别充入0.03%、0.1%和1%体积比的RAP，其余气体为空气。所有密封容器被放入人工气候箱中，在45 ℃和85%相对湿度的条件下进行加速储存实验。

为了确保氢气浓度的稳定性，实验中使用了气相色谱仪检测容器内的H_2浓度，并在储存24小时后发现H_2浓度保持在初始浓度的50%以上。实验期间，每天固定时间（晚上7点至9点）打开容器盖2小时以维持相应的温度和湿度条件，并且每天更新处理气体。此外，使用气相色谱仪检测H_2是否能在24小时内穿透对虾干，通过排水法计算对虾体积，以消除对虾体积对实验的干扰。

在储存过程中，每隔两天收集一次样本，用于测定颜色、气味、过氧化值（PV）、TBARS含量和总挥发性碱氮（TVB-N）含量，以及2,2'-联氮杂（3-乙基苯并噻唑-6-磺酸）自由基清除活性和铁离子还原抗氧化能力（FRAP）。同时，根据上述实验结果，选取了储存末期（第8天）最有效浓度的RAP组和对照组样本进行非靶向代谢组学分析。8天时间，不同组别的中国对虾虾干的变化如图12-3-1所示。

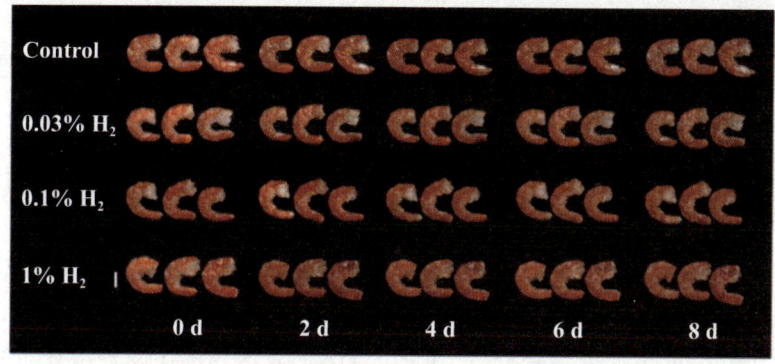

图12-2-1 加速储存过程中对虾干的外观和色度变化（d表示天）[1]

学者们的实验结果如下：

1. 颜色保持：使用CR-400色差计测量对虾干的颜色，结果显示RAP处理组在储存期间颜色变化较小。具体来说，L（亮度）、a*（红度-绿度）和b*（黄度-蓝度）的变化趋势在RAP处理组中得到了不同程度的缓解。总色差（ΔE）也表明RAP能够减缓对虾干颜色的劣变。

2. 气味分析：使用PEN3电子鼻分析仪检测了对虾干在储存过程中的挥发性化合物变化。结果显示，RAP处理能够显著减少电子鼻响应值的增加，这表明RAP能够减缓对虾干在储存过程中的气味劣变。

3. 总挥发性碱氮（TVB-N）含量：TVB-N是衡量水产品新鲜度的重要指标。实验发现，RAP处理显著延缓了TVB-N含量的增加，如图12-3-2所示，尤其是在0.1%和1% H_2处理组中，对虾干的新鲜度得到了更好的保持。

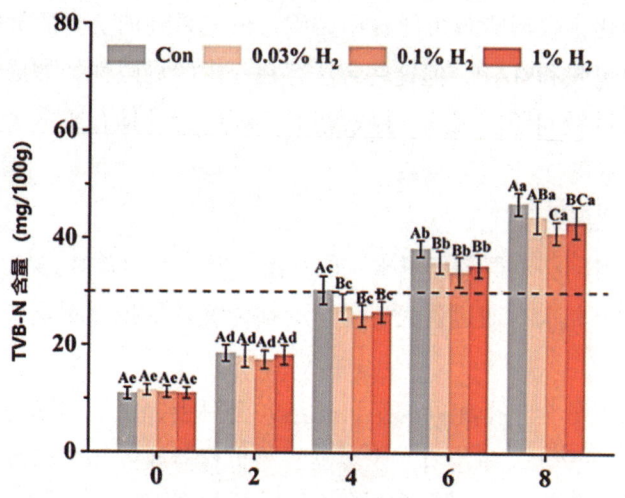

图12-2-2 加速储存过程中对虾干总挥发性碱氮（TVB-N）含量的时间依赖性变化[2]

[1] 对虾干在储存时分别处于空气Control（对照组）、0.03% H_2、0.1% H_2和1% H_2改良气氛包装条件下，在45 ℃和85%相对湿度的环境下。照片分别拍摄于第0天、第2天、第4天、第6天和第8天。

[2] Con 代表对照组。

4. 过氧化值（PV）和TBARS含量：PV和TBARS是衡量脂质氧化程度的指标。实验结果显示，RAP处理能够减缓PV和TBARS含量的增加，表明RAP能够减少对虾干在储存过程中的脂质氧化。

5. 抗氧化能力：通过测定FRAP和ABTS自由基清除活性，研究发现RAP处理能够显著提高对虾干的抗氧化能力，减缓储存过程中的氧化损伤。

6. 非靶向代谢组学分析：通过对0.1% RAP处理组和对照组在储存第8天的样本进行非靶向代谢组学分析，发现RAP处理显著影响了对虾干的代谢谱。主成分分析（PCA）和正交偏最小二乘判别分析（OPLS-DA）显示，RAP处理组和对照组在代谢物组成上存在显著差异。差异代谢物的聚类分析和代谢途径分析表明，RAP处理能够减缓对虾干在储存过程中的代谢变化，特别是嘌呤代谢途径。

7. 代谢物含量变化：在0.1% RAP处理组中，检测到的氨基酸衍生物、醇类及其衍生物、核苷酸及其衍生物的含量有所降低，这与对虾干的气味和口感改善有关。特别是，RAP处理显著降低了虾肉中苦味相关的化合物如肌苷、次黄嘌呤和黄嘌呤的含量。

这些结果表明，RAP作为一种潜在的保鲜技术，能够在加速储存条件下有效地延缓中国对虾干的劣变，保持其感官品质和营养价值。

二、鸡蛋

鸡蛋作为全球消费量最大的食用蛋品之一，其营养价值和食品安全备受关注。鸡蛋在储存过程中会经历多种生化反应，导致其品质逐渐下降，如哈夫单位（Haugh units，检验和表示蛋品新鲜度的指标）的降低、蛋黄指数（yolk index）的变化、pH值的升高等，这些变化不仅影响鸡蛋的食用品质，也关系到消费者的健康。传统的鸡蛋储存方法包括涂膜包装和MAP，但这些方法存在一定的局限性，如成本、材料的安全性以及可能引起的过敏问题。因此，探索新的、环保的且具有成本效益的鸡蛋保鲜技术具有重要的实际意义。

有中国学者对此展开了研究[8]。

实验使用了来自同一鸡群的新鲜未洗的鸡蛋，并将其存放在25 ℃、相对湿度45%的孵化器中。实验开始前，通过蛋壳质量检测和传统质量指标测定来确保鸡蛋的初始品质。

实验将鸡蛋随机分为三个相同的组，每组90个鸡蛋，用于不同的储存条件。使用密封的塑料容器（5.5升），每组有三个容器，每个容器放置30个鸡蛋。对照组的MAP充满空气，而两个实验组的MAP每天分别充入0.5%和3%体积比的氢气，其余气体为空气。为了消除包装过程中鸡蛋体积差异的干扰，仔细计算了包装内顶部空间的体积。在储存期间的0、5、10、15、20和25天，从每个处理中选取15个鸡蛋来测试散黄比例。其中5个鸡蛋在无菌环境中破壳，以测量液态全蛋中的微生物数量。剩余的10个鸡蛋用于检测哈夫单位、蛋黄指数、pH值、ABTS自由基清除活性、铁离子还原能力以及TBARS值。所有15个鸡蛋的蛋壳通过扫描电子显微镜（SEM）进行观察。

在这项研究中，学者们发现使用氢气改良气氛包装（H_2 MAP）对鸡蛋进行储存，能够有效延长鸡蛋的保质期。具体实验结果表明，与未使用氢气的传统包装相比，0.5%和3%的氢气浓度处理显著延缓了鸡蛋散黄现象的出现，保持了鸡蛋的整体品质。在储存期间，H_2 MAP处理的鸡蛋在第20天时哈夫单位和蛋黄指数的下降速度明显减缓，而pH值的上升也得到了有效控制。此外，H_2 MAP显著抑制了鸡蛋清和蛋黄中抗氧化能力的下降，包括ABTS自由基清除活性、铁离子还原能力（FRAP）以及TBARS值的增加。这些结果表明，氢气处理能够维持鸡蛋的抗氧化状态，减少氧化损伤。

在微生物数量方面，H_2 MAP处理显著减少了鸡蛋内部微生物的入侵，这可能与氢气减缓蛋壳表面微裂缝形成有关。通过扫描电子显微镜（SEM）观察，H_2 MAP处理的蛋壳表面微裂缝程度较对照组有明显减少。此外，初步的成本效益分析显示，与鸡蛋原价相比，由于氢气增加的额外成本微乎其微，表明H_2 MAP在经济上是可行的，具有广泛的应用前景。

综上所述，学者们的实验结果揭示了氢气改良气氛包装在延长鸡蛋保质期方面的潜力，这可能通过调节蛋壳的微裂缝形成和维持鸡蛋内部的氧化还原平衡来实现。这些发现为鸡蛋及其他易腐食品的储存提供了新的策略，并为氢气在农业领域的应用开辟了新的可能性。

三、牛肉馅

牛肉是欧亚大陆各民族人民都喜爱的肉产品之一。其初级产品——牛肉馅在食品服务和零售领域中非常普遍。然而，由于绞肉增加了肉的接触表面积，使其更容易受到微生物污染，同时也更容易受到色素和脂质氧化等质量下降反应的影响。微生物污染和脂质氧化是影响牛肉馅质量的重要因素。这些因素会导致产品变质，如产生不良气味和色泽变化，从而影响消费者的接受度和肉类产品的市场价值。传统的肉类保鲜方法，如真空包装和改良气氛包装，虽然能在一定程度上限制需氧细菌的生长和氧化反应，但仍存在局限性，需要进一步的创新以提高肉类产品的保存期限和安全性。

近年来，氢气作为一种具有抗氧化特性的分子，已被研究用于食品保鲜。它能够通过减少氧化应激和炎症来延长食品的保质期，并保护食品的营养成分和感官特性。因此，学者们开展了实验[9]。

学者们在这项研究中采用了一系列的实验步骤来评估氢气产生镁（H_2-P-Mg）掺杂进牛肉馅（MBM）对其在冷藏期间的质量和安全性的影响。实验开始时，从当地屠夫处购买低脂牛肉，并使用家用型绞肉机在卫生条件下将其绞成肉馅。接着，将平均150 g的牛肉馅分装在无菌均质袋中，并使用真空机进行抽真空处理以排出袋中的空气。一

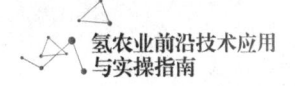

部分牛肉馅作为对照组没有进行真空处理。

真空处理后的牛肉馅被分为几个不同的组别：一部分袋子注入了氢气（H_2）或氮气（N_2），另一部分真空袋没有注入任何气体（VP），还有一部分牛肉馅则与镁粉（每公斤牛肉馅160 mg）彻底混合，形成H_2-P-Mg掺杂的牛肉馅样本，这些样本也被装入无菌的Stomacher袋中并进行真空处理。镁粉能够由于与牛肉馅中的水分反应而释放H_2气体。

所有的牛肉馅样本都被储存在+4 ℃的条件下持续12天。在储存过程中，定期测量pH值和氧化还原电位（Eh）、包括总嗜冷好氧细菌（TPAB）、总嗜温好氧细菌（TMAB）和酵母霉菌计数的微生物计数、颜色分析、变质测试（Eber）、脂质氧化、生物胺（BAs）含量、自由氨基酸（FFA）轮廓和挥发性化合物轮廓。这些测量结果用于评估不同处理条件下，牛肉馅在冷藏期间的品质变化。通过这些指标，研究者能够全面了解产品在储存过程中的化学、微生物和感官变化。

根据他们发表在*Food Chemistry*的论文，笔者总结了他们的实验结果如下：

1. pH值和氧化还原电位（Eh）：学者们发现，在储存过程中，不同处理组别的牛肉馅pH值有所变化。特别是N_2处理组在储存结束时显示出最高的pH值，而VP（真空包装）、H_2（氢气处理）和H_2-P-Mg（氢气产生镁处理）组则显示出较低的pH值。Eh值也显示了类似的趋势，H_2处理组在储存结束时显示出最低的Eh值，这表明氢气具有抗氧化性质。

2. 微生物计数：H_2-P-Mg和VP方法通常降低了嗜温菌和嗜冷菌以及酵母霉菌的数量，这有助于限制微生物的生长，从而延长了肉品的保质期。

3. 颜色分析：H_2和H_2-P-Mg样品在储存结束时显示出最低的褐变指数值，这表明这些处理方法有助于保持肉品的颜色质量。

4. TBARS：H_2-P-Mg和VP样品在储存结束时显示出最低的TBARS值，表明这些方法有效地限制了脂质氧化的进展。

5. 生物胺（BAs）含量：H_2-P-Mg样品在限制组胺形成方面比H_2包装方法更有效，这有助于提高肉品的安全性。

6. 自由氨基酸（FFA）轮廓：H_2和N_2处理通常导致氨基酸水平最高，这表明这些处理对氨基酸形成有影响。

7. 挥发性化合物轮廓：在储存结束时，对照样品的挥发性化合物总量最高，其次是H_2、N_2、H_2-P-Mg和VP样品。这表明挥发性化合物的形成与微生物代谢、酶活性和其他生化反应有关。

8. 统计分析：通过多变量方差分析（MANOVA）和Duncan多重比较测试，学者们确定了不同组别间的差异。

综合来看，H_2-P-Mg处理的牛肉馅展现出了卓越的保鲜效果。这种创新的保鲜技术在多个关键指标上均有出色表现：

首先，在微生物计数方面，H_2-P-Mg处理显著降低了嗜温菌、嗜冷菌及酵母霉菌的数量，有效抑制了微生物的生长，从而有助于延长肉品的保质期。其次，H_2-P-Mg处理在抑制脂质氧化方面同样表现出色，其样品在储存结束时的TBARS值最低，这一结果凸显了其在维护肉品新鲜度方面的巨大潜力。

在生物胺含量控制方面，H_2-P-Mg处理样品中组胺等生物胺的形成得到了有效限制，这对于提升肉品的安全性具有重要意义。此外，H_2-P-Mg和真空包装（VP）样品在颜色保持方面也表现出较低的褐变指数值，这不仅保持了肉品的视觉吸引力，也反映了其较好的抗氧化能力。

挥发性化合物的分析结果进一步证实了H_2-P-Mg处理的优势，其样品在储存结束时挥发性化合物总量较低，表明了较低的氧化和变质程度。最后，通过严格的统计分析，包括多变量方差分析（MANOVA）和单因素方差分析（One-way ANOVA），H_2-P-Mg处理在多个质量指标上与其他处理相比均显示出显著的优势。

四、黄油

黄油作为一种常见的乳制品，在中国市场上有着广泛的应用和消费基础。随着人们生活水平的提高和对健康饮食的重视，黄油因其丰富的营养价值和独特的口感，逐渐受到消费者的青睐。在中国，黄油主要应用于烘焙行业，用于制作面包、蛋糕、饼干等各类西点，同时也用于烹饪中，如煎牛排、烤鱼等，增加食物的香气和口感。

此外，随着西餐文化的流行，黄油在中国的餐饮业中也占据了一席之地。在一些西餐厅和快餐店中，黄油被作为调味品或配料使用，为消费者提供了多样化的餐饮选择。而且，随着健康饮食理念的普及，越来越多的消费者开始关注食品的天然成分和营养价值，这为高品质黄油的市场提供了发展机遇。

在我国黄油产业中，生产效率、原料供应、产品品质以及储存和运输等方面存在一些挑战。例如，生产效率受限于技术和设备水平，原料供应则因依赖进口而受限，产品品质方面则因缺乏足够的工业化生产经验而表现不稳定，储存和运输条件也影响着黄油的保质期和品质。面对这些问题，引入氢农业技术提供了一种潜在的解决方案。

氢农业技术中，氢气作为一种有效的抗氧化剂和细胞保护化合物，可以在黄油生产过程中发挥作用，提高产量和品质。通过使用氢气，可以增强原料作物的抗氧化能力，提高其对环境压力的耐受性，从而为黄油生产提供更优质的原料。在生产过程中，氢气的应用有助于防止微生物腐败，减少生物胺的形成，保持黄油的新鲜度和营养价值。此外，氢气还可以用于改良黄油的包装气氛，通过富氢包装膜减少氧化，延长黄油的保质期，优化储存和运输条件。

有一篇发表在*Journal of Dairy Research*上的研究论文，该文作者团队来自土耳其

Igdir大学的多个研究和学术部门。他们的研究主要探讨了使用富氢水洗涤原料黄油对提升黄油品质的潜在影响。

还有一篇同样来自土耳其研究学者的文章，发表在著名杂志 *Food Chemistry* 上。该杂志是食品科学领域最具有影响力的期刊之一。这篇来自土耳其学者的文章主要研究了富氢水洗涤黄油过程对减少生物组胺的效果。接下来，我们将详细介绍这两个团队的实验和他们的研究结果。

氧化反应会导致黄油中必需脂肪酸以及维生素A、D、E和K的破坏，形成氢过氧化物，这些氢过氧化物进一步分解会产生低分子量化合物，如醛、酮、醇和游离脂肪酸，这些物质会导致黄油产生酸败味。此外，微生物和酶活性的增加也可能部分水解甘油三酯，进一步降低产品的氧化稳定性。

为了改善产品的这一特性。研究团队用富氢水洗涤了原料黄油，并对其品质方面的影响进行了分析[10]。

研究人员从当地获取了牛奶和酸奶细菌（包括不限于，嗜热链球菌和保加利亚乳杆菌），培养了发酵牛乳，并将之分离出酪乳和未经洗涤的原料黄油。这些未洗涤的黄油样品随后被用于洗涤实验，使用三种不同的冷水洗涤：普通饮用水（对照组）、饱和富氢水（H_2水）和含镁水（Mg水），其中使用H_2水和Mg水洗涤均属于HRW洗涤处理组。每种洗涤水都在0~4℃的条件下进行预冷处理。

然后实验人员使用这些预冷的洗涤水手工洗涤黄油样品，洗涤后的黄油样品被手工包装在聚乙烯覆膜铝包装内，确保包装内不含空气，并在4℃的条件下储存不同时间点，即0、30、60和90天。并在这段时间范围内，对黄油样品进行了多项品质指标的测定，包括可滴定酸度（TA）、过氧化值（PV）、酸度值（ADV）、游离脂肪酸（FFA）轮廓分析和颜色分析。这些测定有助于评估洗涤方法对黄油品质的影响，以及黄油在储存期间的品质变化。

他们的实验结果如下：

1. 可滴定酸度（Titratable Acidity，TA）：洗涤过程中，所有洗涤样本的TA值都有所下降，下降了12%。在储存期间，TA值普遍上升，但HRW洗涤的样本（H_2水和Mg水）的TA值增加幅度明显低于普通水洗涤的样本。这表明HRW洗涤有助于维持黄油的酸度稳定。

2. 过氧化值（Peroxide Value，PV）：在洗涤过程中，PV值没有显著变化。但在储存期间，所有样本的PV值都有所增加，尤其是对照组。HRW样本的PV值增加幅度较小，显示出较低的氧化程度。

3. 酸度值（Acid Degree Value，ADV）：洗涤后，HRW样本（H_2水和Mg水）的ADV值显著低于对照组。储存期间，ADV值在对照组中显著增加，而HRW样本的增加幅度较小，特别是在H_2水洗涤的样本中。

4. 游离脂肪酸（Free Fatty Acids, FFA）轮廓：在90天的储存期间，FFA浓度普遍增加。HRW洗涤的黄油样本在储存结束时显示出较低的FFA水平。

5. 颜色参数：洗涤过程中，所有样本的亮度（L值）都有所提高。在储存期间，尤其是60天和90天时，HRW样本（特别是H_2水）的L值保持较高，表明黄油的颜色更亮。a*（红度-绿度）和b*（黄度-蓝度）的变化也表明HRW洗涤有助于保持黄油的颜色属性。

6. 微生物质量：实验还评估了洗涤水对黄油微生物质量的影响。结果显示，使用HRW洗涤并没有抑制酸奶细菌的生长，表明HRW对有益微生物是安全的。

通过以上实验结果不难看出，学者们通过将HRW应用于黄油的洗涤过程中，显著了提升黄油的品质并延长其在冷藏储存期间的保质期。实验结果表明，使用HRW洗涤的黄油在多个关键品质指标上表现更佳，包括降低可滴定酸度、过氧化值和酸度值，这些指标的降低与黄油在储存期间氧化稳定性的提高直接相关。此外，HRW处理的黄油在色泽保护方面也展现出优势，亮度、红绿色和黄蓝色值的变化显示了更好的颜色保持能力。值得注意的是，HRW的使用并未对黄油中的酸奶细菌生长产生负面影响，这强调了其作为食品添加剂的安全性。

与上一篇论文相比，另一伙学者着重探讨了黄油产品中的生物胺形成问题[11]。生物胺是食品中常见的有机化合物，它们通常由于微生物对氨基酸的脱羧作用而形成。虽然生物胺在食品中普遍存在，但它们在某些情况下可能对消费者健康构成威胁，因为一些生物胺具有毒性，并且能够与食品中的亚硝酸盐反应生成致癌的挥发性亚硝胺。在乳制品中，尤其是黄油，生物胺的形成受到多种因素的影响，包括发酵过程中使用的乳酸菌种类、环境条件、pH值、储存时间和温度等[12]。这项研究旨在填补现有文献中关于HRW对生物胺形成和微生物质量影响的研究空白，通过实验评估在黄油生产过程中使用HRW洗涤黄油的效果，以及这种方法对保持黄油品质和安全性的潜在益处。通过这项研究，作者希望为食品工业提供一种新的、有效的策略，以减少黄油中生物胺的形成，从而提高消费者的食品安全性。

学者们设计的实验同上一个实验在准备阶段并无差异，使用的HRW的饱和度也相同，记录和测量的时间也是一样的。区别在于，这篇文章特别增加了对生物胺的分析，研究者采用了高效液相色谱法（HPLC）来测定不同类型洗涤水对黄油中生物胺形成的影响。其次，本文的研究者们也专门对黄油样品的微生物质量进行了评估，包括总需氧菌、酵母和霉菌以及特定酸奶细菌的数量。这为研究提供了关于HRW对黄油微生物稳定性影响的额外信息。

学者们的实验结果如下：

1. 生物胺形成水平降低：研究发现，使用HRW（包括H_2水和Mg水）洗涤黄油后，与使用普通水洗涤的黄油相比，生物胺的形成水平在90天的储存期内显著降低。

特别是色氨酸、2-苯乙胺、精胺和亚精胺的形成量明显减少。

2. 组胺和酪胺水平：组胺和酪胺是最具毒性的生物胺，实验结果显示，使用HRW洗涤的黄油样品在储存期末的组胺水平最低，分别为0.62 mg/kg和0.8 mg/kg，而使用普通水洗涤的黄油样品组胺水平最高，达到2.07 mg/kg。

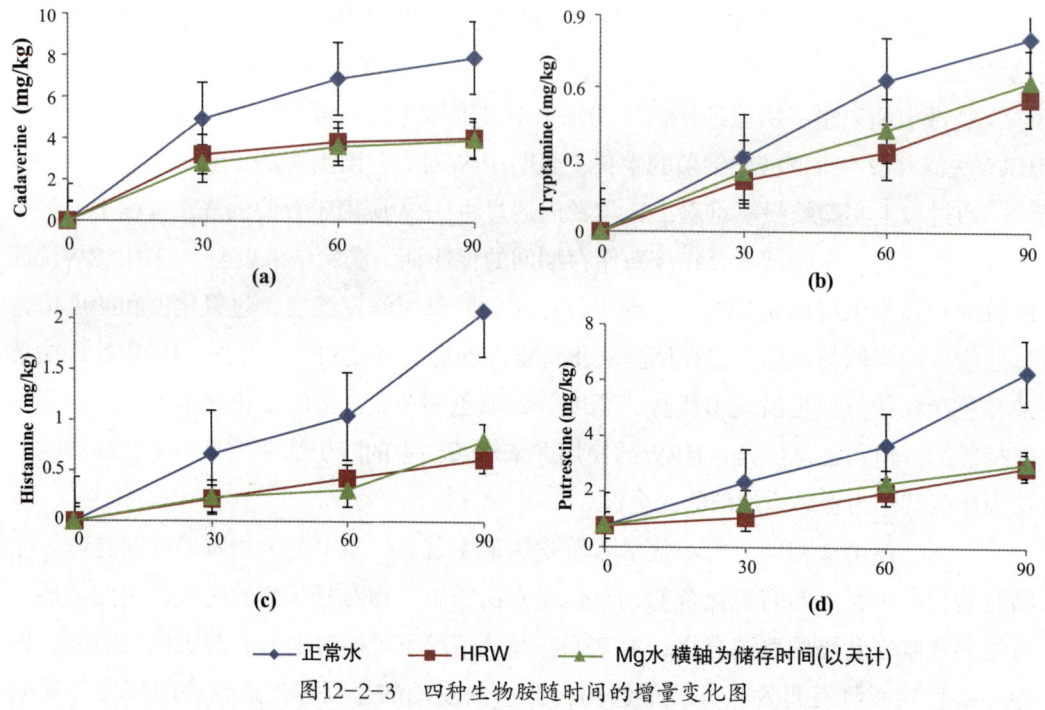

图12-2-3　四种生物胺随时间的增量变化图

3. 微生物质量：实验还评估了洗涤水对黄油微生物质量的影响。结果显示，使用HRW洗涤并没有抑制酸奶细菌（如*Lactobacillus delbrueckii* subsp. bulgaricus和*Streptococcus thermophilus*）的生长，这些细菌在储存期间保持了其活性。

4. 微生物计数：对于总需氧菌、酵母和霉菌的计数，使用HRW洗涤的黄油样品与使用普通水洗涤的样品在储存期末没有显著差异，表明HRW的使用并未对这些微生物群体产生负面影响。

综合学者们的研究，我们可以发现，虽然黄油生产过程中微生物活动导致的生物胺形成可能对消费者健康构成风险。但是使用50%饱和度的HRW洗涤黄油可以有效降低这些生物胺的形成。具体来说，与使用普通饮用水洗涤的黄油相比，经过HRW洗涤的黄油样本在90天储存期间显示出更低的生物胺形成水平。特别是对于色氨酸、2-苯乙胺、精胺和亚精胺，HRW洗涤的黄油样本在储存期末的生物胺含量显著降低。此外，研究还发现，使用HRW洗涤黄油并没有抑制酸奶细菌在储存期间的生长，这表明HRW对酸奶细菌是安全的。

HRW的使用提供了一种环保且对人类和环境无毒害的食品保鲜方法。由于分子氢（H_2）具有抗氧化特性和多种生物学益处，HRW在黄油生产中的应用前景广阔。此外，

HRW的使用还有助于保护黄油中的氧敏感生物活性化合物，如多酚、类胡萝卜素、不饱和脂肪酸以及一些维生素（如维生素C和E），通过在还原条件下（HRW）的存在来实现。因此，HRW的使用不仅有助于提高食品安全性，还有助于保持黄油的营养价值和感官品质，是一种自然且环保的解决方案，可以替代许多工业中使用的化学防腐剂。

五、奶酪

除了黄油之外，奶酪也是一种非常重要的农副产品。

在这篇原创文章中，研究者们探索了一种新型的包装技术——还原气氛包装（RAP），用于延长新鲜奶酪的保质期[13]。实验中，新鲜奶酪样品在不同气体组合的包装条件下储存，包括两种RAP条件（RAP 1为90% CO_2/6% N_2/4% H_2，RAP 2为50% CO_2/46% N_2/4% H_2），三种改良气氛包装（Modified Atmosphere Packaging, MAP）条件（MAP 1为90% CO_2/10% N_2，MAP 2为50% CO_2/50% N_2，MAP 3为空气），以及未包装的对照组，所有样品均在4 ℃下储存7周。

在材料和方法部分，研究者们详细描述了奶酪的生产过程、包装过程、总干物质含量、总脂肪含量、可滴定酸度、色泽特性和微生物分析的测定方法。实验采用了SPSS统计软件进行数据分析，通过单因素和双因素方差分析（ANOVA）来确定不同包装条件下奶酪样品间的差异。

在实验结果与讨论部分，研究者们首先报告了奶酪样品的总干物质和总脂肪含量，然后分析了不同包装条件下奶酪的色泽变化，特别是亮度（L*）和黄蓝色度（b*）的变化。RAP组的样品在色泽保持方面表现更好，尤其是RAP 1组。可滴定酸度的分析显示，对照组的酸度最高，而RAP 1组最低，表明RAP技术能有效维持奶酪的酸度。

在微生物分析方面，研究者们评估了总嗜中温需氧细菌（TMAB）和酵母-霉菌的数量。结果显示，RAP技术显著降低了这些微生物的生长，尤其是RAP 1组的效果最为显著。研究者们认为，氢气在降低氧化还原电位（Eh）方面发挥了作用，从而抑制了需氧微生物的生长。

实验结果显示，RAP 1条件下的奶酪样品在色泽和可滴定酸度上与新鲜样品最为接近。在微生物分析方面，对照组的总嗜中温需氧细菌（Total Mesophilic-Aerobic Bacteria, TMAB）数量最高，而RAP 1组最低。所有样品组的酵母-霉菌计数随时间增加，但RAP组的计数最低。研究指出，氢气在保持新鲜奶酪新鲜度方面具有潜在的保护作用，且无需使用任何防腐剂。

六、橄榄油

橄榄油在中国市场的潜力正随着消费者对健康生活方式的追求而不断增长。中国消费者越来越重视食品的营养价值和健康益处，这使得富含健康脂肪和抗氧化物的橄榄油成为了一个吸引人的选择。橄榄油不仅在烹饪中有着广泛的应用，如用于沙拉酱、烹饪和烘焙，还在美容和个人护理产品中占有一席之地，例如在护肤品和护发素中作为滋润成分。

随着中国经济的快速发展和城市化进程的加快，中产阶级群体的壮大为橄榄油市场提供了庞大的目标消费群体。这个群体更倾向于购买进口商品，寻求高品质的生活方式，并且愿意为健康和品质支付更高的价格。此外，随着互联网的普及和电商平台的兴起，橄榄油的销售渠道也得到了极大的扩展，使得消费者可以更方便地购买到各种品牌和类型的橄榄油。

总体来看，随着消费者对健康食品需求的不断增长以及对高品质生活追求的增加，橄榄油在中国市场的前景十分广阔。通过有效的市场策略和消费者教育，橄榄油有望在中国市场上取得更大的成功，并成为健康食品领域的重要组成部分。

中国橄榄种植行业虽然拥有一定的发展潜力，但也面临着一些挑战和问题。首先，中国的气候和土壤条件与地中海地区相比存在差异，这可能会影响橄榄树的生长和橄榄油的品质。橄榄树对气候条件有特定的要求，在中国部分地区可能难以提供适宜的生长环境，导致产量和品质受限。

其次，中国的橄榄种植技术与国际先进水平相比还有一定差距。橄榄种植需要精细的农业技术和管理经验，而中国在这方面的积累相对较少，这可能会影响橄榄树的栽培效率和油橄榄的品质。此外，种植户对于橄榄树病虫害的防治知识可能不足，这也可能对橄榄种植产生不利影响。

再者，市场认知度不足是另一个问题。尽管橄榄油的健康益处逐渐被消费者所认识，但在中国，橄榄油仍然属于小众市场，大多数消费者对橄榄油的了解有限，这限制了市场需求的扩大。消费者对橄榄油品质的辨别能力不强，也容易被市场上的低价伪劣产品所误导。

此外，中国橄榄油品牌建设和推广力度不够，缺乏具有国际竞争力的品牌。这使得国产橄榄油在与进口橄榄油竞争时处于不利地位。同时，橄榄产业链的上下游协同不足，从种植、加工到销售的各个环节之间缺乏有效的整合和协同发展。

最后，政策支持和行业标准建设也是中国橄榄种植行业需要加强的方面。橄榄种植行业需要更多的政策扶持和资金投入，以提高种植技术水平和产业规模。同时，建立和完善行业标准，规范生产和市场秩序，保障消费者权益，也是推动橄榄种植行业健康发展的重要措施。

综上所述，中国橄榄种植行业在面临诸多挑战的同时，也存在着转型和升级的机遇。其中，发展氢农业，尤其是在橄榄油行业的运用，显示出其重要性。氢农业是一种新兴的农业技术，它利用氢气的还原性来提高作物的抗氧化能力，减少农药和化肥的使用，从而提升农产品的品质和安全性。

在橄榄油行业中，氢农业的应用可以通过以下几个方面来提升整个产业链的质量和效率：

提高橄榄果品质：使用富氢水灌溉橄榄树，可以增强橄榄树的抗氧化能力，减少病害的发生，从而提高橄榄果的品质。

增加橄榄油的营养价值：研究表明，富氢水可以促进植物合成更多的抗氧化物质，如多酚类化合物，这些物质在橄榄油中的含量增加，可以提升橄榄油的营养价值和健康益处。

改善橄榄油的加工过程：在橄榄油的提取过程中使用富氢水或在提取溶剂中加入氢气，可以减少油质的氧化，保持油的新鲜度和口感，延长油的保质期。

促进可持续发展：氢农业的实践有助于减少化学农药和肥料的使用，这不仅有助于保护环境，也符合当前消费者对绿色、有机产品的需求。

提升市场竞争力：随着消费者对食品安全和品质的日益关注，采用氢农业技术生产的橄榄油可以作为一种高端产品进入市场，提升中国橄榄油品牌的市场竞争力。

因此，氢农业在橄榄油行业的应用不仅有助于解决当前面临的一些技术和品质问题，还能够推动整个行业的创新和可持续发展。通过政策引导、技术研发和市场推广，氢农业有望成为推动中国橄榄种植行业转型升级的重要力量。

而土耳其穆斯塔法凯末尔大学的几位学者对改善橄榄油的加工过程开展的研究，将会给我们提供诸多新思路[14]。

在这项研究中，作者们探究了HRW洗涤粗橄榄渣油（COPO）以及在提取溶剂中加入氢对油品质属性和植物化学成分的影响。实验开始时，通过将高纯度的氢气直接溶入纯净水中制备了HRW。接着，将COPO样品与HRW或普通水（NW）混合，经过涡旋和离心处理以实现油水分离。所得的油相被转移到新的容器中，并在低温下保存以备后续分析。为了评估洗涤效果，进行了三次连续的洗涤循环，并在每次洗涤后测量了废水的pH值和氧化还原电位（Eh）。

在颜色特性分析方面，利用色彩测量设备对洗涤后的油样进行了L*（亮度）、a*（红绿度）、b*（黄蓝度）值的测定，这些参数分别代表油样的亮度、红绿度和黄蓝度。通过这些数据，计算出了油样的褐变指数（BI）和总颜色变化（ΔE），以评估洗涤过程对油样颜色的影响。

酸度和过氧化值的测定是评估油品质的重要指标。通过滴定法和AOCS官方方法，分别测定了COPO样品的可滴定酸度和过氧化值，以了解不同类型水对油氧化程度的影响。

为了深入分析油中的植物化学成分，实验中还进行了酚类化合物的提取和分析。使用了不同的溶剂组合，包括甲醇和己烷，以及它们的氢富版本，通过涡旋和离心提取油中的酚类物质。提取出的酚类化合物随后通过LC/MS/MS技术进行定性和定量分析。

此外，研究还评估了COPO样品中的总酚含量（TPC）、总黄酮含量（TFC）以及它们的DPPH和ABTS自由基清除活性，这些都是衡量油抗氧化能力的重要指标。

最后，通过SPSS软件和GraphPad Prism软件对所得数据进行了统计分析，以确定不同洗涤方法和循环次数对COPO油品质属性和植物化学成分的影响。

作者们的实验结论和研究结论如下：

1. 洗涤对酸度和过氧化值的影响

使用HRW和NW洗涤COPO后，酸度和过氧化值都有所下降，其中HRW的影响更为显著。

随着洗涤循环次数的增加，这两种值的降低效果更加明显，表明多次洗涤可以进一步提高油的品质。

2. 颜色特性的变化

HRW洗涤的COPO样品在L^*、a^*、b^*和C^*（色彩饱和度）方面都显示出积极的变化。特别是，HRW洗涤后L^*值增加，表明油的亮度提高，而a^*值变得更负，表明油的绿色成分增加，这可能意味着叶绿素颜色更纯净。

表12-2-1　粗橄榄渣油（COPO）样品的颜色参数变化（均值±标准偏差，n=3）[①]

		1st washing	2nd washing	3rd washing
L^*				
COPO (unwashed)	34.84 ± 0.01^a			
COPO NW		37.07 ± 1.60^{cA}	39.87 ± 0.36^{bA}	45.15 ± 0.57^{aA}
COPO HRW		32.60 ± 0.28^{cB}	37.86 ± 0.99^{bB}	39.74 ± 0.46^{aB}
a^*				
COPO (unwashed)	-5.99 ± 1.08^a			
COPO NW		-6.13 ± 0.69^{cA}	-7.49 ± 0.39^{bA}	-8.63 ± 0.35^{aA}
COPO HRW		-3.84 ± 0.24^{cB}	-6.42 ± 0.51^{bB}	-7.22 ± 0.27^{aB}
b^*				
COPO (unwashed)	13.06 ± 0.01^a			
COPO NW		17.12 ± 1.35^{bA}	19.35 ± 0.16^{aA}	21.06 ± 0.66^{aA}
COPO HRW		12.32 ± 0.59^{cB}	18.19 ± 0.10^{bB}	19.40 ± 0.36^{aB}
C^*				
COPO (unwashed)	21.14 ± 0.01^a			
COPO NW		18.18 ± 1.50^{cA}	20.66 ± 0.21^{bA}	22.71 ± 0.64^{aA}
COPO HRW		12.90 ± 0.63^{cB}	17.91 ± 0.86^{bB}	20.33 ± 0.62^{aB}
h^*				
COPO (unwashed)	110.03 ± 0.02^a			
COPO NW		109.67 ± 0.60^{bA}	109.80 ± 0.93^{bA}	112.29 ± 0.20^{aA}
COPO HRW		107.32 ± 0.24^{cB}	110.09 ± 0.35^{bA}	110.75 ± 0.32^{aB}
ΔE				
COPO (unwashed)				
COPO NW		5.93 ± 0.44^{aA}	4.85 ± 0.23^{bA}	3.02 ± 0.41^{cA}
COPO HRW		3.47 ± 0.020^{aB}	1.41 ± 0.18^{bB}	1.29 ± 0.13^{cB}
BI				
COPO (unwashed)	51.04 ± 0.67^a			
COPO NW		47.62 ± 0.79^{aA}	47.25 ± 0.32^{cA}	45.43 ± 1.94^{cA}
COPO HRW		44.50 ± 0.15^{aB}	44.12 ± 0.98^{aB}	36.40 ± 1.79^{bB}

① 表格1显示了不同洗涤水类型（HRW和NW）以及不同洗涤次数对粗橄榄渣油（COPO）样品颜色参数（L^*、a^*、b^*、C^*、h^*、ΔE和BI）的影响。这些数据直接展示了洗涤过程对COPO颜色特性的影响，包括亮度（L^*）、红绿度（a^*）、黄蓝度（b^*）、色彩饱和度（C^*）、色相角（h^*）、总颜色变化（ΔE）和褐变指数（BI）。

总颜色变化（ΔE）和褐变指数（BI）在HRW洗涤的样品中显著降低，表明HRW对保护油的颜色特性具有更好的效果。

3. 酚类化合物和黄酮类化合物的含量

HRW洗涤的COPO样品中酚类化合物的含量增加，而NW洗涤的样品中酚类化合物含量减少。在提取溶剂中加入氢，特别是同时加入到甲醇和己烷中，可以显著提高COPO中总酚类含量（TPC）和总黄酮类含量（TFC）。

4. 抗氧化活性

HRW洗涤的COPO样品在DPPH和ABTS自由基清除活性测试中表现出更高的抗氧化能力。

当溶剂中加入氢时，无论是DPPH还是ABTS测试，COPO样品的抗氧化活性都有显著提升。

5. LC/MS/MS 分析结果

使用LC/MS/MS技术对COPO样品中的酚类化合物进行了分析，发现HRW洗涤可以增加特定酚类化合物的含量，如香草酸、香草醛和卢特林，而NW洗涤则导致这些化合物含量减少。

6. pH 值和氧化还原电位（Eh）的测量结果

洗涤过程中产生的废水的pH值从约7.15（清洁水）降至约4.4~4.9（废水），这可能是由于COPO中的游离脂肪酸，特别是油酸转移到洗涤水中。

HRW洗涤后的废水Eh值从-285 mV增加到-76~-133 mV的范围，而NW洗涤后的废水Eh值从+320 mV降至-58~-112 mV的范围，表明HRW具有更强的还原性。

7. 环境友好和成本效益的方法

研究提出了一种使用分子氢作为抗氧化剂的绿色、经济、环保的方法来改善COPO的品质，这种方法不涉及使用有害化学物质。

8. 非食品应用潜力

尽管HRW洗涤得到的橄榄油属性不符合食用油标准，但所得到的油可以用于非食品产品的配方，从而提高其质量。

这些实验结果表明，使用富氢水洗涤和在提取溶剂中加入氢是提高COPO品质的有效方法，能够改善其感官特性、物理化学属性、抗氧化活性以及植物化学物质的含量。

七、发芽糙米

在《富氢水发芽糙米加工工艺及其品质研究》这篇文章中，研究者们探索了HRW对发芽糙米加工工艺及其品质的影响[15]。实验通过单因素和响应面试验，优化了HRW浓度、发芽温度和浸泡时间等关键参数，以提高糙米的发芽势、发芽率和总黄酮含量。

实验结果表明，最佳的发芽工艺条件为：浸泡时间为13小时、发芽温度为29 ℃、HRW浓度为1.5 mg/L（即0.75 mM）。在这些条件下，糙米的发芽势达到67%，发芽率为84%，总黄酮含量高达186.5 mg/100 g，显著高于普通纯水发芽糙米的发芽势（46%）、发芽率（70%）和总黄酮含量（130.3 mg/100 g）。

通过扫描电镜观察，HRW发芽糙米的米糠结构比普通纯水处理的更为疏松多孔。此外，HRW发芽糙米的糊化热焓值显著低于未发芽糙米及普通纯水发芽糙米，表明HRW处理可以改善糙米的糊化特性。

研究还发现，HRW（0.75 mM）对发芽糙米的总黄酮含量有显著影响，其含量随着HRW浓度的增加而增加。这可能与HRW中的氢气作为信号分子，提高总黄酮类生物合成相关基因的转录水平有关。

总体而言，这项研究证实了HRW在发芽糙米加工中的潜在应用价值，通过提高发芽效率和功能活性成分含量，改善了糙米的营养品质和加工特性。

八、豆芽

在一篇文章中，研究者们探讨了氢气在调节大豆豆芽（*Glycine max L.*）中AsA生物合成和增强抗氧化系统方面的潜在作用，特别是在紫外A（UV-A）照射条件下[16]。实验设置了四种处理：白光（W）、白光加富氢水（W+HRW）、UV-A照射和UV-A照射加富氢水（UV-A+HRW）。

实验结果显示，与单独的UV-A照射相比，HRW的存在显著阻断了UV-A诱导的ROS的积累，降低了TBARS含量，并增强了SOD和APX的活性。此外，UV-A诱导的AsA积累在与HRW共处理时得到了更显著的增强。通过分子分析，研究者们发现与单独的UV-A处理相比，UV-A+HRW显著上调了大豆豆芽中AsA生物合成和回收相关基因的表达。

具体到HRW中的氢气浓度，实验中使用的饱和HRW的初始浓度为829 $\mu mol \cdot L^{-1}$（约合0.829 mM）。实验中，大豆豆芽被种植在HRW中，并在白光或UV-A照射下进行了不同时间的处理。结果显示，与未种植豆芽的对照组相比，种植豆芽的HRW组中氢气浓度下降更快，特别是在UV-A照射下，氢气浓度在1小时后迅速下降至200～300 $\mu mol \cdot L^{-1}$（约合0.2～0.3 mM）。

这些数据表明，HRW通过上调AsA生物合成和回收基因的表达，积极调节大豆豆芽在UV-A照射下的AsA积累，并通过增强抗氧化系统来减轻UV-A引起的氧化损伤。研究结果为提高大豆豆芽的营养品质提供了一种潜在的有效和安全的方法，即使用富氢水处理。

九、甜菜泡菜

在一篇文章中，研究者们探索了将氢气（H_2）加入到溶剂中对提取红甜菜根（*Beta vulgaris L.*）中的酚类、黄酮类、花青素和抗氧化物质的影响[17]。实验中使用了三种不同的溶剂：水、乙醇和甲醇，并考察了加入氢气后这些溶剂对红甜菜根中目标化合物提取效率的影响。结果显示，使用富含氢的甲醇（HRM）作为溶剂时，提取物的产量最高，达到了24.32%。与未添加氢气的溶剂相比，加入氢气后，水、乙醇和甲醇中总酚类化合物（TPC）的含量分别显著增加了77.34%、39.02%和89.07%，黄酮类化合物（TFC）的含量分别增加了43.30%、50.5%和88.87%，花青素（TAC）的含量分别增加了92.62%、199.5%和257.41%。此外，DPPH和ABTS①的清除活性也有所提高。这些结果表明，向溶剂中加入氢气是一种简单、环保且成本效益高的方法，可以显著提高从植物材料中提取生物活性化合物的效率。

在另一篇文章中，研究者们研究了HRW在制备红甜菜泡菜过程中对生物胺（BAs）形成的限制作用[18]。实验中，将红甜菜根切成片后，分别用普通水（NW）和HRW（0.8 mM）制备泡菜，然后分析了在发酵过程中泡菜和泡菜汁中生物胺的含量。实验结果表明，在整个发酵过程中，使用HRW制备的泡菜中所有生物胺的含量都低于使用NW的泡菜。特别是在发酵结束时，使用HRW的泡菜中酪胺、2-苯基乙胺、组胺、色胺和腐胺的含量分别比使用NW的泡菜低15.15%、16.67%、27.65%、17.09%和21.64%。此外，研究还发现，使用HRW的泡菜中总需氧菌（TMAB）、酵母-霉菌和乳酸菌（LAB）的数量都高于使用NW的泡菜。这些结果表明，使用HRW可以有效地限制泡菜中生物胺的形成，这可能与HRW中的分子氢的还原潜力有关，这种潜力可能影响了微生物生长和生物胺合成途径。

两篇文章中的实验结果都强调了氢气在食品加工和保存中的潜在应用，无论是作为提取溶剂的一部分还是作为发酵过程中的介质。这些发现为开发新的食品加工技术提供了有价值的见解，并可能对提高食品的营养价值和安全性产生重要影响。

十、萝卜芽

萝卜作为我国蔬菜市场的重要组成部分，不仅因其丰富的营养价值受到消费者的青睐，还因其多样的品种和广泛的适应性，在农业种植中占有举足轻重的地位。萝卜含有丰富的维生素C和多种微量元素，具有很好的保健作用，长期以来被视为物美价廉的健康食品。随着人们健康意识的提高，萝卜及其芽苗菜的市场需求持续增长，促进了蔬菜市场的多样化发展。

---

① 2,2'-联氮-双（3-乙基苯并噻唑啉-6-磺酸）[2,2'-Azino-bis（3-ethylbenzothiazoline-6-sulfonic Acid），ABTS]

近年来，科研人员对萝卜及其芽苗菜的功能性成分进行了深入研究，探索其在促进健康方面的潜力。特别是在两篇关于HRW对萝卜芽苗花青素合成影响的研究中，科学家们发现HRW在调控花青素生物合成过程中扮演了重要角色。在接下来的文章中，我们将详细地为大家介绍这两个学者团队的实验，以及他们优秀的工作所能带给我们的思考和启发。

来自中国农业大学的学者们在美国化学学会（American Chemical Society, ACS）所出版的《农业与食品化学杂志》（Journal of Agricultural and Food Chemistry）刊载了他们的研究过程与详细的结果[19]。

研究团队首先选取了两种不同花青素含量的萝卜品种：一种是花青素含量较低的 Qingtou（LA品种），另一种是花青素含量较高的 Yanghua（HA品种）。实验的第一步是将这两种萝卜的种子分别浸泡在蒸馏水或富氢水（HRW）中12小时，以促进种子的发芽。随后，将发芽的种子转移到含有HRW或蒸馏水的四分之一强度Hoagland营养液中培养。

实验设置了四种处理条件，每种条件都有三个重复样本：第一种是白光照射（W + Con），第二种是白光加HRW（W + HRW），第三种是UV-A照射（UVA + Con），第四种是UV-A加HRW（UVA + HRW）。营养液每12小时更换一次，以保持实验条件的稳定性。在25 ℃的黑暗条件下，萝卜苗在孵化器中生长了两天，然后转移到白光或UV-A照射的孵化器中继续培养24小时。白光的光强度设定为$50 ± 5$ $\mu mol·m^{-2}·s^{-1}$，而UV-A的剂量设定为5.5 $W·m^{-2}$。

为了制备HRW，研究者们使用氢气发生器产生的纯化氢气（99.99%）在一定速率下通入蒸馏水中，直到溶液达到氢气的饱和浓度（约0.22 mM）。然后根据实验需要，将HRW稀释至不同的浓度。实验中，使用气相色谱法（GC）分析了新制备的HRW中氢气的浓度。

在实验过程中，研究团队还观察了萝卜苗下胚轴的横截面，并通过光镜进行了观察和记录。为了评估UV-A引起的氧化损伤，研究者们测量了萝卜苗下胚轴中的TBARS含量，这是一种脂质过氧化的指标。此外，还测定了抗氧化酶活性，包括SOD、过氧化物酶（APX）和CAT。

为了进一步分析花青素的生物合成，研究团队进行了实时定量RT-PCR分析，以评估与花青素生物合成相关的基因表达水平。此外，还进行了组织化学染色，以检测应激诱导的O_2^-和H_2O_2的生成。花青素、总酚含量以及DPPH自由基清除活性的测定也是实验的一部分，这些测定有助于了解HRW对花青素生物合成途径的影响。

最后，研究者们通过高效液相色谱-串联质谱（LC-MS/MS）分析，鉴定和定量了萝卜苗下胚轴中的花青素苷元。这些实验步骤共同构成了研究的实验设计，旨在揭示HRW如何影响不同品种萝卜苗在UV-A照射下的花青素合成。

他们得到的主要结果如下：

1. UV-A对萝卜芽的影响：实验显示，UV-A照射显著抑制了萝卜芽下胚轴的伸长，并在两种品种（LA和HA）中增加了花青素的积累。特别是在HA品种中，与白光照射相比，UV-A照射24小时后，花青素含量显著增加。

2. HRW的作用：HRW显著阻断了UV-A诱导的H_2O_2和O_2^-的积累，并增强了LA和HA品种中SOD和APX活性的UV-A诱导增加。这表明HRW有助于减轻UV-A引起的氧化损伤。

3. 花青素和总酚的增加：在HA品种中，与UV-A单独照射相比，HRW的存在进一步增强了UV-A诱导的花青素和总酚的积累。然而，在LA品种中，HRW处理并未导致花青素积累的显著变化。

4. 花青素苷元的差异：LC-MS/MS分析显示，HA品种的萝卜芽中有五种花青素苷元存在，而LA品种中只有两种。在HA品种中，花青素苷元的积累在HRW处理下显著增加，尤其是氰苷，其含量是UV-A单独照射下的两倍。

5. 基因表达的上调：分子分析表明，与花青素生物合成相关的基因在经HRW和UV-A处理的HA和LA品种中显著上调。特别是在HA品种中，这些基因的表达水平显著更高。

6. 不同品种的敏感性差异：研究发现，HRW对LA和HA两种品种的萝卜芽在UV-A照射下的花青素积累有不同影响，HA品种对HRW更为敏感，表现出更

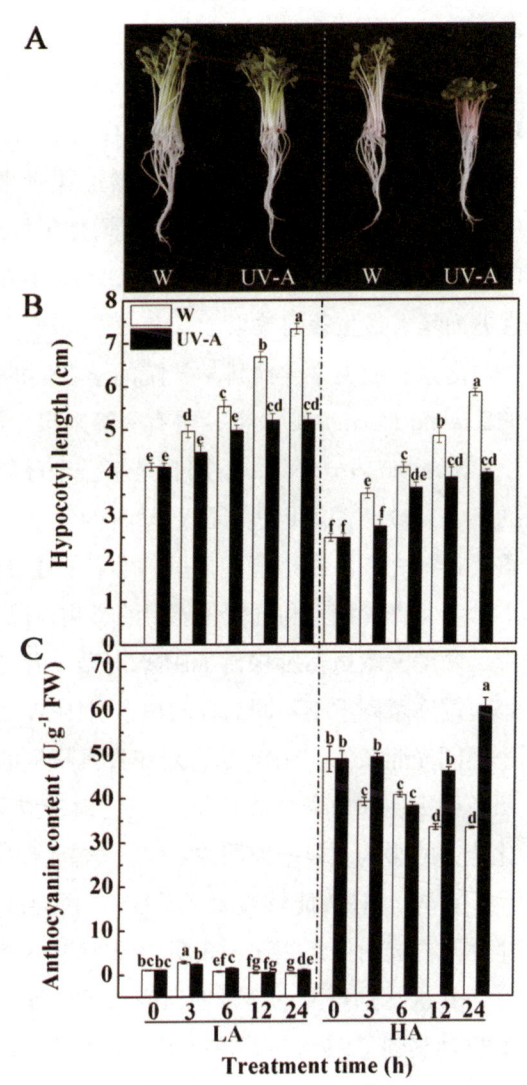

图12-2-4　24小时UV-A处理对萝卜芽形态的影响，包括下胚轴的伸长变化和花青素含量的变化[①]

---

① 图12-2-4展示了24小时UV-A处理对萝卜芽形态的影响，包括下胚轴的伸长变化和花青素含量的变化。具体来说：

图12-2-4A展示了在不同处理条件下萝卜芽的形态对比，通过视觉可以观察到UV-A处理对下胚轴伸长的影响。

图12-2-4B 展示了不同时间点（0小时、3小时、6小时、12小时和24小时）下胚轴伸长的变化，可以观察到UV-A照射下伸长抑制的具体情况。

图12-2-4C 展示了相同时间点花青素含量的变化，可以观察到UV-A照射下花青素积累的增加，尤其是在HA品种中。

强的花青素积累和基因表达上调。

7. HRW的保护作用：HRW通过重新建立活性氧种类的稳态，保护萝卜芽免受UV-A的氧化损伤，这一点通过降低TBARS含量和增加抗氧化酶活性得以证实。

8. 可能的信号传导机制：研究提出了一个假设，即HRW可能通过影响植物激素信号传导或直接作用于花青素生物合成相关基因或抗氧化酶，增强了UV-A诱导的花青素积累。

值得注意的是，在本实验中，研究者们测试了不同浓度的HRW对萝卜芽花青素积累的影响。实验中使用了1%，10%，50%和100%的HRW浓度处理。结果显示，尤其是100%的HRW处理能够显著增加花青素含量，特别是在高花青素含量的HA品种中，100% HRW处理使花青素含量增加了约25%。此外，100% HRW处理还显著阻断了UV-A诱导的ROS和TBARS的增加，表明100% HRW在减轻氧化损伤和增强抗氧化酶活性方面具有最显著的效果。

南京农业大学生命科学学院的学者们的研究没有止步于此。在Elsevier出版社发行的*Scientia Horticulturae*上，也有一篇来自于同学院学者们的文章[20]。

*Scientia Horticulturae*期刊是享誉全球的园艺领域高质量期刊。它涵盖了园艺科学的各个领域，深度促进了园艺学科的发展和创新，是园艺科研工作者发表研究成果的重要选择之一。在这篇文章里，学者们主要探索了HRW在不同光照条件下对未成熟萝卜微绿花青素积累和抗氧化能力的影响，以及其潜在的分子机制。

两篇文章虽然都探讨了HRW对萝卜芽花青素积累的影响，但研究的侧重点不同。第一篇文章侧重于不同品种的萝卜对HRW和UV-A照射反应的差异性，这篇文章则侧重于不同光照条件与HRW结合对花青素积累的效应。学者们主要研究了HRW在短波长光照条件下，如白光、蓝光和UV-A，对未成熟萝卜微绿花青素积累的促进作用及其抗氧化能力的影响。根据他们的实验，学者们得出了几个非常关键的研究结论。

首先，HRW能够显著逆转UV-A诱导的下胚轴生长抑制，并减少TBARS的过量产生，与白光对照组相比，表明HRW对萝卜微绿的生长和抗氧化能力具有积极作用。

其次，这篇文章涉及的研究，可以作为第一篇文章的一次成功的重复实验，学者们也观察到了HRW显著提高了总酚含量，并且增加了特定花青素化合物的含量。

他们还发现，与花青素生物合成相关的基因表达，如PAL、CHS和UDP-葡萄糖：类黄酮-O-葡萄糖转移酶（UFGT）的活性在蓝光和UV-A照射下显著提高，并且这种促进效应在HRW的共同处理下得到了加强。并且随着花青素含量的增加，未成熟微绿的抗氧化能力也得到了增强。这表明HRW的应用不仅可以提高花青素含量，还可以增强植物的抗氧化防御机制。

这两篇文章通过科学研究揭示了HRW和不同光照条件对萝卜芽苗菜花青素合成的积极影响，为我们提供了关于植物生长调节和次生代谢产物积累的重要启示。首先，研究表明，HRW作为一种新型的抗氧化剂，能够有效地改善植物在UV-A等环境压力下的生长发育状况，通过减少活性氧种类（ROS）的积累和增加抗氧化酶活性来保护植物免受氧化损伤。其次，HRW能够显著提高萝卜芽苗菜中的花青素含量，特别是在UV-A光照条件下，这一现象在高花青素含量的品种中尤为明显。花青素作为一种具有多种健康益处的天然色素，其含量的增加不仅增强了植物的光保护能力，也为人类提供了更多的健康食品选择。

此外，这些研究强调了光照条件在植物生长发育和次生代谢中的作用，尤其是短波长光对花青素合成的促进作用。通过调整光照条件和应用HRW，我们可以在一定程度上调控植物内源性化合物的合成，这为农业生产提供了新的策略，尤其是在工厂化栽培和植物健康管理系统中。最后，这些发现还提示我们，植物的生理响应和代谢途径可能受到多种环境因素的精细调控，未来的研究可以进一步探索这些相互作用的分子机制，为作物改良和植物保护提供更深层次的科学依据。

第三节　模式生物

模式生物是指在生物学研究中被广泛用作实验材料的特定物种，它们在生物医学、遗传学、发育生物学等领域中具有重要的作用。以下是三种常见的模式生物。

1. 斑马鱼（*Danio rerio*）：斑马鱼是一种小型的淡水鱼，原产于南亚和东南亚的河流和溪流中。斑马鱼因其胚胎透明、体外受精和发育速度快而被广泛用作脊椎动物发育和遗传学研究的模式生物。斑马鱼的胚胎在受精后几天内就可以观察到许多重要的发育过程，如器官形成和血液循环。此外，斑马鱼的基因组与人类有较高的同源性，使其成为研究人类疾病模型和药物筛选的重要工具。

2. 秀丽隐杆线虫（*Caenorhabditis elegans*）：秀丽隐杆线虫是一种非寄生性的线虫，属于蛔科。它在生物学研究中被用作模式生物，主要是因为它的身体结构简单，成年个体仅由959个细胞组成，且每个细胞的发育过程和细胞谱系都已被详细描述。秀丽线虫的生命周期短，易于在实验室条件下培养，且其基因组相对较小，已被完全测序。秀丽线虫被广泛用于研究细胞死亡、衰老、神经生物学和基因功能等领域。此外，它也是研究基因与环境相互作用以及遗传疾病的模型生物。

3. 拟南芥（*Arabidopsis thaliana*）：拟南芥是一种属于十字花科的小型开花植物，原产于欧洲和亚洲的温带地区。它被广泛用作植物遗传学和发育生物学研究的模式生物。拟南芥的生命周期短，大约6周就可以完成从种子到种子的生命周期，且易于在实验室条件下进行自交和杂交。它的基因组相对较小，已在2000年被完全测序，这使得基因功能的研究变得相对容易。此外，拟南芥也是研究植物对环境响应的理想模型，如对光、温度和病原体的反应。

这三种模式生物在基础生物学研究和生物医学研究中都发挥着不可或缺的作用，为理解生命过程和疾病机制提供了重要的实验平台。

也有学者就富氢水对这三种模式生物展开了研究。

一、斑马鱼

我国的水产养殖业正面临着一个很难克服的挑战。那就是嗜水气单胞菌（*Aeromonas hydrophila*）。它是一种广泛存在于自然界中的革兰氏阴性菌，属于弧菌科（*Vibrionaceae*）气单胞菌属（*Aeromonas*）。这种细菌在淡水、污水、土壤和人类粪便中都有分布。嗜水气单胞菌具有嗜温性和运动性，是气单胞菌属的模式种，其形态为两端钝圆、直或略弯的短杆菌，大小约为（0.3~1.0）μm×（1.5~4.0）μm。在适宜的条件下，这种细菌能在普通培养基上生长良好，形成无色或浅黄色、表面光滑、中间微凸、边缘整齐的菌落，直径约2~3 mm，具有特殊的芳香味。

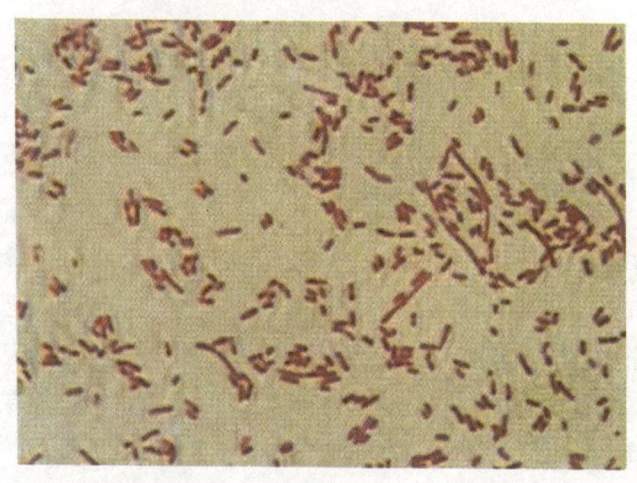

图12-3-1　显微镜下的嗜水气单胞菌

嗜水气单胞菌的致病性与其产生的多种毒力因子密切相关，主要包括外毒素、胞外蛋白酶、粘附因子、S层蛋白、菌毛、转铁蛋白和外膜蛋白等。这些毒力因子的协同作用决定了菌株的毒力强弱。嗜水气单胞菌不仅分布范围广，而且致病宿主范围也非常广泛，能感染水生动物中的鱼类、节肢类、软体类、两栖类及爬行类，主要引起出血性败血症或皮肤溃疡等疾病，并伴随着过量的炎症反应。

在水产养殖业中，嗜水气单胞菌的爆发性传染可造成巨大的经济损失。20世纪末，我国淡水养殖业就因嗜水气单胞菌的爆发性传染遭受了严重的经济损失。此外，嗜水气单胞菌对人类同样具有致病性，近年来由嗜水气单胞菌引起的人类食物中毒、腹泻、败血症、脑膜炎、肺炎及蜂窝组织炎等病例时有发生，其致病性已成为公共卫生关注的热点。在国际上，嗜水气单胞菌已被纳入腹泻病原体的检测范围。

为了有效防控嗜水气单胞菌引发的爆发性疾病，在水产养殖中，目前人们主要利用抗生素、疫苗、中草药及益生菌等预防嗜水气单胞菌感染。然而，抗生素的滥用导致了耐药菌株的产生，以及对水生态环境的破坏。因此，寻求新的无害、无残留的能替代抗生素的替代品，有效防控水产养殖各种细菌的流行与危害，是当前亟待解决的问题。

而氢气是一种新型的治疗性气体，正如我们前文一直提到的那样，它在近年来被发现具有抗氧化、抗炎症、抗凋亡和信号通路调节等多重生物学效应，并在多种动物疾病模型中得到验证。那么氢气是否能解决这个问题呢？对此，我国学者展开了研究[21]。实验过程与技术路线如图12-8-2。

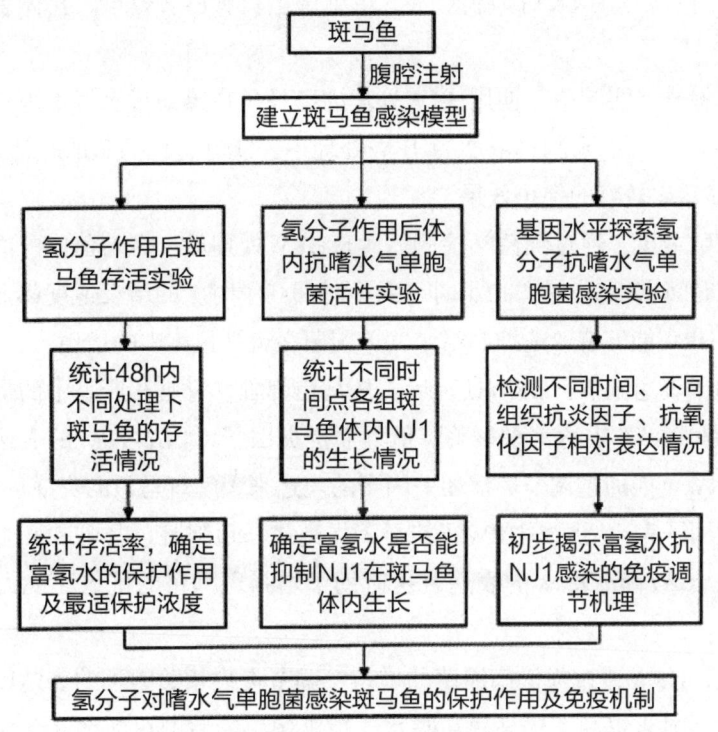

图12-3-2　氢分子对感染嗜水气单胞菌斑马鱼的作用研究的技术路线

首先，实验团队选择了健康的斑马鱼作为实验对象，并将其分为不同的实验组。实验组的斑马鱼通过腹腔注射的方式感染了嗜水气单胞菌NJ-1，而对照组则注射了等量的PBS缓冲液。

在感染嗜水气单胞菌后，实验组的斑马鱼被进一步分为几个小组，分别浸泡在不同浓度的HRW中。具体来说，实验中使用了1%（0.006 mM）和4%（0.024 mM）的HRW处理组，以及未处理的对照组。HRW是通过将氢气通入含有鱼培养水的广口瓶中制备的，确保了氢气的浓度和稳定性。

在实验过程中，学者们特别关注了斑马鱼在感染后的存活情况。他们每隔一定时间观察并记录斑马鱼的形态和行为，同时统计死亡的鱼的数量。通过计算注射细菌后48小时内的存活率，学者们能够评估HRW对斑马鱼存活率的影响。

此外，为了探究HRW在体内对嗜水气单胞菌生长的影响，学者们在感染后的6小时、12小时、24小时和48小时分别取样，采用无菌手术剪将斑马鱼剪碎，并用无菌水和PBS缓冲液进行冲洗和匀浆，制备样本液。然后，通过梯度稀释法将样本液稀释，并在TSA平板上进行涂布培养，以计数嗜水气单胞菌的菌落总数。这一步骤有助于评估HRW对抑制嗜水气单胞菌在斑马鱼体内生长的效果。

通过这些实验步骤，学者们能够系统地研究氢气对嗜水气单胞菌感染斑马鱼的保护作用，并初步探索其保护机制。

实验结果确实表明HRW对抑制嗜水气单胞菌生长有显著效果。具体表现在以下几个方面：

1. 存活率提升：实验中，使用HRW处理的斑马鱼在感染嗜水气单胞菌后，其存活率得到了显著提升。特别是1%浓度的HRW处理组，能够将斑马鱼的存活率从51.7%提升至72.5%，显示出较好的保护效果。

2. 菌落总数减少：通过细菌学检测，发现HRW处理后，斑马鱼体内的嗜水气单胞菌数量在各个时间点（6小时、12小时、24小时和48小时）的增长速度都显著低于未处理组。这说明HRW能够有效地抑制嗜水气单胞菌在斑马鱼体内的增殖。

3. 炎症因子表达调节：HRW处理后，斑马鱼脾脏、肾脏和肝脏中的促炎因子（如$NF\text{-}\kappa B$、$IL\text{-}1\beta$和$IL\text{-}6$）表达水平显著降低，而抗炎因子（如$IL\text{-}10$）的表达水平显著上调。这表明HRW可能通过调节炎症相关因子的表达来缓解斑马鱼的炎症反应。

4. 抗氧化因子表达增强：HRW还能显著提高斑马鱼脾脏、肾脏和肝脏中抗氧化因子（如$SOD1$、CAT和POD）的表达，这有助于增强斑马鱼的抗氧化能力，减轻氧化损伤。

综上所述，HRW通过降低病原菌的增殖、调节炎症相关因子的表达以及提高抗氧化因子的表达，显著提高了斑马鱼在嗜水气单胞菌感染后的存活率，并对其起到了保护作用。

那么，H_2是如何起到了保护作用的呢？该学者团队对这一现象背后的机理也展开了研究。

实验开始时，学者们选择了健康的斑马鱼，并将它们分为两组：NJ-1组和NJ-1 + 1% HRW组，每组包含20条鱼。实验组的斑马鱼通过腹腔注射接种了嗜水气单胞菌NJ-1，随后立即放入含有1%HRW的培养水中，而对照组则放入正常培养水中。这样的设计旨在模拟斑马鱼在自然环境中可能遭遇的感染情况，并评估HRW对免疫反应的潜在影响。

在感染后的6小时、12小时、24小时，分别从每组中取出5条鱼进行解剖，收集脾脏、肾脏和肝脏组织样本。这些组织样本被用于后续的基因表达分析。样本的收集和处理对于理解不同组织如何响应感染和HRW处理至关重要。

为了分析免疫相关因子的表达，实验团队采用了qPCR技术。首先，从收集的组织样本中提取总RNA，然后利用这些RNA进行反转录，制备cDNA。这些cDNA样本随后用于qPCR分析，以测定特定免疫相关基因的表达水平。实验中特别关注了炎症相关基因，包括促炎因子和抗炎因子，这些因子在感染和免疫反应中扮演关键角色。

该学者的实验结果揭示了HRW在斑马鱼感染嗜水气单胞菌后，对免疫相关因子表达的显著影响。具体而言，实验观察到在感染后的斑马鱼的脾脏、肾脏和肝脏中，促炎因子的表达水平，包括肿瘤坏死因子α（$TNF-\alpha$）、白细胞介素1β（$IL-1\beta$）和核因子κB（$NF-\kappa B$），在经过HRW处理的实验组中相比对照组出现了显著的下调。这一发现表明，HRW可能通过抑制这些促炎因子的表达，有效地减轻了斑马鱼体内的炎症反应。

通过进一步的分析，学者还发现，HRW处理不仅降低了促炎因子的表达，还伴随着抗炎因子白细胞介素10（$IL-10$）的表达上调。$IL-10$作为一种关键的抗炎细胞因子，能够在炎症过程中发挥抑制作用，维持免疫平衡。因此，HRW通过促进$IL-10$的表达，可能有助于缓解斑马鱼的炎症状态，增强其抗炎能力。

除了对炎症因子的调节作用外，HRW还显示出对抗氧化系统的影响。实验结果显示，HRW能够提高斑马鱼脾脏、肾脏和肝脏中$SOD1$、CAT和POD等抗氧化相关基因的表达。这些抗氧化酶在清除有害的活性氧物质（如超氧阴离子和过氧化氢）中起着至关重要的作用，有助于保护细胞免受氧化损伤。因此，HRW可能通过激活这些抗氧化酶的表达，增强了斑马鱼的抗氧化能力，从而对抗感染期间可能发生的氧化应激。

综合上述发现，本研究的结论强调了富氢水在调节斑马鱼免疫反应中的潜在应用价值。HRW通过降低促炎因子的表达、增强抗炎因子的表达以及提高抗氧化酶的活性，显示出对斑马鱼在感染嗜水气单胞菌后具有保护作用。这些结果不仅为理解HRW的免疫调节和抗氧化机制提供了新的视角，而且为未来在水产养殖业中应用HRW预防和治疗相关疾病提供了科学依据。通过这些机制，HRW可能有助于提高养殖鱼类的健康水平，减少疾病发生，从而带来经济效益和生态效益。

二、秀丽线虫

在一项研究中，学者们探究了氢气对其寿命和衰老过程的影响[22]。实验开始前，首先通过同步化方法获取了处于相同发育阶段的线虫。接着，将这些线虫分为对照组和实验组，对照组线虫在常规的培养基中生长，而实验组线虫则在含有氢气的水溶液中培养。实验中使用的氢气浓度通过精确的气相色谱法测定，确保实验组线虫处于特定浓度的氢气环境中。

为了模拟氧化应激条件，学者们在部分实验组中添加了胡桃醌（juglone），这是一种能够诱导线虫体内产生氧化应激的物质。通过这种方式，研究人员可以评估氢气对线虫在氧化应激环境下的生存能力的影响。在实验过程中，定期观察并记录线虫的行为和健康状况，包括运动能力、进食情况以及生殖能力等。

此外，为了深入探究氢气对线虫体内抗氧化酶活性的影响，研究人员还进行了一系列的生化实验。这包括从线虫体内提取蛋白质，并利用比色法测定SOD和谷胱甘肽过氧化物酶（GSH-Px）的活性。这些酶在抵抗氧化应激和维持细胞内氧化还原平衡中起着关键作用。通过比较不同实验组线虫体内这些酶的活性，研究人员可以评估氢气对线虫抗氧化能力的影响。

在整个实验过程中，学者们严格遵守无菌操作规程，以避免外部微生物污染对实验结果的干扰。同时，实验中还设置了多个重复组，以确保数据的可靠性和统计分析的有效性。通过这些精心设计的实验步骤，研究人员能够全面地评估氢气对秀丽隐杆线虫衰老过程的潜在影响。

实验结果显示，与对照组相比，暴露于氢气环境中的线虫表现出了显著的寿命延长。具体来说，实验组线虫的平均寿命和最高寿命均高于未接触氢气的对照组，这表明氢气可能具有抗衰老的潜力。

在模拟氧化应激的实验条件下，即在线虫培养基中添加胡桃醌后，实验组线虫显示出更强的抵抗力。在胡桃醌诱导的氧化损伤下，实验组线虫的存活率比对照组有显著提高，这进一步证实了氢气在提高生物体抗氧化能力方面的潜在作用。

此外，通过对线虫体内抗氧化酶活性的测定，研究发现氢气处理的线虫体内SOD的活性得到了显著提升，而GSH-Px的活性则没有显著变化。这一发现指出了氢气可能通过增强SOD酶的活性来提高线虫的抗氧化能力。

在探究氢气对线虫运动能力的影响时，实验观察到氢气环境中培养的线虫在头部摆动次数、身体弯曲次数以及咽泵频率等运动行为方面表现出了积极的变化，这些变化与线虫的运动能力和健康状况密切相关。

最后，通过分析线虫体内的脂褐素积累情况，研究还发现氢气干预能够有效抑制脂褐素的累积，脂褐素是一种与衰老相关的色素，其在体内的积累通常与生物体的衰老程度相关。

综上所述，这些实验结果为氢气作为一种潜在的抗衰老干预手段提供了有力的证据，并且揭示了氢气可能通过调节抗氧化酶活性和影响脂褐素积累等机制来发挥作用。

还有的学者，研究了氢气对氯化铵损伤秀丽线虫的效应[23]。

在这项研究中，学者们通过精心设计的实验流程来探究氢气对氯化铵损伤秀丽线虫的影响。实验的第一步是制备不同浓度的氯化铵溶液，以建立稳定的秀丽线虫损伤模型。研究团队首先测定了氯化铵的半数致死浓度（LC_{50}），这是通过将L_3期的秀丽线虫暴露于不同浓度的氯化铵溶液中，并观察一定时间内线虫的存活情况来实现的。在确定了LC_{50}值后，研究者们选择了亚致死浓度的氯化铵溶液对线虫进行处理，以模拟损伤状态。

随后，研究者们将线虫分为多个实验组和对照组，其中实验组的线虫被置于含有氯化铵的培养基中，而对照组则处于正常培养基中。在实验期间，定期观察并记录线虫的生理状态、运动行为和生长发育情况。为了评估氢气的潜在保护作用，研究者们还特别设计了氢气处理组，这些线虫在氢气环境中培养，以探究氢气对氯化铵诱导的损伤是否有缓解作用。

实验中，线虫在氢气环境中的暴露时间、频率和持续时间都被严格控制，以确保实验条件的一致性和可重复性。此外，为了全面评估氢气对氯化铵损伤线虫的影响，研究者们还采用了多种生化分析方法，包括对线虫体内ROS含量、线粒体膜电位（MMP）、抗氧化酶活性以及MDA含量的测定。这些生化指标有助于揭示氢气对线虫氧化应激状态的影响，以及氢气可能的抗氧化和细胞保护机制。

实验结果表明，氯化铵处理显著缩短了线虫的寿命，降低了其运动能力，并增加了体内ROS的产生，这些变化与氧化应激的增加密切相关。具体来说，与对照组相比，氯化铵处理的线虫表现出了显著的寿命缩短，产卵数量减少，以及运动行为能力下降，包括头部摆动次数、身体弯曲次数和咽泵频率的减少。

进一步的生化分析显示，氯化铵处理的线虫体内抗氧化酶如SOD和CAT的活性降低，而MDA含量增加，这些都是氧化损伤的生物标志物。此外，线粒体膜电位的下降也表明了线粒体功能的受损。

然而，在氢气环境中培养的氯化铵损伤线虫表现出了显著的改善。氢气处理的线虫寿命延长，运动能力得到恢复，ROS水平降低，抗氧化酶活性回升，MDA含量减少，线粒体膜电位也有所恢复。这些结果表明氢气具有显著的抗氧化作用，能够减轻氯化铵引起的氧化应激和细胞损伤。

此外，氢气处理还对线虫的基因表达产生了影响，与应激反应和抗氧化相关的基因表达水平发生了变化，这可能是氢气发挥保护作用的分子机制之一。总的来说，这些实验结果为氢气作为一种潜在的治疗手段提供了有力的证据，表明氢气能够对抗氯化铵诱导的氧化损伤，保护秀丽隐杆线虫的健康和延长其寿命。

最后我们要介绍的另一个中国学者团队，他们利用了能产生氢气的丁酸梭菌，并探究了其对秀丽线虫寿命的影响[24]。

在这项研究中，学者们首先关注了超声波除氧处理对富氢水制备的促进作用。他们通过将蒸馏水置于超声波清洗仪中，进行不同时间长度的超声处理，以观察超声波对水中气体的影响。在超声处理后，学者们立即检测了水的溶氧量、氧化还原电位和

pH值。为了评估超声波对氢棒产氢能力的影响,他们将氢棒放入经过超声处理的水和未经处理的蒸馏水中,并在不同时间点检测水中的溶氢量、溶氧量、氧化还原电位和pH值。

接着,研究者们探究了丁酸梭菌对秀丽线虫寿命的影响。他们通过培养丁酸梭菌和大肠杆菌,并使用这些细菌来喂养不同株系的秀丽线虫。在实验过程中,学者们记录了线虫的寿命,并观察了线虫的运动能力和进食行为。此外,他们还检测了线虫体内的活性氧水平、抗氧化酶活性以及丙二醛含量,以评估丁酸梭菌对线虫抗氧化能力的影响。

为了进一步研究丁酸梭菌的作用机制,学者们检测了与秀丽线虫衰老和抗氧化能力相关的基因表达情况。他们提取了秀丽线虫的总RNA,并进行了反转录PCR和实时定量PCR,以分析特定基因的表达水平。

最后,学者们利用百草枯(PQ)诱导的氧化损伤模型,研究了丁酸梭菌对秀丽线虫的保护作用。他们将秀丽线虫暴露于含有PQ的培养基中,并观察了丁酸梭菌对线虫寿命、生长发育、产卵率和体内ROS水平的影响。通过这些实验,学者们旨在揭示丁酸梭菌是否能够通过提高秀丽线虫的抗氧化能力来延长其寿命。

在这项研究中,学者们发现超声波处理显著促进了富氢水的制备。具体来说,随着超声波处理时间的延长,水中的氧含量逐渐下降,当处理时间达到12小时时,水中的溶氧量降至最低值。此后,即使在超声波处理停止后,水中的氧含量也能逐渐恢复。在超声水中加入氢棒后,与未经超声处理的蒸馏水相比,溶氢量的增加更为显著,表明超声波预处理可以提高氢棒的产氢效率。此外,超声水中的氧化还原电位和pH值也随着溶氢量的增加而发生了相应的变化,显示出与溶氧量的负相关性。

在丁酸梭菌对秀丽线虫寿命影响的实验中,学者们观察到喂食活性丁酸梭菌的秀丽线虫寿命显著延长,且其运动能力和进食行为也得到了改善。与喂食大肠杆菌的对照组相比,丁酸梭菌喂养的线虫表现出更高的头部摆动频率、身体弯曲次数和咽泵震动频率,显示出更好的运动能力和健康状况。此外,丁酸梭菌还能降低秀丽线虫体内的活性氧水平,提高抗氧化酶的活性,并减少丙二醛的积累,表明丁酸梭菌具有增强线虫抗氧化能力的作用。

在分子水平上,丁酸梭菌对秀丽线虫中与衰老和抗氧化相关的基因表达产生了显著影响。与对照组相比,喂食丁酸梭菌的线虫中,*age-1*、*daf-16*、*sir-2.1*和*hsp-16.1*等基因的表达水平发生了变化,这些基因与线虫的应激反应和寿命调节密切相关。这些结果表明,丁酸梭菌可能通过调节这些基因的表达来发挥其对秀丽线虫的保护作用。

最后,在百草枯诱导的氧化损伤模型中,学者们发现丁酸梭菌能够显著延长受损秀丽线虫的寿命,并改善其生长发育和产卵能力。在PQ存在的情况下,丁酸梭菌喂养的线虫体内ROS水平较低,这进一步证实了丁酸梭菌具有提高线虫抗氧化能力的作用。这些发现为丁酸梭菌作为一种潜在的抗衰老和抗氧化治疗剂提供了科学依据。

三、拟南芥

在这项研究中，学者们探究了氢气在植物抗旱性中的作用及其潜在的分子机制[25]。实验主要围绕氢气对拟南芥（*Arabidopsis thaliana*）气孔关闭的影响以及氢气如何通过影响ROS和一氧化氮（NO）的产生来调节气孔运动。研究中使用了HRW，其氢气浓度为0.781 mM，通过将纯氢气（99.99%）通入无二氧化碳的MES-KCl缓冲溶液中制备。

首先，研究者们利用特定的微电极系统实时监测了拟南芥叶片在施加外源性HRW后的氢气释放情况。接着，通过气相色谱（GC）分析，验证了在施加HRW后，拟南芥叶片内源性氢气产生的变化。为了评估HRW对气孔关闭的影响，研究者们将拟南芥的表皮碎片置于不同浓度的HRW中，并在不同时间点观察和记录了气孔孔径的变化。

此外，为了研究氢气对拟南芥耐旱性的影响，研究者们对经过HRW灌溉的拟南芥植株进行了干旱胁迫实验。通过比较灌溉HRW和未灌溉HRW的植株在干旱条件下的生存率和水分流失率，评估了HRW对植物耐旱性的影响。

在分子水平上，研究者们利用实时定量PCR技术，分析了在HRW处理下，与气孔运动相关的基因（如*GORK*）的表达变化。同时，通过共聚焦激光扫描显微镜技术，监测了在HRW处理下，拟南芥保卫细胞内ROS和NO的产生情况。为了进一步探究氢气信号传导途径，研究者们还使用了多种遗传突变体，包括*nia1/2*（硝酸还原酶双突变体）、*rbohF*（NADPH氧化酶F突变体）和*gork*（保卫细胞外向整流K^+通道突变体），来分析这些基因在氢气信号传导中的作用。

整个实验过程涉及了对HRW的制备、氢气含量的测定、气孔运动的观察、耐旱性测试、基因表达分析以及荧光探针技术等多种实验技术，以全面探究氢气在植物气孔调节和干旱应答中的作用。

实验结果显示，外源性氢气能够显著增加拟南芥叶片内源性氢气的产生，并且这种增加是快速和持续的。通过使用HRW，研究者们观察到气孔关闭程度随HRW处理时间的增加而增强，且这种效应在100%饱和的HRW处理下最为显著。此外，HRW处理的植物在干旱胁迫下的存活率显著提高，表明氢气处理增强了植物的干旱耐受性。

在分子机制方面，学者们揭示了氢气通过调节ROS和一氧化氮（NO）的产生来促进气孔关闭。具体来说，HRW处理能够显著诱导野生型拟南芥中NO和ROS的合成，这一过程在*nia1/2*和*rbohF*中被抑制。此外，HRW诱导的NO生成依赖于ROS的产生，而*rbohF*突变体中NO合成和气孔关闭的缺陷可以通过外源性NO的应用得到恢复。这些结果表明，氢气通过依赖于*RbohF*的ROS产生和硝酸还原酶相关的NO生成来促进气孔关闭。

进一步的研究表明，HRW处理还部分抑制了gork中由ABA、HRW、NO或过氧化氢诱导的气孔关闭，表明GORK可能是氢气信号传导途径的下游靶标。这些发现为理解氢气在植物干旱应答中的作用提供了新的见解，并为利用氢气来提高作物的干旱耐受性提供了潜在的应用前景。

还有一篇很值得介绍的文章。在这项研究中，学者们探究了氢气在提高拟南芥耐盐性方面的潜在作用[26]。实验过程涵盖了多个步骤，包括植物材料的准备、氢气饱和水溶液的制备、植物的盐胁迫处理以及各种生化分析。

首先，研究人员使用拟南芥作为实验材料，包括野生型和特定的突变体。种子在无菌条件下进行表面消毒，然后在含有1%蔗糖的固体MS培养基（一种常用的植物组织培养基）上进行培养。

为了制备氢气饱和的水溶液，研究人员采用了氢气发生器产生的纯化氢气。通过聚四氟乙烯过滤器将氢气泵入无菌水中，以避免细菌污染，流量控制在每分钟300 mL。氢气被注入200 mL的无菌水中，或MS液体培养基中，无论是否含有150 mM的氯化钠（NaCl），持续约30分钟，以确保溶液与氢气饱和。得到的100%饱和氢气溶液会立即稀释至所需的浓度。

在对植物进行盐胁迫处理时，研究人员选择了不同日龄的幼苗，并将它们暴露于含有150 mM NaCl的MS液体培养基中，以测试氢气预处理是否能够减轻由此引起的生长抑制。实验中，幼苗在不同浓度的氢气饱和溶液中进行了预处理，这些浓度包括10%、25%、50%、75%的饱和度。

在进行生化分析时，研究人员使用了气相色谱（GC）来测定植物内源性氢气的产生。此外，还通过硫代巴比妥酸（TBARS）含量的测定来评估幼苗的脂质过氧化程度，以及通过组织化学染色法来检测活性氧种类（如超氧阴离子O_2^-和过氧化氢H_2O_2）的水平。

首先，当拟南芥幼苗暴露于150 mM NaCl后6小时，内源性氢气的释放量增加。通过使用50%氢气饱和的液体介质对拟南芥进行预处理，模仿内源性氢气释放的诱导，随后再暴露于NaCl，有效地减轻了盐胁迫引起的生长抑制。

实验结果显示，氢气预处理显著调节了锌指转录因子ZAT10/12及其相关抗氧化防御酶的基因/蛋白表达，从而显著对抗了NaCl诱导的ROS过量产生和脂质过氧化。此外，氢气预处理通过调节负责Na^+排除（特别是）和区室化的逆向转运蛋白和H^+泵，维持了离子稳态。遗传学证据表明SOS1和cAPX1可能是氢气信号传导的目标基因。

总体而言，研究结果表明，氢气作为一种新颖的细胞保护调节因子，通过耦合ZAT10/12介导的抗氧化防御和离子稳态的维持，提高了拟南芥的耐盐性。这些发现为理解氢气在植物中的生理作用及其作为信号分子的机制提供了新的视角，并为提高植物耐盐性提供了潜在的策略。

除此之外，在探讨植物对环境胁迫响应的分子机制方面，两篇文献提供了深入的见解。第一篇文章主要研究了HRW对小白菜和拟南芥中镉（Cd）积累的影响[27]。研究者们发现，HRW显著降低了小白菜根部对镉的吸收，并且通过非损伤微测技术（NMT）分析发现，HRW减少了Cd^{2+}在根部的通量，同时增强了锌（Zn）和镉之间的竞争。此外，通过异源和同源表达实验，证明了*IRT1*和*ZIP2*在HRW减少镉吸收中的功能。研究结果表明，HRW通过抑制*BcIRT1*和*BcZIP2*的表达，影响了*BcIRT1*和*BcZIP2*在离子吸收中的选择性，从而减少了植物体内Cd的积累。

第二篇文章则聚焦于紫外线B（UV-B）和紫外线A/蓝光对拟南芥细胞*CHS*基因表达的影响[28]。研究者们利用特定的激动剂和抑制剂，探讨了已知哺乳动物系统中信号组分的效应。结果显示，*CHS*表达的诱导需要钙离子的参与，尽管提高细胞质中的钙离子浓度本身并不足以刺激*CHS*表达。UV-B和UV-A/蓝光信号传导过程涉及钙离子，但UV-A/蓝光诱导*CHS*表达似乎不涉及钙调蛋白，而UV-B响应则涉及，这表明信号传导途径至少在一定程度上是不同的。研究还发现，这两条途径都涉及可逆的蛋白质磷酸化，并需要蛋白质合成。因此，UV-B和UV-A/蓝光信号传导途径与调节其他物种中*CHS*表达的光敏色素信号传导途径不同。

综合来看，这两篇文章通过实验揭示了植物响应环境信号的分子机制。第一篇文章通过研究HRW对镉吸收的影响，为减少农作物中重金属积累提供了可能的策略。第二篇文章则通过分析不同光信号对CHS基因表达的调控，增进了我们对植物光信号传导途径的理解。两篇文献均采用了先进的分子生物学技术和生理学方法，为植物逆境生物学领域提供了宝贵的实验数据和理论基础。

第四节 食虫植物

在一篇文章中，两位学者研究了不同浓度的HRW对猪笼草扦插生根的影响，旨在为猪笼草的繁殖提供参考[29]。

实验中的HRW是通过将一根氢棒放入4L的无菌水中静置12小时制备的，氢气浓度为0.78 mM。

研究选取了红瓶猪笼草（*N.ventricosa×alata*）和辛布亚×大口猪笼草（*N. sibuyanensis×maximawei*）两种猪笼草品种，采用1%（0.0078 mM）、15%（0.12 mM）、25%（0.20 mM）、50%（0.40 mM）、100%（0.78 mM）浓度的HRW进行扦插快繁试验，与清水对照组进行比较。实验结果显示，不同浓度的HRW对两种猪笼草品种的扦插生根率、发芽率、根数、根长及最早生根时间有显著影响。

对于红瓶猪笼草，25%的HRW处理生根率最高，达到73.15%，比对照组高出2.14

倍。15%的HRW处理在发芽率、根数和根长方面表现最佳，分别为76.85%、2.45条和0.60 cm，比对照组分别高出2.18倍、2.75倍和2.22倍。此外，15% HRW处理的最早生根时间最短，为39天，比对照组提早了11天。

对于辛布亚×大口猪笼草，50%的HRW处理在所有指标上都表现最佳，生根率为78.70%，发芽率为87.04%，根数为2.22条，根长为0.83 cm，最早生根时间为32天，分别比对照组高出1.33倍、1.54倍、3.31倍、4.88倍，并提早了15天。

这些结果表明，HRW处理是一种有效的手段，可以提高猪笼草扦插繁殖的效率，对于猪笼草的保护和生产推广具有重要的应用价值。

● 参考文献

[1] 丁芳芳, 程茜菲. 富氢水对当归种子发芽的影响[J]. 陕西农业科学, 2020, **66**(4): 63-65+100.

[2] 丁芳芳, 王飞娟. 富氢水浇灌对当归生长性能的影响[J]. 陕西农业科学, 2019, **65**(4): 54-56.

[3] ZENG J, et al. Integrated metabolomic and transcriptomic analyses to understand the effects of hydrogen water on the roots of *Ficus hirta* Vahl[J]. Plants, 2022, **11**(5): 602.

[4] REN A, et al. Hydrogen rich water regulates effects of ROS balance on morphology, growth and secondary metabolism via glutathione peroxidase in *Ganoderma lucidum*[J]. Environmental Microbiology, 2017, **19**(2): 566-583.

[5] 董昌盛, 等. 富氢水对芳香中药茵陈产量及有效成分的影响[J]. 香料香精化妆品, 2024, **41**(2): 1-7.

[6] 李晓花, 杨雯雯. 富氢水处理对党参多糖的影响[J]. 中外企业家, 2020(15): 249.

[7] JIANG K, et al. Hydrogen based modified atmosphere packaging delays the deterioration of dried shrimp (*Fenneropenaeus chinensis*) during accelerated storage[J]. Food Control, 2023, **152**: 109897.

[8] WANG Y, et al. Packaging with hydrogen gas modified atmosphere can extend chicken egg storage[J]. Journal of the Science of Food and Agriculture, 2022, **102**(3): 976-983.

[9] ÇELEBI Y, et al. Incorporation of hydrogen producing magnesium into minced beef meat protects the quality attributes and safety of the product during cold storage[J]. Food Chemistry, 2024, **448**: 139185.

[10] CEYLAN M M, et al. Evaluation of the impact of hydrogen rich water on the quality attribute notes of butter[J]. Journal of Dairy Research, 2022, **89**(4): 431-439.

[11] BULUT M, et al. Hydrogen-rich water can reduce the formation of biogenic amines in butter[J]. Food Chemistry, 2022, **384**: 132613.

[12] GARDINI F, et al. Technological factors affecting biogenic amine content in foods: A review[J]. Frontiers in Microbiology, 2016, **7**: 1218.

[13] ALWAZEER D, et al. Reducing atmosphere packaging as a novel alternative technique for extending shelf life of fresh cheese[J]. Journal of Food Science and Technology, 2020, **57**(3): 3013-3023.

[14] CEYLAN M M, et al. Impact of washing crude olive pomace oil with hydrogen-rich water and incorporating hydrogen into extraction solvents on quality attributes and phytochemical content of oil[J]. Journal of Food Measurement and Characterization, 2023, **17**: 2029-2040.

[15] 杨丽, 等. 富氢水发芽糙米加工工艺及其品质研究[J]. 食品工业科技, 2021, **42**(9): 145-153.

[16] JIA L, et al. Hydrogen gas mediates ascorbic acid accumulation and antioxidant system enhancement in soybean sprouts under UV-A irradiation[J]. Scientific Reports, 2017, **7**: 16366.

[17] ALWAZEER D, et al. Hydrogen incorporation into solvents can improve the extraction of phenolics, flavonoids, anthocyanins, and antioxidants: A case-study using red beetroot[J]. Industrial Crops and Products, 2023, **202**: 117005.

[18] ALWAZEER D, et al. Hydrogen-rich water can restrict the formation of biogenic amines in red beet pickles[J]. Fermentation, 2022, **8**(12): 741.

[19] SU N, et al. Hydrogen-rich water reestablishes ROS homeostasis but exerts differential effects on anthocyanin synthesis in two varieties of radish sprouts under UV-A irradiation[J]. Journal of Agricultural and Food Chemistry, 2014, **62**(27): 6454-6462.

[20] ZHANG X, et al. Enhanced anthocyanin accumulation of immature radish microgreens by hydrogen-rich water under short wavelength light[J]. Scientia Horticulturae, 2019, **247**: 75-85.

[21] 胡振宇. 氢分子对感染嗜水气单胞菌斑马鱼的作用研究[D]. 中央民族大学, 2017.

[22] 薛敏. 氢气对秀丽隐杆线虫抗衰老的作用及其作用机制[D]. 上海师范大学, 2021.

[23] 卢宁. 富氢溶液的制备及氢气对氯化铵损伤秀丽线虫的效应研究[D]. 安徽医科大学, 2019.

[24] 刘赫男. 富氢水的制备及丁酸梭菌延长秀丽线虫寿命的机制研究[D]. 安徽医科

大学, 2020.

[25] XIE Y, et al. Reactive oxygen species-dependent nitric oxide production contributes to hydrogen-promoted stomatal closure in *Arabidopsis*[J]. Plant Physiology, 2014, **165**(2): 759-773.

[26] XIE Y, et al. H_2 enhances *Arabidopsis* salt tolerance by manipulating *ZAT10/12*-mediated antioxidant defence and controlling sodium exclusion[J]. PLoS ONE, 2012, **7**(11): e49800.

[27] WU X, et al. *IRT1* and *ZIP2* were involved in exogenous hydrogen-rich water-reduced cadmium accumulation in *Brassica chinensis* and *Arabidopsis thaliana*[J]. Journal of Hazardous Materials, 2021, **407**: 124599.

[28] CHRISTIE J M, JENKINS G I. Distinct UV-B and UV-A/blue light signal transduction pathways induce chalcone synthase gene expression in *Arabidopsis* cells[J]. The Plant Cell, 1996, **8**(9): 1555-1567.

[29] 汪艳平, 卫辰. 富氢水处理对猪笼草扦插生根的影响[J]. 现代农业科技, 2016, (14): 136-137.

第十三章
CHAPTER 13

不同作物最佳氢浓度响应

通过对1种模式植物、48种不同农作物和29个科的数据分析，本文旨在探索不同科农作物在不同生命阶段（含种子萌发、生长发育、开花结果、采后贮藏以及面临胁迫等阶段）对不同浓度氢处理的最佳响应点。揭示作物生长的不同阶段对氢浓度的最佳需求。通过综合分析这些农作物在全生长周期中对氢浓度梯度的响应，不仅可以为指导氢农业生产提供了宝贵的数据支持，也为进一步优化作物管理策略和提高作物产量提供了科学依据。

第一节　谷类作物

在氢浓度梯度应用对谷类作物全生长周期影响的研究中，研究者们深入探讨了水稻（含糙米）、小麦、玉米、大麦4种主要农作物的反应和生长表现，得出了以下一系列具有指导意义的结论。

对于水稻而言，100 ppb HNW（0.05 mM）能减少贮藏过程中的异味，维持水稻籽粒氨基酸含量[1]。0.11 mM HRW的浓度有助于提高盐胁迫下水稻种子萌发率和根长，缓解盐胁迫[2]，该浓度对水稻种子耐硼性也有着显著提高[3]。0.17 mM HRW能提高水稻对除草剂双草醚的耐受能力[4]。0.39 mM HRW能增加冷胁迫下的水稻幼苗的鲜重并减少电解质泄漏（Electrolyte Leakage，EL）[5,6]，还能提高水稻种子萌发的耐铝性[7]。1000 ppb HNW（0.5 mM）能改善水稻籽粒品质并增加产量[8]。0.585 mM HRW能增强水稻对RSV感染的抗性[9]。0.75 mM HRW能降低镉吸收并提高抗氧化酶活性[10]。

在铜胁迫下，0.39 mM HRW通过提高小麦的抗氧化能力，促进根系生长，维持气孔开度，提高小麦对铜胁迫的耐受性[11]。49% HRW（约0.39 mM）能增强小麦叶片渗透能力，改善水分状况，减轻膜脂过氧化程度，提高小麦幼苗的耐旱能力[12]。

玉米在0.11 mM HRW的条件下，抗氧化酶活性得到提高，缓解了强光胁迫[13,14]。在缺铁环境下，0.11 mM HRW明显缓解了玉米幼苗的黄化现象，通过调控铁的吸收和运输能力，提高植株内铁含量，促进叶绿体发育，提高幼苗光合能力，提高抗氧化能力，保护了缺铁胁迫下玉米幼苗光合功能的稳定性[15]。0.17 mM HRW则减轻了铝胁迫对幼苗的负面影响[16]，而0.39 mM HRW减轻了盐害对玉米根系生长的抑制作用[17]。

干旱条件下，0.195 mM HRW能提高大麦种子的发芽率和发芽势，促进根系生长[18]。0.195 mM和0.39 mM HRW改善了干旱胁迫下大麦植株的水分状态并提高了幼苗干重[19]。0.83 mM HRW能缓解盐胁迫对大麦根的生长抑制[20]。1.0 mM HRW提高了大麦植株的抗氧化能力，且对品质提升有着显著正向效应[21]。

综上可知，不同作物对氢气浓度的需求存在明显差异，甚至同一作物在不同生长阶段对氢气浓度的需求也是不同的。较低浓度的氢气水，如0.39 mM HRW通常用于提高谷类作物的逆境适应性，而较高浓度的氢气水可能用于特定阶段，如水稻成熟期的籽粒品质改善和产量增加。这些发现强调了精确控制氢气浓度在优化作物生长和提高农产品品质方面的重要性。

第二节　豆类作物

在氢浓度梯度应用对豆类作物全生长周期影响的研究中，研究者们深入探讨了大豆和绿豆的反应和生长表现，得出了以下一系列具有指导意义的结论。

在大豆方面，30%HRW（0.234 mM）处理能改善大豆生长，增加大豆植株生物量积累，提高大豆籽粒产量和品质[22]。100% HRW（0.83 mM）的应用在UV-A照射下显著增加了VC的含量，并提高了超氧化歧化酶（Superoxide dismutase，SOD）和抗坏血酸过氧化物酶（Ascorbate Peroxidase，APX）活性的活性，有效地提高大豆对UV-A辐射的耐受性，减少氧化损伤[23]。

7.5 mg·kg^{-1}亚硒酸钠与50%HRW（约0.39 mM）配施能显著改善盐胁迫下绿豆根际微生物群落，促进绿豆根系生长，提高绿豆幼苗株高、抗氧化酶活性，降低丙二醛（Malondialdehyde，MDA）含量[24]。

这些结果强调了精确控制氢气浓度对于促进豆类作物生长发育、增强逆境适应性、提高产量和品质的重要性。

第三节　蔬菜作物

在氢浓度梯度应用对蔬菜作物全生长周期影响的研究中，研究者们深入探讨了番茄（含樱桃番茄）、彩椒、黄瓜、菜心、白菜、冬瓜、菠菜、青菜、油菜、韭菜、金针菜（黄花菜）、结球生菜、芥菜、苋菜、木耳菜、西葫芦和秋葵等18种主要农作物的反应和生长表现，得出了以下一系列具有指导意义的结论。

番茄的生长周期研究表明，50% HRW（0.13 mM）和75% HRW（0.19 mM）增强了果实对灰霉病的抵抗力[25]。75% HRW（0.3375 mM）显著提高了盐胁迫下番茄根的生长和根系的鲜重及干重[26]。75% HRW（0.34 mM）是提高耐旱性的最佳浓度[27]。50% HRW（0.35 mM）提高了番茄单株产量和果实的鲜重[28]。50% HRW（约0.39 mM）显著提升了番茄在幼苗期生长指标和光合作用，并且该浓度对番茄幼苗耐冷能力也有着正向作用[29]。0.585 mM HRW能有效延缓番茄果实衰老，减少亚硝酸盐积累[30]。对于樱桃番茄，1.0 mg/L HNW（0.5 mM）在有无肥料的条件下均显著提高了其产量和品质，还能提高了樱桃番茄叶片的抗氧化酶活性，增强了叶片的抗氧化能力，降低了叶片的MDA含量，减缓氧化损伤[31]。在高盐胁迫下，1 mg/L HRW（0.5 mM）处理的樱桃番茄在多个生长指标上均优于对照组，并且显著提高了蛋白质和抗坏血酸（Ascorbic Acid, AsA或Vitamin C，VC）含量[32]。

1 mg/L HRW（0.5 mM）[33]对彩椒的生长和抗氧化能力均具有正向效应，具体表现如下。1 mg/L HRW（0.5 mM）能降低彩椒MDA含量，提高抗氧化酶活性，减轻生长发育过程中的氧化损伤。在果实发育阶段，该浓度HRW促进了果实生长，提高了果实纵径、肉厚和单果质量。在高温胁迫条件下，1 mg/L HRW（0.5 mM）显著提高了彩椒果实中的可溶性固形物（Total Soluble Solids，TSS）、蛋白质、总酚、可滴定酸（Titratable Acidity，TA）和VC含量，增强了耐高温能力。

对黄瓜而言，50% HRW（0.11 mM）增强了高温胁迫下黄瓜的光合能力和抗氧化反应[34]。0.25 mM HRW处理能够显著提高黄瓜种子的发芽势和发芽率[35]。0.35 mM HRW处理的黄瓜在幼苗阶段出最高的生物量、叶片生长、根鲜质量、根长和根表面积[35]。50% HRW（约0.39 mM）是耐盐性方面的最佳浓度[36]，而在面对镉胁迫时，同样浓度的HRW能通过显著增加不定根的数量，提高抗氧化酶活性，降低有害物质含量来提高黄瓜幼苗对镉胁迫的抗性[37]。低温胁迫下，0.45 ± 0.02 mM HRW处理的黄瓜幼苗在叶片中的叶绿素和类胡萝卜素含量显著高于对照组，根系生长也显著优于对照组，该处理通过提高抗氧化酶活性，降低了活性氧（Reactive Oxygen Species，ROS）含量，减轻膜脂过氧化程度，通过增强黄瓜的渗透调节能力，以维持其在低温胁迫下的水分状态[38]。

0.25 mM HRW对菜心幼苗生长阶段的生物量和根系生长最为有益，该浓度处理下的菜心生物量比纯水处理下增加了21.57%，叶片的鲜质量提升了8.61%，根鲜质量和根长在这一浓度下也达到了最大值[35]。0.2～0.3 mM HRW能显著增强菜心的耐旱性[39]。0.35 mM HRW处理对菜心种子萌发最为有利，其发芽势及发芽率相较于纯水处理分别显著增加了15.91%和8.64%[35]。

50% HRW（0.11 mM）在通过降低白菜中参与镉吸收的基因转录水平，减缓叶绿素降解[40]。50%HRW（0.21 mM）能提高白菜在采后保鲜阶段的品质，提高其保鲜能力[41]。50% HRW（0.39 mM）处理，能显著提升白菜的鲜重，该浓度还能在镉胁迫下，有效减轻镉的毒害、促进根系生长和提高鲜重[42]。800 ppb HRW（0.40 mM）能提高白菜的产量[43]。

对冬瓜的生长周期研究指出，0.25 mM HRW处理显著提高了冬瓜种子的发芽势和发芽率，且该浓度处理对冬瓜幼苗生物量、叶片和根鲜质量的提升效果最好[35]。用

0.2～0.3 mM HRW灌溉冬瓜时，增强了光合能力和改善了根冠比[39]。

菠菜在采后贮藏阶段通过20% HRW（约0.16 mM）的处理，成功保持了其感官品质和营养价值，延长了贮藏时间[44]。

适中的氢气浓度对青菜的生长和保鲜均有积极作用。10% HRW（0.048 mM）浸种+50% HRW（0.24 mM）灌溉的处理是促进青菜在生长早期的生长的最适组合[45]。50%HRW（0.24 mM）能提高青菜中VC、可溶性蛋白等物质含量，对青菜品质起着正向作用[45]。另有研究表明，50% HRW（0.33 mM）的处理有助于延长青菜的货架期[46]。

0.22 mM处理能维持采后秋葵鲜重和硬度在一个较高的水平，提高秋葵的采后品质[47]。

对油菜而言，利用氨硼烷与Hoaland营养液混合后制得的HRW（约0.18 mM）能有效提高油菜的耐盐、耐镉和耐旱的能力[48]。50% HRW（0.42 mM）通过调节转运蛋白的表达，优化了硝酸盐的分配，降低了油菜叶片中的内源硝酸盐浓度，提高其对硝酸盐的耐性[49]。在0.65 mM HRW的处理提高油菜的发芽率和生物量[50]。

对于韭菜采后储存阶段的研究表明，氢气处理能显著延长韭菜的货架期，延缓了韭菜的腐烂和萎蔫，保持了韭菜营养成分和抗氧化能力，其中3%氢气处理的效果最好[51]。

0.8 μmol/L HRW（0.0008 mM）的处理在金针菜（黄花菜）的生长和贮藏阶段展现出显著的正向效应，不仅提高了作物的产量和长势，还减轻了冷害，延缓褐变，延长了保鲜效果[52]。

对结球生菜的研究表明在10% HRW（约0.08 mM）和25% HRW（约0.2 mM）喷施下显著提高了生长和品质，且不同时间段的喷施效果存在差异，上午喷施效果更佳[53]。

芥菜在800 ppb HRW（0.4 mM）[43]的处理下，产量得到了显著提升，该浓度同样显著提升了苋菜和木耳菜产量。

对西葫芦的研究显示，100% HRW（约0.78 mM）能够显著提高发芽能力，提高抗氧化酶活性，并促进胚的发育[54]。

以上结果表明，通过精确控制氢气浓度，不仅能提高作物的产量和品质，还能有效延长其贮藏时间，减少采后损失，从而提升经济效益，富氢技术有望成为现代氢农业可持续发展的重要工具。

第四节　水果作物

在氢浓度梯度应用对水果作物全生长周期影响的研究中，研究者们深入探讨了草莓、猕猴桃、无籽刺梨、苹果、香蕉、荔枝和蓝莓7种主要农作物的反应和生长表现，得出了以下一系列具有指导意义的结论。

对草莓而言，低浓度纳米气泡水（Low concentration of Nanobubble Hydrogen-Rich Water, LHNW, 0.25～0.35 mM）和高浓度纳米气泡水（High concentration of Nanobubble Hydrogen-Rich Water, HHNW, 0.45～0.54 mM）均能提高草莓的单株平均产量，且在无化肥条件下，LHNW和HHNW处理还降低了草莓采后货架期的腐败率，两者均是HHNW的效果更好[55]。0.35～0.50 mM HRW的处理能提高草莓生长前期叶片的叶面积、干重和鲜重显著增加，草莓的相对生长率和净同化率也得到了提升[56]。0.50 mM HRW的处理不仅提高草莓采前挥发性化合物的总浓度，还改善了果实品质[57]。

采后用4.5 μL/L氢气的二段熏蒸处理能有效延缓猕猴桃后熟过程，维持果实硬度和风味[52]。80% HRW（0.53 mM）能有效减少猕猴桃采后由拟茎点霉菌诱发的腐病的发生[58]。75% HRW（0.5625～0.6 mM）采前灌溉能提高猕猴桃的品质[59]。

无籽刺梨在成熟后的保鲜阶段，0.36 mM HRW的处理在减缓果实衰老和变质方面表现最佳，减少了腐烂和果重下降[60]。

1400～1500 ppb（0.70～0.74 mM）显著提高苹果采后品质[61]。

香蕉在贮藏初期经0.4 mM HRW处理后，呼吸速率降低，细胞壁结构得以保持，果胶降解速度减缓，成熟期可延后约6天[62]。

荔枝在0.35 mM HRW处理下，显著推迟果皮褐变，保持色泽鲜艳，抑制呼吸速率的上升，延缓总TSS含量的减少[63]。

HNW（约0.78 mM）灌溉能够显著提升蓝莓的储存品质，在4 ℃储存条件下，HNW（约0.78 mM）灌溉处理延迟了12天内采后蓝莓的衰老过程[64]。

以上结果表明，精确调控氢浓度对于提升水果作物产量、采后保鲜效果和货架寿命至关重要，提供了重要的策略性指导。

第五节 花卉作物

在氢浓度梯度应用对花卉作物全生长周期影响的研究中，研究者们深入探讨了月季、百合、洋桔梗、康乃馨（香石竹）、小苍兰、喜盐鸢尾、万寿菊和赤色四照花9种主要农作物的反应和生长表现，结果表明，适宜的HRW浓度对延长花卉作物保鲜时间，提高观赏价值有着重要意义。

不同地区有不同的市场情况，对不同种类的月季的喜爱程度也不一样。0.0024 mM HRW通过降低月季（电影明星）切花在采后保鲜阶段ACC的累积和抑制相关酶活性，减少了乙烯的产生，保持了切花的水分平衡，延长了瓶插寿命，改善了观赏质量[65]。

0.078 mM HRW的处理在月季花径增加和瓶插寿命延长上表现尤为突出，同时增加了相对含水量（Relative Water Content，RWC），减轻氧化程度[66]。0.0047 mM HRW是延长切花月季（卡罗拉）瓶插寿命并提高观赏质量的最适浓度，该浓度HRW通过促进有益细菌增长、减少细菌堵塞和腐烂，以及提高水分吸收效率，有效延长其瓶插寿命[67]。在0.23 mM HRW处理下，月季切花（电影明星）瓶插寿命延长的同时，花朵直径也显著增强[68]。

百合在瓶插阶段，1% HRW（0.005 mM）处理的百合切花在延长瓶插寿命和增加花朵直径方面表现最佳，寿命延长了23.5%，直径增加了17.5%[67][69]。

洋桔梗在瓶插阶段，0.078 mM HRW处理延长其瓶插时间至11天，有效阻止了开花指数和生物量的降低[70]。

研究显示5% HRW（0.025 mM）和10% HNW（0.078 mM）对瓶插香石竹寿命的延长和衰老的延缓有着显著效果[66][71]。10% HRW（0.05 mM）处理也显著延长了香石竹的瓶插寿命和花径增长率[72]。

小苍兰在1% HRW（0.00075 mM）预处理下延长了瓶插寿命[73]，50% HRW（0.0375 mM）处理在其生长和开花质量方面的正向效应最佳[74]。

在面临盐胁迫时，100% HRW（0.60 mM）的处理提高了喜盐鸢尾的抗氧化酶活性，减轻了脂质过氧化程度[75]。

万寿菊在50% HRW（0.23 mM）处理下增加了根长和根数，促进了不定根的发育[76]。

赤色四照花的研究发现，75% HRW（0.17 mM）的处理能显著提高光合效率，降低气孔密度，并缓解冷胁迫下的生理指标，减轻了冷胁迫压力[77]。

第六节　草地作物

在氢浓度梯度应用对草地作物全生长周期影响的研究中，研究者们深入探讨了苜蓿和草地早熟禾的反应和生长表现，发现HRW在苜蓿和草地早熟禾抗逆境方面的表现尤为突出。

对于苜蓿而言，10% HRW（0.02 mM）的预处理在多个方面展现出积极效果，它不仅能够显著促进幼苗主根的伸长[78]，提高在镉胁迫下的根鲜重[79]，缓解镉对抗氧化酶活性的负面影响[80]，能在汞胁迫下改善根部生长并降低汞积累[81]，还对缓解铝胁迫引起的损伤[82]。50% HRW（0.11 mM 和 0.42 mM）则是对苜蓿幼苗的根部生长具有保护作用，尤其在干旱胁迫和脱落酸（Abscisic Acid，ABA）处理下，50% HRW（0.11 mM 和0.42 mM）增强了植株对ABA的敏感性，并通过H_2O_2依赖的途径提高了干旱耐受性[83]。0.11 mM HRW还对提高苜蓿耐除草剂百草枯的能力有着积极作用[84]。

草地早熟禾在0.3 mM HRW的条件下，能有效抑制盐胁迫下MDA的积累，维持水分平衡，并保护叶绿素含量[85]。

第七节　菌菇作物

在氢浓度梯度应用对菌菇作物全生长周期中的研究中，研究者们深入探讨了斑玉蕈的反应和生长表现，结果表明，HRW对菌菇作物菌丝生长及抗逆能力均有着正向作用。

0.1 mM HRW能维持采后斑玉蕈的硬度，提高斑玉蕈的保鲜能力[86]。100% HRW（0.90 mM）处理下，斑玉蕈平均单产提高10.22%，增加了菌丝生物量，同时减轻了胁迫带来的损伤[87]。

而在另一篇文章中，0.8 mM HRW处理显著提高了斑玉蕈对非生物胁迫的耐受性，降低了$CdCl_2$、$NaCl$和H_2O_2的毒性，改善了菌丝的生长，提高了菌丝生物量，提高SOD、过氧化氢酶（Catalase，CAT）等抗氧化酶活性及相关基因表达，减少MDA含量，减轻非生物胁迫所引起的膜脂过氧化[88]。

第八节　其他作物

1. 药用作物

在氢浓度梯度应用对药用作物全生长周期影响的研究中，研究者们深入探讨了当归、党参、灵芝、五指毛桃和茵陈5种主要农作物的反应和生长表现，得出如下一系列结论。

对当归而言，其种子萌发的最佳组合为：浸种时HRW浓度为50%（0.275～0.325 mM），浸种时长为24 h，发芽时使用的HRW浓度为10%（0.055～0.065 mM）[89]。另有研究表明50% HRW（0.275～0.325 mM）灌溉对当归生长及增产效果最为显著[90]。

党参的研究表明，随着HRW浓度的增加，党参多糖含量也随之增加，当HRW浓度达到50% HRW（0.04 mM）时，党参多糖含量达到最大值，比未经处理的普通党参高出约28.7%，而当HRW浓度超过这一阈值时，多糖含量反而开始下降[91]。

灵芝在5% HRW（0.011 mM）处理下，通过降低ROS含量，维持了菌丝的生物量和生长形态，增强了抗氧化系统，缓解了外界压力，同时减少灵芝次生代谢物，调节了灵芝的代谢途径[92]。

关于五指毛桃的研究提到，0.8 ppm HRW（0.40 mM）的处理能显著改变根部的代谢物谱，上调五指毛桃中主要活性成分（黄酮类和香豆素类化合物）含量[93]。

0.625 mM HRW能提高茵陈中天竺葵素-3-氯化葡萄糖苷（pelargonidin-3-glucoside，Pg3G）、1,5-二咖啡酰奎宁酸（洋蓟素）（1,3-dicaffeoylquinic acid）等物质含量，提高茵陈药材的抗氧化活性和自由基清除活性，减轻氧化应激损伤，提高秦皮甲素（esculin）、（S）-圣草酚（eriodictyol）等茵陈药材中的有效成分，提高茵陈的药用价值[94]。

2. 模式生物

通过对模式植物的研究，可以帮助科学家们理解植物的基本生物学过程，并将该知识应用于改良农作物抗病性、产量等性状，在对氢浓度梯度应用的研究中，研究者们深入探讨了模式植物拟南芥的反应和生长表现。

研究结果表明，用50% HRW（约0.39 mM）预处理后，能显著减少盐诱导的拟南芥生长抑制[95]，该浓度还显著降低了在转基因拟南芥根伸长区和成熟区的镉离子通量，缓解镉胁迫[96]，通过参与拟南芥酶活、激素调节等途径，缓解铝胁迫[97]。100% HRW（0.78 mM）处理1h后对拟南芥抗干旱能力的提升最为明显[98]。

3. 食虫植物

在氢浓度梯度应用对食虫植物全生长周期影响的研究中，研究者们深入探讨了猪笼草的反应和生长表现，得出以下结论：15% HRW（0.12 mM）处理在猪笼草发芽率、根数和根长方面表现最佳，25% HRW（0.20 mM）则是更有利于猪笼草最终的生根效果[99]。在扦插阶段，50% HRW（0.39 mM）显著提升了猪笼草的生长指标，包括发芽率、存活率、根的数量和长度[99]。

第九节　不同作物最佳氢响应浓度一览表

表13-9-1

		种子萌发	生长发育	抗逆能力	产量与品质	采后保鲜
谷类作物	水稻			盐胁迫：0.11 mM[2] 硼胁迫：0.11 mM[3] 铝胁迫：0.39 mM[7] 镉胁迫：0.75 mM[10] 冷胁迫：0.39 mM[5,6] 双草醚：0.17 mM[4] 条纹病毒：0.585 mM[9]	提高产量：0.5 mM[8] 提升品质：0.5 mM[8]	减少异味：0.05 mM[1] 维持氨基酸含量：0.05 mM[1]
	小麦			铜胁迫：约0.39 mM[11] 干旱胁迫：约0.39 mM[12]		

续表

		种子萌发	生长发育	抗逆能力	产量与品质	采后保鲜
谷类作物	玉米			盐胁迫：约0.39 mM[17] 铝胁迫：0.17 mM[16] 缺铁胁迫：0.11 mM[15] 强光胁迫：0.11 mM[13,14]		
	大麦	0.195 mM[18]	促进根系生长：0.195 mM[18] 提高抗氧化能力：1.0 mM[21]	盐胁迫：0.83 mM[20] 干旱胁迫：0.195 mM和0.39 mM[19]	提升品质：1.0 mM[21]	
豆类作物	大豆		增加生物量：0.234 mM[22]	UV-A胁迫：0.83 mM[23]	提高产量：0.234 mM[22] 提升品质：0.234 mM[22]	
	绿豆		促进根系生长：约0.39 mM[24] 增加株高：约0.39 mM[24] 提高抗氧化能力：约0.39 mM[24]	盐胁迫：约0.39 mM[24]		
蔬菜作物	番茄		增加生物量：约0.39 mM[29] 提高抗氧化能力：约0.39 mM[29] 提高光合能力：约0.39 mM[29]	盐胁迫：0.3375 mM[26] 干旱胁迫：0.34 mM[27] 冷胁迫：约0.39 mM[29] 灰霉病：0.13 mM和0.19 mM[25]	提高产量：0.35 mM[28]	延缓衰老：0.585 mM[30] 抑制亚硝酸盐积累：0.585 mM[30]
	樱桃番茄		提高抗氧化能力：0.5 mM[31]	盐胁迫：0.5 mM[32]		
	彩椒		增加生物量：0.5 mM[33] 提高抗氧化能力：0.5 mM[33]	高温胁迫：0.5 mM[33]	提高产量：0.5 mM[33] 提升品质：0.5 mM[33]	
	黄瓜	0.25 mM[35]	增加生物量：0.35 mM[35]	镉胁迫：约0.39 mM[37] 盐胁迫：约0.39 mM[36] 冷胁迫：0.45±0.02 mM[38] 高温胁迫：0.11 mM[34]		
	菜心	0.35 mM[35]	增加生物量：0.25 mM[35]	干旱胁迫：0.2~0.3 mM[39]		
	白菜			镉胁迫：0.11 mM[40]和0.39 mM[42]	提高产量：0.4 mM[43]	保持品质：0.21 mM[41] 保鲜：0.21 mM[41]
	冬瓜	0.25 mM[35]	增加生物量：0.25 mM[35] 提高光合能力：0.2~0.3 mM[39]			
	菠菜					延长货架期：约0.16 mM[44] 保持品质：约0.16 mM[44]

续表

		种子萌发	生长发育	抗逆能力	产量与品质	采后保鲜
蔬菜作物	青菜		增加生物量：0.048 mM浸种+0.24 mM灌溉[45]		提高品质：0.24 mM[45]	延长货架期：0.33 mM[46] 延缓后熟/衰老：0.33 mM[46]
	秋葵					延缓失重：0.22 mM[47] 保持硬度：0.22 mM[47]
	油菜	0.65 mM[50]	增加生物量：0.65 mM[50]	盐胁迫：约0.18 mM[48]*和0.42 mM[49] 镉胁迫：约0.18 mM[48]* 干旱胁迫：约0.18 mM[48]*		
	韭菜					减轻氧化/褐变：3%氢气[51] 延长货架期：3%氢气[51] 减少腐病：3%氢气[51]
	金针菜（黄花菜）	0.0008 mM[52]	增加花蕾：0.0008 mM[52]		提高产量：0.0008 mM[52]	减缓氧化/褐变：0.0008 mM[52]
	结球生菜		增加生物量：约0.08 mM和约0.2 mM[53]		提升品质：约0.2 mM[53]	
	芥菜				提高产量：0.4 mM[43]	
	苋菜				提高产量：0.4 mM[43]	
	木耳菜				提高产量：0.4 mM[43]	
	西葫芦	约0.78 mM[54]	增加生物量：约0.78 mM[54] 抗氧化能力：约0.78 mM[54]			
水果作物	草莓		增加生物量：0.35~0.5 mM[56]		提高产量：0.45~0.54 mM[55] 提高品质：0.5 mM[57]	减少腐病：0.45~0.54 mM[55]
	猕猴桃				提升品质：0.5625~0.6 mM[59]	保持硬度：4.5 μl/L氢气[52] 保持口感：4.5 μl/L氢气[52] 延缓后熟/衰老：4.5 μl/L氢气[52] 减少腐病：0.53 mM[58]

续表

		种子萌发	生长发育	抗逆能力	产量与品质	采后保鲜
水果作物	无籽刺梨					减少氧化/褐变：0.36 mM[60] 减少腐病：0.36 mM[60]
	苹果					保持品质：0.7~0.74 mM[61]
	香蕉					延缓后熟/衰老：0.4 mM[62]
	荔枝		抗氧化能力：0.35 mM[63]			减少氧化/褐变：0.35 mM[63] 保持品质：0.35 mM[63]
	蓝莓					延缓后熟/衰老：约0.78 mM[64]
花卉作物	月季					延长瓶插寿命（电影明星）：0.0024 mM[65]和0.0078 mM[66] 增加花径（电影明星）：0.0078 mM[66] 保持鲜重：（电影明星）0.0078 mM[66] 延缓后熟/衰老：（电影明星）0.0024 mM[65] 延长瓶插寿命（卡罗拉）：0.0047 mM[67]和0.23 mM[68] 增加花径（卡罗拉）：0.0047 mM[67]和0.23 mM[68]
	百合					延长瓶插寿命：0.005 mM[67,69] 增加花径：0.005 mM[67,69] 保鲜：0.005 mM[67,69]
	洋桔梗					延长瓶插寿命：0.078 mM[70] 增加开花指数和生物量：0.78 mM[70]

续表

		种子萌发	生长发育	抗逆能力	产量与品质	采后保鲜
花卉作物	康乃馨					延长瓶插寿命：0.025 mM[66]、0.05 mM[72]和0.078 mM[71] 增加花径：0.05 mM[72]和0.078 mM[71] 提高开花指数和生物量：0.05 mM[72] 降低花朵萎蔫率：0.05 mM[72] 延缓后熟/衰老：0.025 mM[66]
	小苍兰		增加生物量：0.0075 mM[73]和0.0375 mM[74]			延长瓶插寿命：0.00075 mM[73] 提前花期：0.0075 mM[73] 增加花径：0.0375 mM[74] 提高开花指数和生物量：0.0375 mM[74]
	喜盐鸢尾			盐胁迫：0.6 mM[75]		
	万寿菊		增加生物量：0.23 mM[76] 提高抗氧化能力：0.23 mM[76]			
	赤色四照花			冷胁迫：0.17 mM[77]		
草地作物	苜蓿		促进根系生长：0.02 mM[78]	镉胁迫：0.02 mM[79, 80] 汞胁迫：0.02 mM[81] 铝胁迫：0.02 mM[82] 渗透胁迫：0.11 mM[83] 干旱胁迫：0.42 mM[83] 百草枯：0.11 mM[84]		
	草地早熟禾		提高抗氧化能力：0.3 mM[85]	盐胁迫：0.3 mM[85]		
菌菇作物	斑玉蕈		增加生物量：0.8 mM[88] 提高抗氧化能力：0.8 mM[88]	镉胁迫：0.8~0.9 mM[87][88] 盐胁迫：0.8~0.9 mM[87][88] 过氧化氢胁迫：0.8~0.9 mM[87][88]	提高产量：0.9 mM[87]	保持硬度：0.1 mM[86] 保鲜：0.1 mM[86]

续表

		种子萌发	生长发育	抗逆能力	产量与品质	采后保鲜
药用作物	当归	0.275~0.325 mM浸种+0.055~0.065 mM发芽[89]	增加生物量：0.275~0.325 mM[90]		提高产量：0.275~0.325 mM[90]	
	党参				提高产量：0.04 mM[91]	
	灵芝				提高产量：0.011 mM[92]	
	五指毛桃				提升品质：0.4 mM[93]	
	茵陈				提高产量：0.625 mM[94]	
模式生物	拟南芥			盐胁迫：约0.39 mM[95] 镉胁迫：约0.39 mM[96] 铝胁迫：0.39 mM[97] 干旱胁迫：0.78 mM[98]		
食草植物	猪笼草	0.12 mM和0.4 mM[99]	促进根系生长：0.12 mM、0.2 mM和0.4 mM[99]			

注：表中浓度标注"约"的为原文章中仅提及富氢水制备过程，而未提及具体的富氢水浓度，因此该浓度以常温常压下的饱和富氢水浓度（0.78 mM）为100%浓度富氢水来作为标准进行估算所得。*所示浓度为根据原文章中富氢水中氢浓度随时间变化的初始值。

● 参考文献

[1] CAI C, et al. Molecular hydrogen improves rice storage quality via alleviating lipid deterioration and maintaining nutritional values[J]. Plants, 2022, **11**(19): 2588.

[2] XU S, et al. Hydrogen-rich water alleviates salt stress in rice during seed germination[J]. Plant and Soil, 2013, **370**(1/2): 47-57.

[3] 王雨. 富氢水缓解过量硼对水稻种子萌发的抑制[D]. 南京农业大学, 2015.

[4] 汪亚雄. 富氢水缓解水稻双草醚药害的应用研究[D]. 南京农业大学, 2017.

[5] XU S, et al. Hydrogen enhances adaptation of rice seedlings to cold stress via the reestablishment of redox homeostasis mediated by miRNA expression[J]. Plant and Soil, 2016, **414**: 53-67.

[6] 江宜龙. 富氢水缓解冻害和盐胁迫对水稻幼苗氧化伤害及种子萌发的抑制[D]. 南京农业大学, 2014.

[7] XU D, et al. Linking hydrogen-enhanced rice aluminum tolerance with the

reestablishment of GA/ABA balance and miRNA-modulated gene expression: A case study on germination[J]. Ecotoxicology and Environmental Safety, 2017, **145**: 303-312.

[8] CHENG P, et al. Molecular hydrogen increases quantitative and qualitative traits of rice grain in field trials[J]. Plants, 2021, **10**(11): 2331.

[9] SHAO Y, et al. Molecular hydrogen confers resistance to rice stripe virus[J]. Microbiology Spectrum, 2023, **11**(2): 1-14.

[10] 倪卉. 富氢水（HRW）缓解镉胁迫对水稻抑制的机理研究[D].安庆师范大学, 2018.

[11] 田婧芸, 等. 富氢水处理对铜胁迫下小麦幼苗生长及其细胞结构的影响[J]. 河南农业大学学报, 2018, **52**(2): 193-198.

[12] 袁丽环, 薛燕燕. 外源氢气对干旱胁迫下小麦幼苗生理特性的影响[J]. 农业与技术, 2020, **40**(13): 39-40.

[13] 张晓楠. 富氢水对玉米幼苗生长的影响及对强光下光合机构氧化损伤的防护作用[D].南京农业大学, 2015.

[14] ZHANG X, et al. Protective effects of hydrogen-rich water on the photosynthetic apparatus of maize seedlings (*Zea mays* L.) as a result of an increase in antioxidant enzyme activities under high light stress[J]. Plant Growth Regulation, 2015, **77**: 43-56.

[15] 陈秋红. 富氢水对玉米缺铁胁迫的缓解效应及机理研究[D].南京农业大学, 2017.

[16] 赵学强. 富氢水对铝胁迫下玉米幼苗生长、生理响应的影响及对氧化损伤的防护作用[D].南京农业大学, 2016.

[17] 田婧芸, 等.外源氢气对玉米幼苗耐盐性的影响[J]. 湖南师范大学自然科学学报, 2018, **41**(6): 23-30.

[18] 宋瑞娇, 冯彩军, 齐军仓. 富氢水对干旱胁迫下大麦种子萌发的影响[J]. 新疆农业科学, 2022, **59**(1): 79-85.

[19] 宋瑞娇, 冯彩军, 齐军仓. 富氢水对干旱胁迫下大麦种子萌发及幼苗生物量分配的影响[J]. 作物杂志, 2021, (4): 206-211.

[20] WU Q, et al. Understanding the mechanistic basis of ameliorating effects of hydrogen rich water on salinity tolerance in barley (*Hordeum vulgare*)[J]. Environmental and Experimental Botany, 2020, **177**: 104136.

[21] GUAN Q, et al. Effects of hydrogen-rich water on the nutrient composition and antioxidative characteristics of sprouted black barley[J]. Food Chemistry, 2019, **299**: 125095.

[22] 陈来斌, 等. 不同浓度富氢水对大豆产量与品质的影响[J]. 南方农业学报, 2024, **55**(5): 1327-1334.

[23] JIA L, et al. Hydrogen gas mediates ascorbic acid accumulation and antioxidant

system enhancement in soybean sprouts under UV-A irradiation[J]. Scientific Reports, 2017, **7**(1): 16366.

[24] 武泉栋, 等. 硒与富氢水配施对盐胁迫下绿豆幼苗生长及根际细菌群落结构的影响[J]. 生态与农村环境学报, 2025, **41**(1): 138-146.

[25] 卢慧, 等. 富氢水处理对采后番茄果实灰霉病抗性的影响[J]. 河南农业科学, 2017, **46**(2): 64-68.

[27] 赵懿颖, 等. 富氢水处理对番茄生长发育和产量的影响[J]. 农业与技术, 2022, **42**(22): 6-9.

[28] 郑瑜玮. 富氢水调控番茄幼苗耐低温性的初步研究[D]. 沈阳农业大学, 2023.

[29] ZHANG Y, et al. Nitrite accumulation during storage of tomato fruit as prevented by hydrogen gas[J]. International Journal of Food Properties, 2019, **22**(1): 1425-1438.

[30] 叶福金, 等. 独脚金内酯参与富氢水增强番茄幼苗根系的耐盐性[J]. 甘肃农业大学学报, 2024, **59**(3): 129-135+144.

[31] LI M, et al. Hydrogen fertilization with hydrogen nanobubble water improves yield and quality of cherry tomatoes compared to the conventional fertilizers[J]. Plants, 2024, **13**(3): 443.

[32] 李湘妮, 等. 富氢水岩棉培对樱桃番茄耐盐性及产量品质的影响[J]. 农业科技通讯, 2023, (12): 154-158.

[33] 李湘妮, 等. 富氢水对长季节基质栽培彩椒抗逆性和品质的影响[J]. 蔬菜, 2023, (12): 18-22.

[34] CHEN Q, et al. Hydrogen-rich water pretreatment alters photosynthetic gas exchange, chlorophyll fluorescence, and antioxidant activities in heat-stressed cucumber (*Cucumis sativus*) leaves[J]. Plant Growth Regulation, 2017, **83**: 69-82.

[35] 李嘉炜, 等. 富氢水对蔬菜种子萌发和幼苗生长的影响[J]. 长江蔬菜, 2023, (08): 10-14.

[36] 张海那, 等. 富氢水调控黄瓜幼苗生长发育和耐盐性的初步研究[D]. 沈阳农业大学, 2018.

[37] WANG B, et al. Hydrogen gas promotes the adventitious rooting in cucumber under cadmium stress[J]. PLoS ONE, 2019, **14**(2): e0212639.

[38] 刘丰娇, 等. 黄瓜富氢水浸种对低温下幼苗光合碳同化及氮代谢的影响[J]. 园艺学报, 2020, **47**(2): 287-300.

[39] 李嘉炜, 等. 富氢水在蔬菜育苗中的应用技术研究[J]. 种子科技, 2022, **40**(15): 5-8.

[40] WU X, et al. Transcriptome analysis revealed pivotal transporters involved in

the reduction of cadmium accumulation in pak choi (*Brassica chinensis* L.) by exogenous hydrogen-rich water[J]. Chemosphere, 2018, **216**: 684-697.

[41] AN R, et al. Effects of hydrogen-rich water combined with vacuum precooling on the senescence and antioxidant capacity of pakchoi (*Brassica rapa* subsp. *chinensis*)[J]. Scientia Horticulturae, 2021, **289**: 110469.

[42] WU Q, et al. Hydrogen-rich water enhances cadmium tolerance in Chinese cabbage by reducing cadmium uptake and increasing antioxidant capacities[J]. Journal of Plant Physiology, 2015, **175**: 174-182.

[43] 杨瑞怡, 等. 富氢水浇灌在网室叶菜栽培中的应用试验[J]. 农业工程技术, 2019, **39**(35): 29+31.

[44] 徐超, 等. 富氢水处理对菠菜采后贮藏品质的影响[J]. 北方园艺, 2023, (8): 78-87.

[45] 宋韵琼, 等. 富氢水处理对青菜产量和品质的影响[J]. 现代农业科技, 2022, (8): 49-54.

[46] 安容慧. 富氢水结合真空预冷对采后上海青营养品质的影响[D]. 沈阳农业大学, 2020.

[47] DONG W, et al. Hydrogen-rich water delays fruit softening and prolongs shelf life of postharvest okras (*Abelmoschus esculentus*)[J]. Food Chemistry, 2023, **399**: 133997.

[48] ZHAO G, et al. Hydrogen-rich water prepared by ammonia borane can enhance rapeseed (*Brassica napus* L.) seedlings tolerance against salinity, drought or cadmium[J]. Ecotoxicology and Environmental Safety, 2021, **224**: 112640.

[49] WEI X, et al. Hydrogen-rich water ameliorates the toxicity induced by $Ca(NO_3)_2$ excess through enhancing antioxidant capacities and re-establishing nitrate homeostasis in *Brassica campestris* spp. *chinensis* L. seedlings[J]. Acta Physiologiae Plantarum, 2021, **43**(50).

[50] 马南行. 富氢水对油菜生长及生理特性的影响[J]. 现代农业科技, 2023, (13): 80-82+86.

[51] JIANG K, et al. Molecular hydrogen maintains the storage quality of Chinese chive (*Allium tuberosum*) through improving antioxidant capacity[J]. Plants, 2021, **10**(6): 1095.

[52] 胡花丽. 氢气对采后金针菜、猕猴桃衰老的生理机制研究[D]. 南京农业大学, 2018.

[53] 鲁博. 富氢水对结球生菜幼苗生长和品质的影响[J]. 园艺与种苗, 2023, **43**(5): 43-46.

[54] 孔繁荣, 等. 不同处理水浸种对西葫芦种子发芽的生理效应[J]. 种子科技, 2023, **41**(2): 20-23.

[55] 刘宇昊. 富氢水在大棚草莓土壤栽培和基质栽培中的应用研究[D].南京农业大学, 2021.

[56] 潘妮, 等. 富氢水对草莓生长发育及光合作用的影响[J]. 南京农业大学学报, 2023, **46**(2): 278-286.

[57] LI L, et al. Preharvest application of hydrogen nanobubble water enhances strawberry flavor and consumer preferences[J]. Food Chemistry, 2022, **377**: 131953.

[58] HU H, et al. Hydrogen-rich water delays postharvest ripening and senescence of kiwifruit (*Actinidia deliciosa*)[J]. Food Chemistry, 2014, **156**: 100-109.

[59] 熊嘉羽, 等. 富氢水采前灌溉对猕猴桃果实品质及保鲜的影响[J]. 现代园艺, 2024, **47**(17): 1-5.

[60] DONG B, et al. Hydrogen-rich water treatment maintains the quality of *Rosa sterilis* fruit by regulating antioxidant capacity and energy metabolism[J]. LWT, 2022, **161**: 113361.

[61] 范丽丽. 氢气微纳米气泡富氢水的制备及其抗氧化性能研究[D]. 中国计量大学, 2021.

[62] YUN Z, et al. The role of hydrogen water in delaying ripening of banana fruit (*Musa* spp.) during postharvest storage[J]. Food Chemistry, 2022, **373**(Pt B): 131590.

[63] YUN Z, et al. Effects of hydrogen water treatment on antioxidant system of litchi (*Litchi chinensis*) fruit during the pericarp browning[J]. Food Chemistry, 2021, **336**: 127618.

[64] JIN Z, et al. The delayed senescence in harvested blueberry (*Vaccinium corymbosum*) by hydrogen-based irrigation is functionally linked to metabolic reprogramming and antioxidant machinery[J]. Food Chemistry, 2024, **453**: 139563.

[65] WANG C, et al. Hydrogen gas alleviates postharvest senescence of cut rose 'Movie star' (*Rosa hybrida*) by antagonizing ethylene[J]. Plant Molecular Biology, 2020, **102**(3): 271-285.

[66] 李莹. 二氢化镁在鲜切花保鲜中的应用及其作用机理[D]. 南京农业大学, 2020.

[67] REN P, et al. Effect of hydrogen-rich water on vase life and quality in cut lily (*Lilium* spp.) and rose (*Rosa hybrida*) flowers[J]. Horticulture, Environment, and Biotechnology, 2017, **58**: 576-584.

[68] FANG H, et al. Hydrogen gas increases the vase life of cut rose 'Movie star' (*Rosa hybrida*) by regulating bacterial community in the stem ends[J]. Postharvest Biology and Technology, 2021, **181**: 111685.

[69] 任鹏举, 等. 氢气对切花百合瓶插寿命和品质的影响[J]. 甘肃农业大学学报, 2017, **52**(1): 103-108.

[70] SU J, et al. Endogenous hydrogen gas delays petal senescence and extends the vase

life of lisianthus (*Eustoma grandiflorum*) cut flowers[J]. Postharvest Biology and Technology, 2019, **147**: 148-155.

[71] 蔡敏, 杜红梅. 富氢水预处理对香石竹切花瓶插寿命的影响[J]. 上海交通大学学报（农业科学版）, 2015, **33**(6): 41-45.

[72] LI L, et al. Hydrogen nanobubble water delays petal senescence and prolongs the vase life of cut carnation (*Dianthus caryophyllus* L.) flowers[J]. Plants, 2021, **10**(8): 1662.

[73] 宋韵琼, 等. 富氢水施用时期和施用方法对小苍兰开花的影响及其生理机制[J]. 上海交通大学学报（农业科学版）, 2017, **35**(3): 10-17.

[74] 宋韵琼, 沙米拉·太来提, 杜红梅. 富氢水处理对小苍兰生长发育的影响[J]. 上海交通大学学报（农业科学版）, 2016, **34**(3): 55-61+96.

[75] 孟凡虹. 氢气对盐胁迫下喜盐鸢尾氧化损伤保护机制研究[D]. 中央民族大学, 2017.

[76] ZHU Y, LIAO W. The metabolic constituent and rooting-related enzymes responses of marigold explants to hydrogen gas during adventitious root development[J]. Theoretical and Experimental Plant Physiology, 2017, **29**(3): 123-133.

[77] LIU Y, et al. Transcriptome and metabonomics combined analysis revealed the defense mechanism involved in hydrogen-rich water-regulated cold stress response of *Tetrastigma hemsleyanum*[J]. Frontiers in Plant Science, 2022, **13**: 889726.

[78] DAI C, et al. Proteomic analysis provides insights into the molecular bases of hydrogen gas-induced cadmium resistance in *Medicago sativa*[J]. Journal of Proteomics, 2017, **152**: 109-120.

[79] CUI W, et al. Alleviation of cadmium toxicity in *Medicago sativa* by hydrogen-rich water[J]. Journal of Hazardous Materials, 2013, **260**: 715-724.

[80] 高存义. 富氢水（HRW）对镉诱导的紫花苜蓿幼苗根部氧化损伤的缓解作用[D]. 南京农业大学, 2014.

[81] 方鹏. 富氢水（HRW）对汞诱导的紫花苜蓿幼苗根部氧化伤害的缓解作用[D]. 南京农业大学, 2015.

[82] CHEN M, et al. Hydrogen-rich water alleviates aluminum-induced inhibition of root elongation in alfalfa via decreasing nitric oxide production[J]. Journal of Hazardous Materials, 2014, **267**: 40-47.

[83] JIN Q, et al. Hydrogen-modulated stomatal sensitivity to abscisic acid and drought tolerance via the regulation of apoplastic pH in *Medicago sativa*[J]. Journal of Plant Growth Regulation, 2016, **35**: 565-573.

[84] JIN Q, et al. Hydrogen gas acts as a novel bioactive molecule in enhancing plant tolerance to paraquat-induced oxidative stress via the modulation of heme oxygenase-1

signalling system[J]. Plant, Cell & Environment, 2013, **36**(5): 956-969.

[85] 张韦钰, 等. 富氢水对草地早熟禾耐盐性的影响以及与抗氧化酶活性的关系[J]. 草地学报, 2021, **29**(7): 1436-1445.

[86] CHEN H, et al. Hydrogen-rich water increases postharvest quality by enhancing antioxidant capacity in *Hypsizygus marmoreus*[J]. AMB Express, 2017, **7**(1): 221.

[87] 郝海波. 富氢水对斑玉蕈工厂化生产中产量与品质的作用研究[D]. 南京农业大学, 2017.

[88] ZHANG J, et al. Hydrogen-rich water alleviates the toxicities of different stresses to mycelial growth in *Hypsizygus marmoreus*[J]. AMB Express, 2017, **7**(1): 107.

[89] 丁芳芳, 程茜菲. 富氢水对当归种子发芽的影响[J]. 陕西农业科学, 2020, **66**(4): 63-65+100.

[90] 丁芳芳, 王飞娟. 富氢水浇灌对当归生长性能的影响[J]. 陕西农业科学, 2019, **65**(4): 54-56.

[91] 李晓花, 杨雯雯. 富氢水处理对党参多糖的影响[J]. 中外企业家, 2020, (15): 249.

[92] REN A, et al. Hydrogen-rich water regulates effects of ROS balance on morphology, growth and secondary metabolism via glutathione peroxidase in *Ganoderma lucidum*[J]. Environmental Microbiology, 2016, **18**(12): 4996-5008.

[93] ZENG J, et al. Integrated metabolomic and transcriptomic analyses to understand the effects of hydrogen water on the roots of *Ficus hirta* Vahl[J]. Plants, 2022, **11**(5): 602.

[94] 董昌盛, 等. 富氢水对芳香中药茵陈产量及有效成分的影响[J]. 香料香精化妆品, 2024, (2): 1-7.

[95] XIE Y, et al. H_2 enhances *Arabidopsis* salt tolerance by manipulating *ZAT10/12*-mediated antioxidant defence and controlling sodium exclusion[J]. PLoS ONE, 2012, **7**(11): e49800.

[96] WU X, et al. *IRT1* and *ZIP2* were involved in exogenous hydrogen-rich water-reduced cadmium accumulation in *Brassica chinensis* and *Arabidopsis thaliana*[J]. Journal of Hazardous Materials, 2021, **407**: 124599.

[97] 徐道坤. 氢气和褪黑素缓解铝胁迫下水稻种子萌发和拟南芥根伸长抑制的分子机理[D]. 南京农业大学, 2017.

[98] XIE Y, et al. Reactive oxygen species-dependent nitric oxide production contributes to hydrogen-promoted stomatal closure in *Arabidopsis*[J]. Plant Physiology, 2014, **165**(2): 759-773.

[99] 汪艳平, 卫辰. 富氢水处理对猪笼草扦插生根的影响[J]. 现代农业科技, 2016, (14): 136-137.

第十四章
CHAPTER 14

氢气在农业生产领域中的未来

第一节 氢气在农业生产应用中的痛点

氢气在农业生产中的应用是一个充满前景但同时也充满挑战的领域。尽管氢气作为一种清洁能源在农业上的潜在益处逐渐被认识，但在实际应用中，我们还面临着一系列的痛点和难题，如图14-1-1所示：

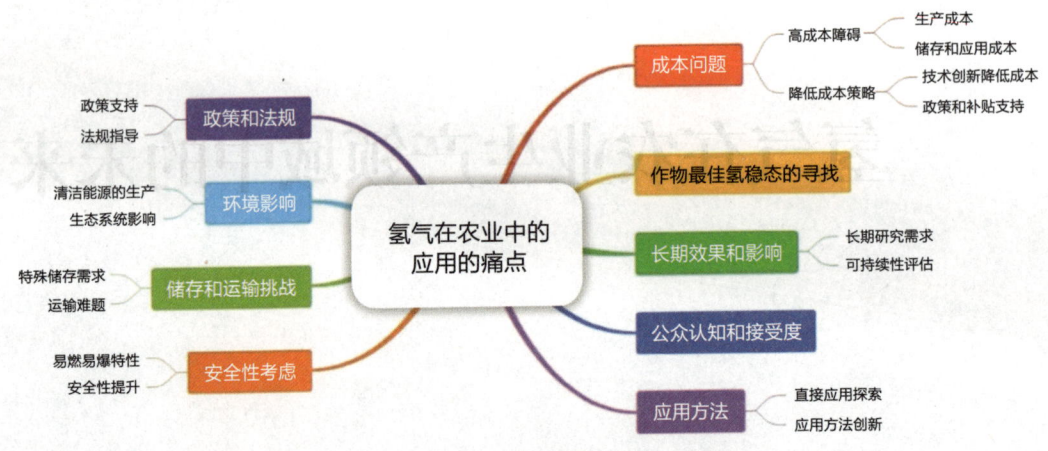

图14-1-1 氢气在农业生产应用中的痛点

具体介绍如下：

一、技术成熟度是关键所在

氢气农业技术目前还处于发展初期，许多应用方法和机制尚不明确，亟需通过持续的研究和试验来提高其技术成熟度和应用的可靠性。这包括了如何有效地将氢气应用于作物生长，以及如何通过氢气来提高作物的抗逆性。

二、成本问题不容小觑

氢气的生产、储存和应用需要投入较高的经济成本，这对于许多农业生产者来说可能是一个负担。特别是在发展中国家，农业经营往往利润微薄，成本高昂的氢气技术可能难以得到广泛采纳。

三、安全性问题亦是推广氢气农业应用的重要障碍

由于氢气具有易燃易爆的特性，其在农业生产中的使用需要严格的安全管理措施。这不仅涉及储存和运输过程中的安全，还包括在田间应用时的安全性。

四、储存和运输同样构成挑战

氢气的储存需要特殊的高压气瓶或液态氢储存设施,而这些都是成本高昂且技术复杂的设备。此外,氢气的运输也需要特殊的物流安排,以确保安全和效率。

五、成熟的氢气应用方法是不可忽视的一环

如何将氢气以最有效的方式提供给作物,以及如何通过氢气改善作物的生长条件和土壤健康,这些问题仍在探索之中。这涉及了氢气的应用技术,包括氢气的水溶液制备、直接施用以及与其他农业技术的整合等。

六、环境影响也是一个需要考虑的问题

虽然氢气本身是一种清洁能源,但其生产过程可能涉及化石燃料的使用,这可能带来温室气体排放。因此,需要通过使用可再生能源来生产氢气,以减少对环境的影响。

七、公众认知和接受度对于氢气农业应用的推广至关重要

农民和消费者可能对这种新技术持保留态度,需要通过教育和宣传来提高他们对氢气农业潜在价值的认识。这包括了对氢气安全性、经济性和环保性的认知。

八、政策和法规的支持对于氢气农业应用的发展同样不可或缺

缺乏相应的政策支持和法规指导可能会限制氢气在农业中的研究和应用。政府需要出台相应的政策来鼓励和规范这一新兴领域的发展。

九、跨学科整合是推动氢气农业应用的关键

氢气农业应用需要生物学、化学、工程学等多个学科的知识和技术支持。实现这些学科的有效整合,可以促进氢气农业技术的创新和发展。

十、长期效果和影响的研究对于评估氢气农业应用的可持续性和生态影响至关重要

需要进行更多的长期研究来评估氢气对作物生长、土壤健康和生态系统的长期影响。

十一、工程问题和材料优化也是氢气农业应用中需要解决的问题

包括如何提高氢气储存材料的性能,降低氢气补充压力,缩短补充时间,以及提

高氢气压缩技术的经济性和效率。

十二、不同作物以及同一种作物不同部位的最佳氢稳态亟需明确

现有研究表明，不同作物甚至同一作物的不同生长阶段对氢气的需求是不同的。偏离最佳氢气浓度，不仅不会促进作物生长，反而会产生抑制的效果。后续需要通过大量实验室和大田研究，找到作物的最佳氢稳态浓度，为氢农业设备的个性化研发和技术推广提供理论依据。

综上所述，尽管氢气在农业生产中的应用前景广阔，但要实现其广泛推广，还需克服众多技术和非技术性的挑战。通过持续的研究和创新，以及政策和市场的支持，氢气有望成为推动农业可持续发展的重要力量。

第二节　氢气在农业生产应用中的未来

随着全球人口的增长和气候变化的挑战，农业生产面临着前所未有的压力。为了实现可持续的农业生产，科学家们正在探索各种创新技术，其中氢气作为一种清洁能源在农业中的应用展现出了巨大的潜力。本文将探讨氢气在农业生产中的未来应用，包括提高作物产量、改善作物品质、增强作物抗逆性以及促进农业可持续发展等方面。

一、提高作物产量

氢气作为一种有效的抗氧化剂和细胞保护剂，已经被证明能够促进植物生长和提高作物产量。研究表明，氢气可以通过调节植物的抗氧化系统，增强植物对环境压力的耐受性，从而提高作物的生长速度和生物量。例如，在水稻、小麦和玉米等粮食作物中，氢气的应用已经被证明能够显著提高种子的萌发率、幼苗的生长速度和最终的产量。

在未来，随着氢气农业技术的不断进步，我们有望通过精确控制氢气的浓度和施用方式，进一步提高作物的产量。通过优化氢气的应用方法，例如通过富氢水灌溉、氢气熏蒸或者直接施用氢气，农民可以根据不同作物的生长需求和环境条件，制定个性化的管理策略，从而实现作物产量的最大化。

二、改善作物品质

除了提高产量，氢气在农业生产中的应用还有助于改善作物的品质。研究表明，氢气可以通过影响植物的代谢途径和信号传导机制，改善作物的营养价值和感官特性。例如，在水果和蔬菜中，氢气的应用可以增加维生素、矿物质和抗氧化物质的含

量，提高果实的色泽和口感。

在未来，随着对氢气作用机制的深入理解，我们可以开发出更加精准的氢气施用技术，以满足不同作物对品质改善的需求。通过精确控制氢气的施用时间和浓度，我们可以在作物生长的不同阶段进行干预，从而实现对作物品质的全面提升。例如，在果实成熟期施用氢气，可以延缓果实的衰老过程，保持果实的新鲜度和营养价值。

三、增强作物抗逆性

气候变化和环境压力对农业生产构成了巨大的挑战。氢气作为一种具有抗氧化特性的分子，已经被证明能够增强植物的抗逆性，帮助作物抵御干旱、盐渍、重金属污染和病虫害等不利条件。通过调节植物的抗氧化系统和激素水平，氢气可以提高植物对环境压力的耐受性，减少生产损失。

在未来，随着氢气农业技术的广泛应用，我们可以预见到一个更加抗旱、抗盐渍和抗病的农业生态系统。通过将氢气与其他农业技术相结合，例如抗旱育种、盐渍土改良和生物防治，我们可以构建一个更加稳定和可持续的农业生产系统。这不仅有助于保障粮食安全，还能够减少对化学农药和肥料的依赖，保护农业生态环境。

四、促进农业可持续发展

氢气作为一种清洁能源，在农业生产中的应用有助于实现农业的可持续发展。通过减少化学农药和肥料的使用，氢气农业技术有助于减少农业对环境的负面影响，保护土壤和水资源。此外，氢气在农业生产中的应用还可以提高农业生产的能源效率，减少对化石燃料的依赖。

在未来，随着氢气生产和储存技术的进步，我们可以预见到一个以氢气为主导的农业能源系统。通过利用太阳能、风能等可再生能源生产氢气，我们可以为农业生产提供清洁、可持续的能源。这不仅有助于减少温室气体排放，还能够提高农业生产的自给自足能力，增强农业对气候变化的适应性。

五、推动农业科技创新

氢气在农业生产中的应用为农业科技创新提供了新的方向。通过研究氢气对植物生长和代谢的影响，科学家们可以开发出新的农业技术和产品，提高农业生产的效率和可持续性。例如，通过基因编辑技术，可以培育出对氢气反应更敏感的作物品种，提高氢气的应用效果。

在未来，随着农业科技的不断进步，我们可以预见到一个高度自动化和智能化的农业生产系统。通过将氢气农业技术与物联网、大数据和人工智能等现代信息技术相结合，我们可以实现对农业生产过程的实时监控和精确管理。这将大大提高农业生产的效率和可预测性，降低生产风险，提高农民的收入。

六、提升农产品市场竞争力

随着消费者对健康、安全和环保农产品的需求不断增加，氢气农业技术的应用有助于提升农产品的市场竞争力。通过提高作物的产量、品质和抗逆性，氢气农业技术可以生产出更符合市场需求的农产品。此外，氢气农业技术的应用还有助于提高农产品的品牌形象和消费者信任度。

在未来，随着氢气农业技术的普及和推广，我们可以预见到一个更加多样化和个性化的农产品市场。通过满足不同消费者的需求，氢气农业技术将有助于扩大农产品的市场范围，提高农产品的附加值。这不仅有助于提高农民的收入，还能够促进农业产业的多元化发展。

七、促进国际农业合作

氢气农业技术的应用不仅有助于提升国内农业生产的水平，还能够促进国际农业合作和交流。通过分享氢气农业技术的研究和应用经验，不同国家和地区可以相互学习和借鉴，共同推动农业科技的发展。

在未来，随着氢气农业技术的国际化推广，我们可以预见到一个更加开放和合作的国际农业环境。通过国际农业合作项目和交流平台，不同国家和地区可以共享氢气农业技术的研究成果，促进农业科技的创新和应用。这将有助于提高全球农业生产的整体水平，保障全球粮食安全。

八、实现农业现代化

氢气农业技术的应用是实现农业现代化的重要途径之一。通过将氢气与其他现代农业技术相结合，例如智慧农业、精准农业和循环农业，我们可以构建一个更加高效、可持续和环境友好的农业生产系统。

在未来，随着农业现代化的不断推进，我们可以预见到一个高度自动化和智能化的农业生产模式。通过利用氢气等清洁能源，农业生产将变得更加高效和可持续。这将有助于提高农业生产的整体水平，保障粮食安全，促进农业产业的健康发展。

氢气在农业生产中的应用展现出了广阔的前景。随着科学技术的不断进步和农业实践的深入，氢气有望成为推动农业可持续发展的重要力量。通过提高作物产量、改善作物品质、增强作物抗逆性以及促进农业可持续发展，氢气农业技术将为实现绿色、高效、环保的农业生产开辟新的道路。未来，随着政策引导、技术研发和市场推广，氢气农业有望成为推动农业产业转型升级的重要力量，为保障全球粮食安全和推动农业可持续发展做出贡献。

附件1

长三角健康农业研究院（浙江）有限公司 富氢水相关科研进展

一、公司简介

长三角健康农业研究院（浙江）有限公司（以下简称"研究院"）成立于2020年12月，是由浙江省桐乡市人民政府、中国科学院城市环境研究所、中国科学院朱永官院士科研团队及桐乡市地方民营企业共同组建的新型研发机构。研究院位于浙江省桐乡经济开发区，拥有3200平方米的办公和研发场地，并建有329亩的示范基地。研究院下设五个研发中心：环境与食品安全检测中心、健康土壤诊断与培育中心、农业智能装备研发中心、精准营养与健康产品研发中心以及新型农民培训与科普教育中心。

氢农业作为研究院的重点研究方向之一，通过运用氢气或产氢材料，以富氢水灌溉或氢气熏蒸等方式，提升农林牧副渔等领域的产量和品质。

附件1图1-1　研发场地与示范基地展示

二、富氢水相关研究进展

1. 富氢水对鸡毛菜、上海青和奶油白菜种子发芽的影响

研究不同浓度富氢水对鸡毛菜、上海青和奶油白菜种子发芽率的影响，探索其在

农业种植中的潜在应用价值。选择鸡毛菜、上海青和奶油白菜三种农作物种子，设置纯水对照组和不同浓度梯度的富氢水处理组。利用富氢水机生成饱和富氢水，并稀释至所需浓度。将种子浸泡于不同浓度富氢水中后置于恒温培养箱中催芽，统计发芽率等指标。实验结果表明，适宜浓度的富氢水能够显著提高种子的发芽率，但不同作物对富氢水浓度的响应存在差异，高浓度富氢水可能对部分作物的发芽产生抑制作用。具体数据待发表。

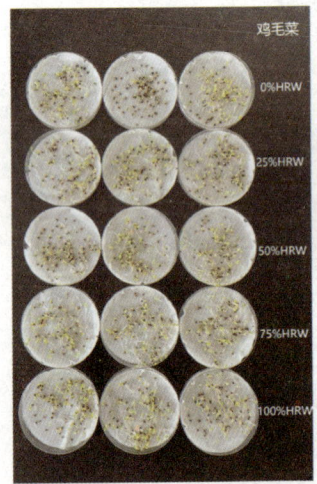 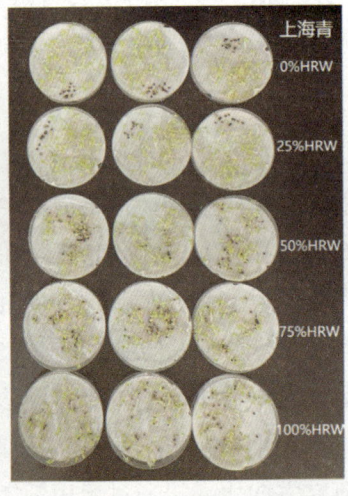 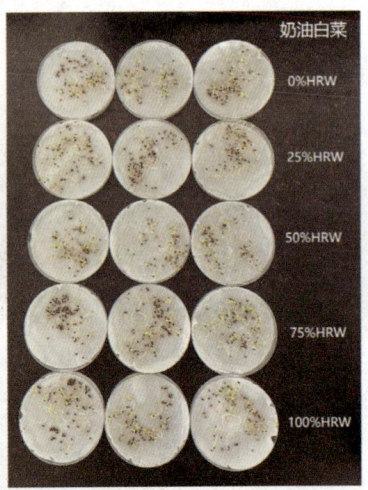

附件1图1-2　鸡毛菜种子发芽　　附件1图1-3　上海青种子发芽　　附件1图1-4　奶油白菜种子发芽

附件1图1-5　鸡毛菜发芽情况部分展示

2. 富氢水对作物产量的影响

探究不同浓度富氢水水培对鸡毛菜、上海青和奶油白菜产量的影响，旨在确定富氢水的最佳应用浓度，以提升作物产量。选取鸡毛菜、上海青和奶油白菜三种作物作为研究对象，设置不同浓度梯度的富氢水处理组，并以纯水水培作为对照。实验中严格控制水培容器的清洁与灭菌，确保生长环境一致，包括光照、温度和肥料用量等条件。通过测量生长周期结束后植株的单株平均鲜重来评估产量变化。结果发现富氢水对作物产量具有显著影响，不同作物对富氢水浓度的响应存在差异。实验表明，存在一个最佳富氢水浓度能够显著提高作物的单株平均鲜重，从而提升产量。这一发现为富氢水在农业生产中的应用提供了重要参考。具体数据待发表。

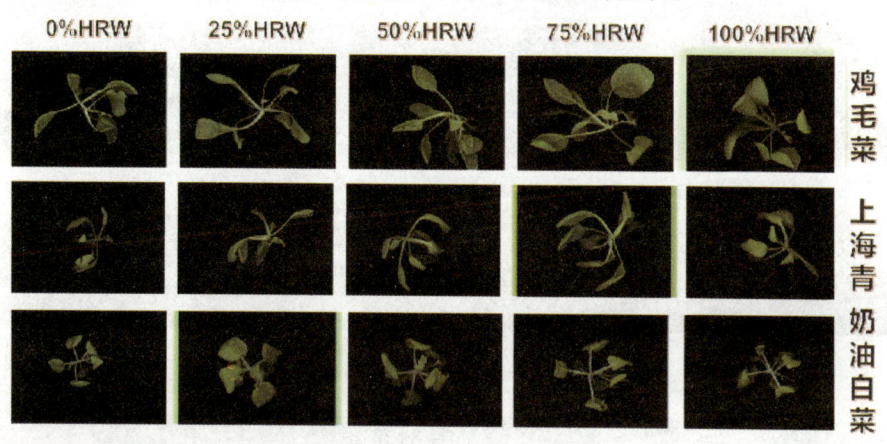

附件1图1-6　不同浓度HRW水培作物收获期图

3. 富氢水对月季生长发育的影响

本实验旨在探究不同浓度富氢水灌溉对土培盆栽月季生长发育的影响，为花卉种植提供新的灌溉技术参考。选择相同品种和生长条件的月季幼苗，随机分配至普通水对照组和不同浓度富氢水处理组。利用富氢水机生成饱和富氢水，并稀释至所需浓度后用于灌溉。所有盆栽在统一的光照、温度和湿度条件下培养，定期记录月季的生长指标。实验观察到，富氢水灌溉对月季的生长具有显著促进作用，特别是在花苞和枝条数量的增长方面。其中，高浓度富氢水的促进效果最为显著，可显著提高月季的生长发育指标。具体数据待发表。

附件1图1-7　不同浓度富氢水灌溉对月季花苞与枝条数的影响（前中期）

附件1图1-8 不同浓度富氢水灌溉对月季花苞与枝条数的影响（后期）

普通水　　　　　　　50%HRW　　　　　　　100%HRW

附件1图1-9 不同浓度富氢水浇灌月季的根系发展对比图

4. 富氢水对上海青保鲜的影响

本实验旨在深入探究富氢水对农作物保鲜效果的影响，以期提高农产品的保鲜技术。选择成熟、生长良好的上海青，随机分配为对照组和富氢水处理组。富氢水通过氢水机电解超纯水或自来水得到，浸泡处理后存放于常温环境下，观察其鲜重损失和表型变化。实验结果表明，富氢水处理能够显著延缓上海青的损耗和黄化现象，延长其保鲜期。特别是电解自来水处理组，保鲜效果更为显著。具体数据待发表。

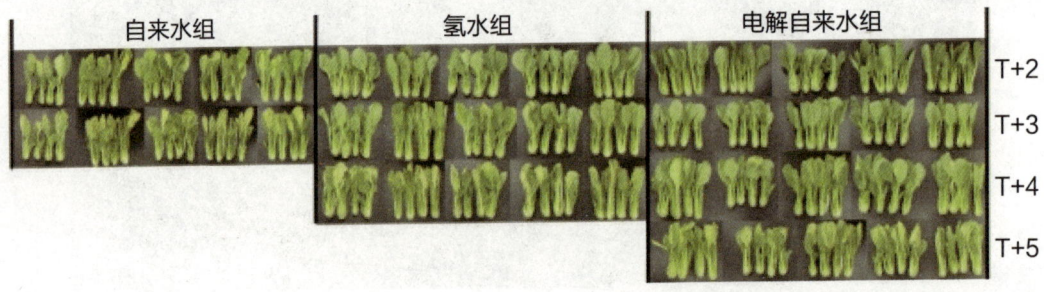

附件1图1-10 不同处理对上海青保鲜货架期的影响

5. 氢气熏蒸对槜李保鲜的影响

本研究通过深入探究不同浓度氢气处理对槜李保鲜效果的影响，来探寻槜李的新型保鲜技术。选取成熟度和生长状况相似的桐乡槜李果实，随机分为不同浓度氢气处理组和对照组。利用真空气体采集箱和供氢设备进行氢气熏蒸处理，将果实置于稳定环境中保存，后取出评估保鲜效果。结果表明氢气熏蒸对槜李的保鲜效果

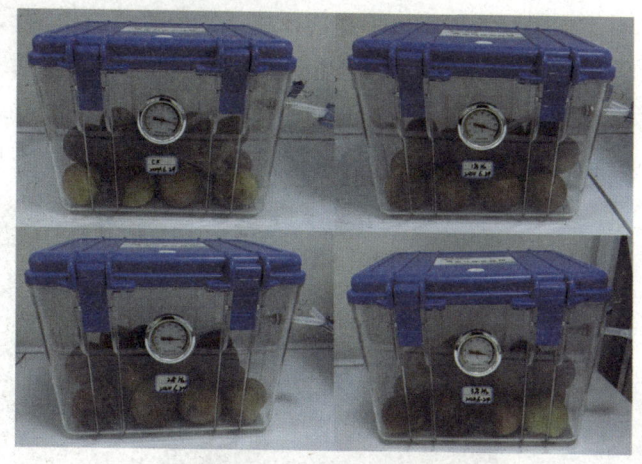

附件1图1-11　不同浓度熏蒸槜李图

具有正向作用。随着氢气浓度的增加，槜李的保鲜效果逐渐增强，尤其在较高浓度氢气处理下，果实的腐烂率降低，硬度和果重得到显著提升。该研究为氢气在农产品保鲜领域的应用提供了科学支持。具体数据待发表。

6. 富氢水对水仙花生长的影响

附件1图1-12　不同浓度富氢水处理水仙的各阶段对比图

本实验旨在评估不同浓度富氢水对水仙花生长全周期的影响，探索其在花卉水培中的应用价值。设立不同浓度富氢水处理组和纯水对照组，将水仙花种球置于标准化条件下进行水培，每日换水并观察记录生长状况。实验结果显示，富氢水处理能够显著促进水仙花的生长，提高叶片和花朵的观赏价值，尤其在花期后期表现更为明显。不同浓度富氢水对水仙花生长的促进效果存在差异。论文已在修稿中。

7. 其他植物

除上述植物外，长三角健康农业研究院（浙江）有限公司目前正在与宁波市鄞州中卉园艺有限公司、宁波市鄞州区农业技术推广站进行合作，开展富氢水对三角梅抗

逆性及花期调控的效应研究,该项目旨在建立起实现经济效益和生态效益双赢的富氢园艺新型模式,解决三角梅产业发展瓶颈,为推动三角梅产业增产提质、绿色安全提供示范。与河北工程大学进行合作,探究富氢水对芽苗菜、叶菜类作物(如奶油白菜)等作物的生长发育最适氢浓度,葡萄、樱李保鲜最适氢浓度及相关分子机制,为形成桐乡地区无土栽培标准化安全种植模式提供理论与技术支持。

加温组

不加温组

附件1图1-13　富氢水对三角梅抗寒性的影响

附件1图1-14　富氢水对土培鸡毛菜生长发育的影响

三、富氢水相关设备开发

在富氢相关功能产品开发项目上,长三角健康农业研究院(浙江)有限公司与广东多家企业密切协作,推出了"随便氢"、"氢气喷雾机"、"氢水机"和"氢农业灌溉设备"等产品,已提交14篇相关发明专利,其中6篇已获授权,分别是:一种大棚用富氢水灌溉设备(ZL202210108015.4)、一种实时显示氢气浓度的富氢水杯(ZL202210108016.9)、一种富氢水种子催发箱(ZL202210108004.6)、一种富氢水果汁杯(ZL202210108029.6)、一种富氢水直饮水机(ZL202210106856.1)、一种添加富氢水的压缩面膜浸泡装置(ZL202111468650.5)。

其中富氢水智能喷淋灌溉系统是全球首款具备氢气浓度智能线性调控技术的富氢水灌溉设备。该系统通过电解水产生氢气和氧气,并利用纳米气泡物理融氢技术将氢气溶于水,生成适宜浓度的富氢水。该系统适用于鱼类养殖、果蔬及花卉种植、无土种植等多种场景。

附件1表1-1 富氢水智能喷淋灌溉系统优势

安全可靠	氢气含量远低于危险范围,无安全风险。
氢气浓度可调	灌溉水中的氢气浓度可在0~2000ppb范围内任意设置,并自动校准。
运行稳定	可24小时全天候运行,电解槽使用寿命达8000小时。
环保节能	不产生有害物质,仅使用纯净水,功率约为3kW,耗电量低。
纳米气泡技术	纳米气泡具有比表面积大、上升速度慢、稳定性好等特点,能够产生高浓度、高效率、低散失、强抗氧化的纳米气泡氢水。

该设备根据每小时出水量大小目前有两个款式,2000 L/h和3000 L/h,可以满足大部分高价值经济作物的富氢农业示范和精品生产需求。目前该类设备已经在宁波和桐乡多个种植基地安装和应用,取得了良好的示范和经济效益,证明了氢气对作物全生命周期的积极影响,包括促进农产品生长,提高农产品品质,延长果蔬的货架期及切花的保鲜等。

出水量2000 L/h

出水量3000 L/h

附件1图1-15 富氢水智能喷淋灌溉系统展示

知识产权：国家专利展示

（1）专利名称：一种大棚用富氢水灌溉设备（ZL202210108015.4）

授权公告日：2022.09.02

（2）专利名称：一种实时显示氢气浓度的富氢水杯（ZL202210108016.9）

授权公告日：2023.01.17

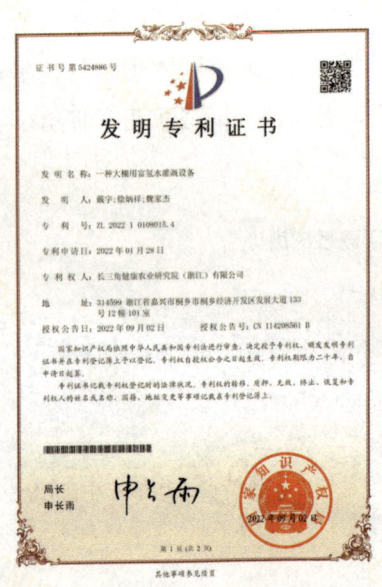

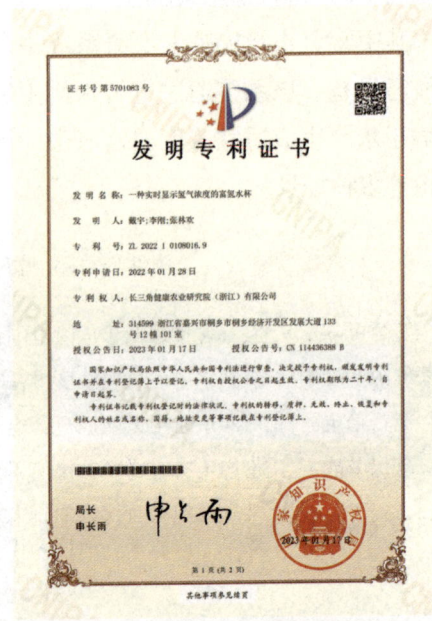

（3）专利名称：一种富氢水种子催发箱（ZL202210108004.6）

授权公告日：2023.5.23

（4）专利名称：一种富氢水果汁杯（ZL202210108029.6）

授权公告日：2023.07.04

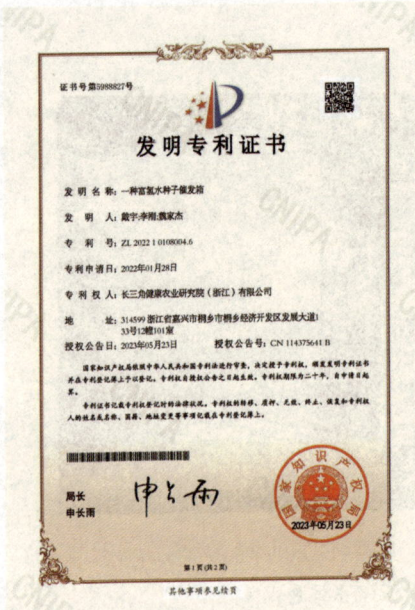

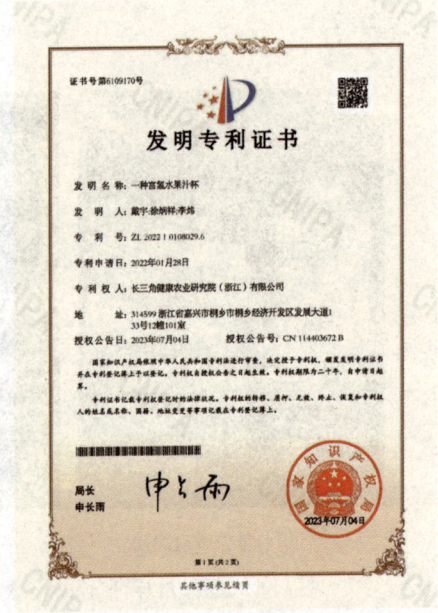

（5）专利名称：一种富氢水直饮水机（ZL202210106856.1）

授权公告日：2023.11.21

（6）专利名称：一种添加富氢水的压缩面膜浸泡装置（ZL202111468650.5）

授权公告日：2024.03.15

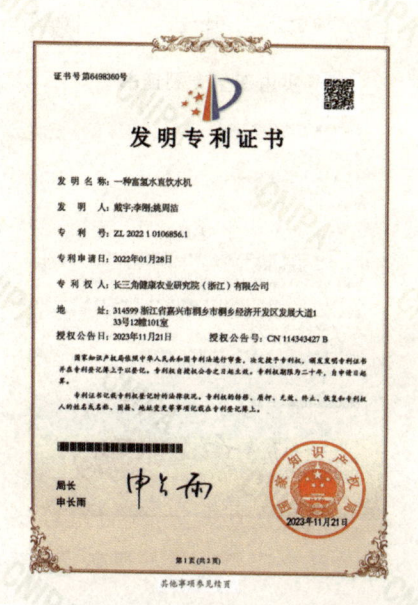

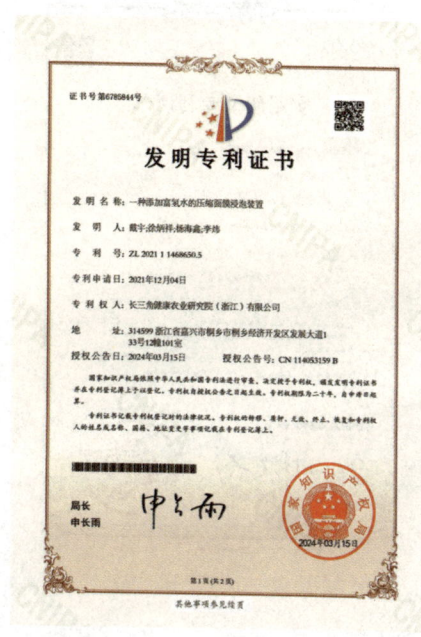

（7）专利名称：一种温室大棚（ZL201910263091.0）

授权公告日：2021.07.30

（8）专利名称：一种农用秸秆粉碎机（ZL201810609937.7）

授权公告日：2021.08.06

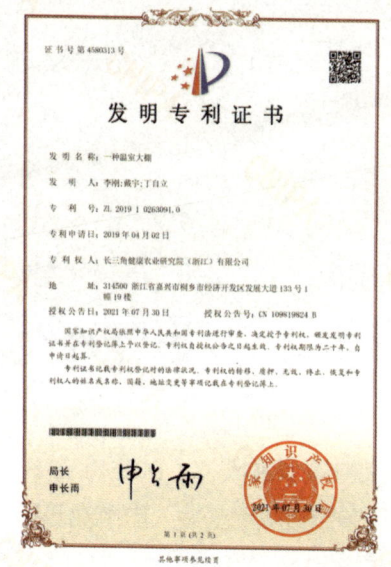

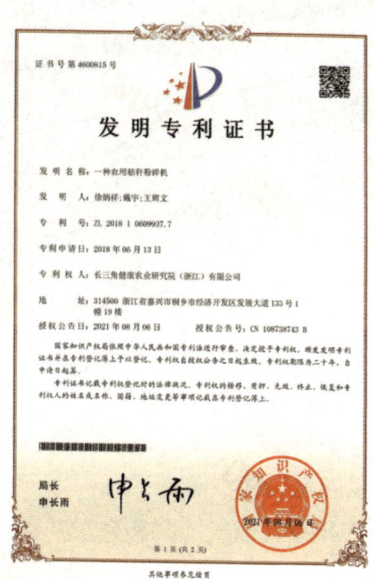

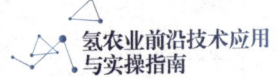

（9）专利名称：一种新型固体饮料包装袋（ZL202121088863.0）

授权公告日：2021.12.14

（10）专利名称：一种土壤取样器（ZL202121090284.X）

授权公告日：2021.12.14

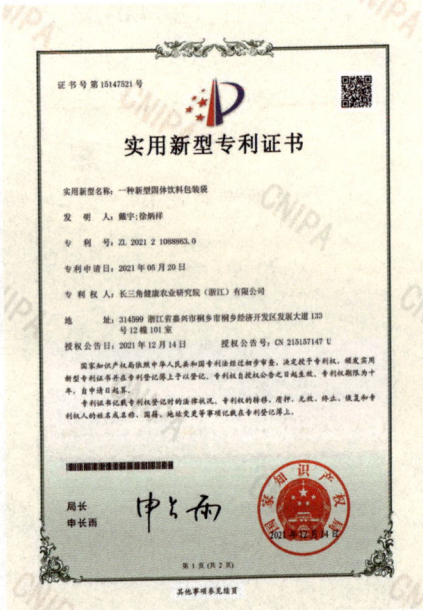

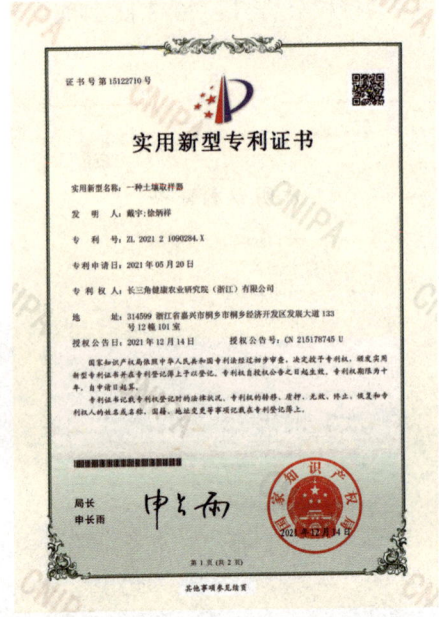

附件 2

缩略语

1. 异源四倍体（Allotetraploid, AT）：由两个不同种的二倍体植物杂交形成的四倍体，具有不同的染色体组。

2. 抗坏血酸氧化酶（Ascorbate Oxidase, AAO）：铜蓝蛋白酶，催化抗坏血酸氧化，参与植物氧化还原反应。

3. 腺苷三磷酸结合盒转运蛋白（ATP-binding Cassette Transporter, ABC transporter）：利用ATP水解能量跨膜运输物质的超家族转运蛋白。

4. 2,2'-联氮-双（3-乙基苯并噻唑啉-6-磺酸）[2,2'-Azino-bis（3-ethylbenzothiazoline-6-sulfonic Acid），ABTS]：一种氧化剂，用于抗氧化能力的测定。

5. 1-氨基环丙烷-1-羧酸（1-Aminocyclopropane-1-carboxylic Acid, ACC）：是乙烯生物合成的前体物质。

6. ACE指数（Ace Index）：一种用于评估生物多样性的非参数方法，反映群落中物种的丰富度和均匀度。

7. 1-氨基环丙烷-1-羧酸氧化酶（ACC Oxidase, ACO）：催化ACC氧化生成乙烯的酶。

8. 1-氨基环丙烷-1-羧酸合成酶（ACC Synthase, ACS）：催化SAM（S-腺苷甲硫氨酸）合成ACC的酶。

9. 乙酰乳酸合成酶（Acetolactate Synthase, ALS）：支链氨基酸合成途径的关键酶，除草剂靶标。

10. 抗坏血酸过氧化物酶（Ascorbate Peroxidase, APX）：一种抗氧化酶，参与植物体内的抗氧化反应。使用抗坏血酸作为电子供体来清除过氧化氢和有机过氧化物。

11. AsA（Ascorbic Acid）：抗坏血酸，又称维生素C，植物体内重要的抗氧化剂。

12. 生物素（Biotin）：一种水溶性维生素，作为酶的辅酶参与多种代谢反应。

13. 双草醚（Bispyribac-sodium, BS）：嘧啶类除草剂，用于防治稻田稗草。

14. 油菜素内酯（Brassinosteroids, BRs）：甾体类植物激素，促进细胞伸长和分裂。

15. 过氧化氢酶（Catalase, CAT）：一种抗氧化酶，能够分解过氧化氢为水和氧气，是细胞内重要的抗氧化防御系统的一部分。

16. 查尔酮异构酶（Chalcone Isomerase, CHI）：催化查尔酮异构化生成黄酮类化合物的酶。

17. 叶绿素（Chlorophyll, Chl）：植物进行光合作用时吸收光能的色素。

18. 查尔酮合成酶（Chalcone Synthase, CHS）：一种在植物体内催化黄酮类化合物合成的关键酶，参与植物的防御反应和花青素的生物合成。

19. CIE（Commission Internationale de l'Éclairage）：国际照明委员会，制定颜色测量标准。

20. Constitutive Triple Response 1（CTR1）：在拟南芥中发现的蛋白激酶，参与乙烯信号传导的负调控。

21. CDTA（Trans-1,2-Cyclohexanediaminetetraacetic Acid）：1,2-环己二胺四乙酸，一种螯合剂，用于提取植物细胞壁中的果胶。

22. Chao1指数（Chao1 Index）：一种用于反映物种丰富度的指标，通过估计未被观察到的物种数量来计算。

23. 3,3'-二氨基联苯胺（3,3'-Diaminobenzidine, DAB）：一种常用的组织化学染色剂，用于检测活性氧。

24. DHA（Dehydroascorbic Acid）：脱氢抗坏血酸，抗坏血酸的氧化形式。

25. 2,6-二氯酚靛酚（2,6-Dichlorophenolindophenol, DCPIP）：一种氧化还原指示剂，用于检测光合电子流。

26. 2,2-二苯基-1-苦基肼（2,2-Diphenyl-1-picrylhydrazyl, DPPH）：常用作自由基清除剂，用于测定抗氧化物质的自由基清除能力。

27. 乙烯合成酶（Ethylene-forming Enzyme, EFE）：参与乙烯生物合成的酶。

28. EIL1（EIN3-like 1）：与EIN3功能相似的转录因子，参与乙烯信号传导。

29. EIN3（Ethylene Insensitive 3）：乙烯信号传导途径中的关键转录因子，调控乙烯响应基因的表达。

30. 乙烯（Ethylene, ETH）：一种植物激素，调节植物生长和发育，包括促进果实成熟。

31. 乙烯受体（Ethylene Receptor, ETR）：植物细胞膜上的受体蛋白，能够识别并结合乙烯，启动乙烯信号传导过程。

32. 荧光素二乙酸酯（Fluorescein Diacetate, FDA）：一种用于检测细胞活性的荧光染料，通过完整的质膜并在细胞内被酯酶水解产生绿色荧光。

33. 铁离子还原抗氧化能力（Ferric Reducing Antioxidant Power, FRAP）：一种检测抗氧化能力的实验方法，通过测量还原铁离子的能力来评估样品的总抗氧化活性。

34. 赤霉素（Gibberellin, GA）：植物激素，调节植物生长和发育，包括促进茎的伸长和种子的萌发。

35. 气相色谱（Gas Chromatography, GC）：一种分析技术，用于分离和检测挥发性化合物。

36. 凝胶电泳（Gel Electrophoresis, GE）：一种用于分离和分析DNA、RNA或蛋白质的实验室技术。

37. 谷胱甘肽还原酶（Glutathione Reductase, GR）：催化GSSG还原为GSH的酶。

38. 谷氨酸合成酶（Glutamate Synthase, GS）：一种酶，参与氮代谢，将氨转化为谷氨酸。

39. 谷氨酸脱氢酶（Glutamate Dehydrogenase, GDH）：一种酶，参与谷氨酸的合成和分解，是氮代谢的关键酶。

40. 谷胱甘肽过氧化物酶（Glutathione Peroxidase, GPX）：一种抗氧化酶，利用GSH还原过氧化物，保护细胞免受氧化损伤。

41. 谷胱甘肽（Glutathione, GSH）：一种含硫的三肽，在植物体内具有抗氧化和解毒作用。

42. γ-氨基丁酸（Gamma-aminobutyric Acid, GABA）：非蛋白质氨基酸，参与胁迫响应和信号传递。

43. 外向整流 K^+ 通道（Outwardly Rectifying K^+ Channel, GORK）：一种钾离子通道，参与调节植物细胞的钾离子平衡和气孔运动。

44. GSSG（Oxidized Glutathione）：氧化型谷胱甘肽，谷胱甘肽的二硫键形式。

45. 氢气（Hydrogen Gas, H_2）。

46. 过氧化氢（Hydrogen Peroxide, H_2O_2）：一种活性氧物质，参与植物的氧化应激反应。

47. 硫化氢（Hydrogen Sulfide, H_2S）：一种气体信号分子，在植物体内具有调节细胞生长、分化和应答逆境的功能。

48. 氢纳米气泡水（Hydrogen Nanobubble Water, HNW）：含有纳米级氢气泡的水，用于农业中以提高作物品质和延长保鲜期。

49. 富氢水（Hydrogen-Rich Water, HRW）：含有较高浓度氢分子的水，被认为具有抗氧化作用。

50. 2',7'-二氯荧光素二乙酸酯，H_2DCFDA（2',7'-Dichlorodihydrofluorescein Diacetate）：一种细胞膜渗透性荧光探针，可在细胞内被酯酶水解并经活性氧（ROS）氧化后生成绿色荧光物质，广泛用于定量检测细胞内ROS水平。

51. IAA（Indole-3-acetic Acid）：生长素的一种，参与植物的生长发育过程。

52. 吲哚乙酸氧化酶（Indoleacetic Acid Oxidase, IAAO）：一种酶，能够分解生长素，调节植物体内生长素的水平。

53. 植物凝集素（Lectin, LEC）：一类能够特异性结合糖链的蛋白质，参与植物的防御反应和细胞间信号传导。

54. 金属离子（Metal Ions, MI）：植物生长必需的微量元素，如铁、锰、铜、锌等，参与植物的多种生理生化过程。

55. 褪黑素（Melatonin, MT/MLT）：一种在植物和动物体内都存在的激素，具有抗氧化和调节生物节律的作用。

56. 丙二醛（Malondialdehyde, MDA）：丙二醛是脂质过氧化的终产物，常用作氧化损伤的生物标志物。

57. 镁氢化物（Magnesium Hydride, MgH_2）：一种储氢材料，可通过水解反应在室温下产生氢气。

58. 茉莉酸甲酯（Methyl Jasmonate, MeJA）：一种植物激素，参与植物对虫害和机械损伤的响应。

59. 一氧化氮（Nitric Oxide, NO）：一种气体信号分子，在植物生长、发育和逆境响应中起重要作用。

60. 一氧化氮（Nitrous Oxide, N_2O）：一种温室气体，也是大气中重要的臭氧层消耗物质。

61. 硝酸盐（Nitrate, NO_3^-）：植物生长所需的主要氮源之一。

62. 亚硝酸盐（Nitrite, NO_2^-）：硝酸盐还原的中间产物。

63. 硝酸还原酶（Nitrate Reductase, NR）：催化硝酸盐还原为亚硝酸盐的酶，是植物氮代谢的关键步骤。

64. 亚硝酸还原酶（Nitrite Reductase, NiR）：一种酶，催化亚硝酸盐还原为氨。

65. 一氧化氮供体（Nitric Oxide Donor, NOD）：能够释放一氧化氮的化合物。

66. 一氧化氮清除剂（Nitric Oxide Scavenger/Trapping Agent, NOS/NOTA）：用于清除一氧化氮的化合物。

67. 硝酸还原酶活性（Nitrate Reductase Activity, NRA）：反映硝酸还原酶催化活性的指标。

68. 核酸酶（Nuclease, Nuc）：一类能够水解核酸（DNA或RNA）的酶。

69. 氧化还原电位（Oxidation-Reduction Potential, ORP）：表示溶液中氧化剂和还原剂相对强度的指标。

70. 植物抗毒素（Phytoanticipin, PA）：一类植物产生的天然化合物，具有抗菌和抗病毒的作用。

71. 多聚半乳糖醛酸酶（Polygalacturonase, PG）：参与植物细胞壁果胶的降解。

72. 百草枯（Paraquat, PQ）：一种广泛使用的除草剂，通过诱导活性氧的产生对植物造成伤害。

73. 植物固醇（Phytosterol, PS）：一类存在于植物细胞膜中的类固醇化合物，具有调节细胞膜功能和参与信号传导的作用。

74. 苯丙氨酸解氨酶（Phenylalanine Ammonia-Lyase, PAL）：是植物体内生物合成酚类化合物的关键酶，参与植物的防御反应。催化苯丙氨酸转化为肉桂酸，是植物体内合成酚类化合物的关键酶。

75. 植物防御素（Phytodefensin, PDF）：一类小分子多肽，具有抗菌活性，参与植物的防御反应。

76. PEG（Polyethylene Glycol）：一种聚合物，常用于模拟植物的干旱胁迫。

77. 植物生长素（Plant Growth Substances, PGS）：一类调节植物生长和发育的化学物质，包括生长素、赤霉素、细胞分裂素等。

78. 植物血凝素（Phytohemagglutinin, PHA）：一种植物凝集素，能够刺激淋巴细胞的增殖和分化。

79. 多酚（Polyphenol, Phe）：一类广泛存在于植物体内的化合物，具有抗氧化性质，参与植物的防御反应。

80. 果胶甲酯酶（Pectin Methylesterase, PME）：参与果胶的甲基化和去甲基化过程。

81. POD（Peroxidase）：过氧化物酶，参与植物的防御反应，能够分解过氧化氢和其他过氧化物。

82. 多酚氧化酶（Polyphenol Oxidase, PPO）：一种氧化酶，能够催化多酚类化合物氧化生成醌类，与植物的防御机制和果实的后熟过程有关。与果实褐变有关。

83. 脯氨酸（Proline, Pro）：一种氨基酸，在植物中作为渗透调节物质，帮助植物适应逆境环境。

84. PAGE（聚丙烯酰胺凝胶电泳）（Polyacrylamide Gel Electrophoresis, PAGE）：一种用于分离蛋白质和核酸的电泳技术。

85. qPCR（Quantitative Real-Time Polymerase Chain Reaction）：一种用于定量分析DNA或RNA的实验室技术。

86. 逆向转运蛋白（Reverse Transporter, RT）：一类膜蛋白，参与离子和其他小分子的跨膜运输，对维持细胞内离子平衡至关重要。

87. 活性氧（Reactive Oxygen Species, ROS）：指在细胞内具有高反应性的含氧化合物，包括超氧阴离子、过氧化氢和单线态氧等，它们在细胞信号传导、防御反应和细胞损伤中起重要作用。

88. NADPH 氧化酶（NADPH Oxidase, Rboh）：一种酶复合体，能够产生超氧阴离子，参与植物的防御反应和信号传导。

89. RT-PCR（Semi-Quantitative Reverse Transcription Polymerase Chain Reaction）：一种用于分析基因表达水平的实验室技术。

90. 水杨酸（Salicylic Acid, SA）：一种植物激素，参与植物的抗病反应，调节植物的局部和系统获得性抗病性。

91. 超氧化物阴离子（Superoxide Anion, $O_2^-/O_2^{\cdot-}$）：一种活性氧，由超氧化物歧化酶催化转化为过氧化氢和氧气。

92. 可溶性蛋白（Soluble Protein, SP）：细胞内可溶解于水的蛋白质，参与多种生物学功能。

93. 席夫试剂（Schiff's Reagent, SR）：一种化学试剂，用于检测醛基，常用于检测DNA。

94. 可溶性糖（Soluble Sugar, SS）：一类可溶于水的糖类，包括单糖、双糖和多糖等。

95. 淀粉（Starch, St）：一种植物多糖，是植物体内储存能量的主要形式。

96. 超氧化物歧化酶（Superoxide Dismutase, SOD）：一种抗氧化酶，能够清除植物体内的超氧阴离子自由基，保护植物免受氧化伤害。

97. TAC（Total Antioxidant Capacity）：总抗氧化能力，表示样本中所有抗氧化物质的总活性。

98. 硫代巴比妥酸（Thiobarbituric Acid, TBA）：一种化合物，用于检测脂质过氧化产物，如丙二醛。

99. TEM（Transmission Electron Microscope）：透射电子显微镜，用于观察细胞和生物大分子的形态和结构。

100. TSS（Total Soluble Solids）：总可溶性固形物，常用于表示水果中的可溶性物质总量，包括糖、酸和其他可溶性成分。

101. 硫代巴比妥酸反应产物（Thiobarbituric Acid Reactive Substances, TBARS）：用于评估脂质过氧化程度的常用指标。通过检测丙二醛等氧化产物与硫代巴比妥酸（TBA）的显色反应，间接反映生物或食品样品中脂质氧化损伤的水平。

102. 紫外线 A/蓝光（Ultraviolet-A/Blue Light, UV-A/Blue）：波长在 320～400 nm 之间的紫外线和蓝光，对植物生长和发育有影响，可诱导植物体内多种基因的表达。

103. 紫外线 B（Ultraviolet-B, UV-B）：波长在 280～320 nm 之间的紫外线，对植物生长和发育有影响，可诱导植物体内多种基因的表达。

104. 水溶性碳水化合物（Water-soluble Carbohydrate, WSC）：一类可溶于水的碳水化合物，包括单糖、双糖和糖醇等。

105. 水溶性果胶（Water Soluble Pectin, WSP）：果胶的一种形式，可溶于水。

106. 玉米素核苷（Zeatin Riboside, ZR）：一种植物生长调节剂，属于细胞分裂素类，影响细胞分裂和伸长。

107. 锌指转录因子（Zinc Finger Transcription Factors, *ZAT10/12*）：一类含有锌指结构域的转录因子，参与植物对逆境的响应和信号传导。

卷后语

在这个炽热的夏季,我独自坐在书桌前,窗外是一片热浪下的田野,微风中夹杂着收获的气息。随着《氢农业前沿技术应用与实操指南》的撰写工作缓缓落下帷幕,我的心中充满了深深的感慨和对未来无限的憧憬。

这本书,不仅是笔者对诸多研究人员多年研究心血的综述,更是对氢气在农业领域应用潜力的一次全面探索。它承载着我对这片土地深深的热爱,对农业可持续发展的坚定信念,以及对科技进步带给人类福祉的无限向往。

氢气,这个宇宙中最丰富的元素,在我们的土地上,展现出了它对生命无限的热爱和对生长的无尽支持。在这本书中,我们共同见证了氢气如何作为一种神奇的力量,促进植物的生长,增强作物的抗逆性,提高农产品的品质,为农业的绿色革命开辟了新的道路。

然而,技术的革新之路从不是一帆风顺。氢气农业技术在带给我们无限希望的同时,也面临着技术成熟度、成本效益、安全性等一系列挑战。这些挑战考验着我们的智慧和毅力,也催促着我们不断探索和前行。

在此,笔者要向所有在这条道路上与我同行的伙伴们表达最深切的感谢。感谢你们在无数个日夜中的辛勤工作,感谢你们在面对困难和挑战时的坚韧不拔,感谢你们对这片土地深沉的爱。你们的努力和智慧,让这本书的每一个字都充满了温度和力量。

笔者还要向那些在田野里默默耕耘的农民们致敬。是你们用双手播种希望,用汗水浇灌未来。你们的故事,你们的智慧,是这本书最宝贵的财富。你们对土地的深情和对作物的精心呵护,让我们更加坚信,农业的可持续发展是完全可能实现的。

此刻,当我再次翻开这本书,心中充满了对未来的憧憬。我仿佛看到了氢气在田野上自由飞翔,看到了作物在它的滋养下茁壮成长,看到了农民脸上洋溢着丰收的喜悦。我相信,这不仅仅是一个梦想,更是一个即将到来的现实。

在未来的日子里,笔者期待与更多的同行者一起,继续在氢农业的道路上探索前行。让我们携手并进,用科学的力量点亮希望,用创新的智慧开创未来。愿这本书成为我们共同的灯塔,照亮前行的道路,引领我们走向一个绿色、健康、可持续的农业新时代。

　　愿氢气农业技术如同一颗种子，在我们共同的培育下，生根发芽，开花结果，为这个世界带来更加丰盛的收获。愿我们的努力能够为农业的可持续发展贡献力量，为子孙后代留下一片蓝天绿地，为人类的健康和福祉提供保障。

　　在这本书即将付梓之际，我衷心地希望，它能够成为连接过去与未来的桥梁，成为沟通传统农业与现代科技的纽带。让我们共同期待，氢气农业技术的明天将更加灿烂辉煌，让我们共同见证，一个绿色、高效、环保的农业新时代的到来。

　　愿这本书，如同一盏明灯，照亮我们探索的旅程，温暖我们求知的心灵，引领我们走向一个充满希望的未来。

戴宇

2024年7月